在观念与思想之间

论先秦义范畴之生成

桓占伟 著

社会科学文献出版社

本书承蒙黄河文明传承与现代文明建设河南省协同创新中心、河南大学中国古代史研究中心资助

序

《在观念与思想之间——论先秦义范畴之生成》是桓占伟博士攻读博士学位四年的学术结晶,也是一部具有深刻历史见解的学术著作。作为占伟的指导教师,在学位论文出版之际,我有责任为他说几句话,权作序文。

占伟是我所遇到的少数几个很有天赋的青年学者之一,在指导他撰写学位论文的过程中,我真切地感受到孟子所谓"得天下英才而教育之"的快乐。现在借写序的机会,回忆一下几年间教与学的经历,未尝不是一种人生的乐趣。

我认识占伟,是他读硕士研究生的时候。他读河南大学历史文化学院专门史专业文化遗产保护方向的研究生,导师是刘坤太老师,我给他们这个年级的研究生讲过史学理论和中国文化概论两门课程。而对他真正开始关注,还是到了他要报考中国思想文化史博士生的时候。占伟硕士毕业后做的是旅游规划,却要报考思想文化史的博士研究生,对他的报考动机,起初我还真是有点怀疑,弄不清他是对这个专业方向真有兴趣,还是仅为一个学位而来。大概是在入学不到一个月的时间里,占伟买齐了全套的"新编诸子集成"和我划定的阅读书目中的基本典籍,这一点有点出乎我的预料,我开始感受到他做思想史研究的决心。后来的事实证明,占伟确实是一头钻进去了,舍弃了他原来的旅游专业,摒弃了旅游开发的诱人前景,要一门心思做先秦思想史的研究了。他的这个转变,几乎是出乎所有人的意料。在这之前,在旅游学的专业领域内,占伟已经做得很好,虽然很年轻,但已经小有名气。人们想不到他怎么一下子就转得这么彻底,更不理解他为什么会转到这个既不赚钱又要坐冷板凳的专业上。

这个学位论文选题,是他自己选定的。占伟第一次带着这个选题和我商谈的时候,我一下子就被这个题目给吸引了。通过义范畴生成的过程性研究,来揭示观念与思想之间的辩证关系,的确是个好题目,很有问题意识。但问题是,"义"这个东西,从古到今人们都在谈论它,无论是从学术思想的角度还是从社会文化的角度,无论是从理论的角度还是从实践的角度,几乎都被人们谈烂了。在这个问题上,还能不能提出一些新的看法呢?如果在具体的义内涵的认识上亦即学术思想的层面上不能卓有新意,而观念与思想的辩证法没有较高的思辨水平也很难写得出彩,这样论文的学术品位就有可能受到损伤。和占伟第一次讨论论文选题的时候,我既高度评价了这个选题的思想价值,又表达了在这个选题上实现创新的难度,抱着一种将信将疑的态度,支持他写写看。而占伟自己对这个选题则是信心满怀。

大概在博士二年级的上学期,占伟拿着十多万字的一章初稿来找我。当时,我很震惊于他的研究进度。他以前没有基础,这才一年多时间,他就在阅读大量文献的基础上,写出了十余万言的初稿,其投入精力之专注,勤奋之程度,是我没有料到的。但我看完之后,则略感失望。这是他第一次写历史学方面的学术性文章,在问题意识、研究规范和学术思路、谋篇布局诸方面,都有欠缺。我和他谈了一个多小时,从问题意识到写作框架和文献征引,各个方面都提出了修改要求,也从学术观点方面谈了一些大体看法。大概一个月之后,占伟交过来他的修改稿,这使我第一次对占伟的学术能力、理解力、悟性和思维品质,有了一个惊奇的发现。我完全没有想到,从第一稿到第二稿,在很短时间里他完成了一个质的转变,一下子使我对他的论文充满了信心。

此后每一章的写作,他都和我讨论写作框架,明确问题意识。

而每一章，他都能提出新问题，有自己区别于传统观点的独到见解，这使我对他的研究充满希望。而同时，我也要求他把每一章都写成独立成篇的学术论文，拿出去发表。博士毕业前后，他陆续发表的《试论孔子的义思想》（《齐鲁学刊》2013 年第 6 期）、《百家争鸣中的共鸣——以战国诸子"义思想"为中心的考察》（《史学月刊》2014 年第 6 期）、《从宗教神性到政治理性——殷周时期义观念生成的历史考察》（《中国史研究》2014 年第 4 期）、《义以出礼，义以生利，允义明德——论"义"在春秋社会观念中的核心地位》（《文史哲》2015 年第 1 期）几篇文章，都是学位论文中的独立章节。

占伟慧根很好，领悟能力极强，很多问题，哪怕是没有思考过的问题，只要你一点，他就能领悟并有所发挥；每逢提出什么问题，或者是文章的修改，或者是提一个新问题要他论证，他都可以很好地达到你的要求，而且每每会给你带来意外惊喜。在他博士毕业前夕完成了整个论文的基础上，我想让他把论文的主题进一步升华，把义观念研究提升到一个更广阔的认识层面上，给他出了两个题目。根据现在留下来的文字记录，可以回忆起那是 2014 年 3 月 15 日的早上，我醒得很早，大概是两点多吧，我想到占伟对义观念的研究下了很大功夫，而这项研究还很有挖掘的余地，譬如这项研究的价值和意义就可以再有所提升，应该使义观念研究对于人们认识先秦社会的某些特点提供新的支撑。浮想联翩，最后想到应该深入探讨一下义观念在春秋战国时期促进社会整合的文化认同作用。为什么在一个传统认为是礼崩乐坏、天下大乱的时代，文化的统系却能顽强地维持着，人们天下一体的意识还是那么强烈，"义"这个具有共同性价值的思想观念是不是对这个分崩离析的社会起了一种强大的黏合剂作用，一种思想整合、文化认同的作用，这就是所谓观念的力量，一种具有共同性价值的观念的力量。我脑子里不停地闪烁着"观念的力量"这个命题，于是就立刻起床写下一些简单的想法，变换出两个题目：《观念的力量：春秋时期礼崩乐坏情势下的社会整合》和《观念社会化的神秘力量——义观念在战国时代的下移及其社会组织作用》。当天上午，我就找占伟来商量这两篇文章的写作。因为这样的题目是建立在他的博士论文研究的基础上，占伟也显得很兴奋，很愉快地接受了这个写作任务。好像没用多久，他就写出了《观念社会化的神秘力量——义观念在战国时代的下移及其社会组织作用》一文，发表在《清华大学学报》（哲学社会科学版）2016年第1期上，并被中国人民大学复印报刊资料《先秦秦汉史》2016年第3期全文转载。占伟的文章中说：

> （义观念）在战国的下移，形成了一个时代的整体文化精神，决定着一个时代的共同价值取向，凝聚着一个时代的共同心理情感……义就是战国时代华夏族群的"精神统一律"，其在战国社会领域中发挥的作用，并不局限于某些层面、某些群体或某些国家，而是具有超越性、共识性和普遍性，在"中国"——华夏族群范围内发挥着支配作用，只要是华夏族群的成员，无论其处于怎样不同的地域，有着怎样不同的利益诉求，存在如何激烈的矛盾与冲突，都被弥合在义的观念之网中。义观念笼罩着处于分裂状态的战国社会，形成了强大的文化认同感和精神维系力，消解了现实政治对社会造成的冲突和分裂，使华夏文明得以长久延续。

占伟的研究，很好地实现了我最初的设想和要求，升华了他博士论文的研究价值。他的义观念研究，找到了春秋战国时期中国社会在分崩离析状态中依然延续其文化统绪、依然保持其民族心理凝聚的精神源头。

和占伟相处的几年是很愉快的，我体会到了教学相长的乐趣。占伟对义观念和义思想内涵、价值和作用的阐发，特别是对义在儒家思想乃至中华文明体系中核心地位的阐释，是我以前没有认识到的。虽然我至今也不一定完全赞成这种强调性的认识，但却不能不说，他的观点是有历史论据支撑的，也是可以给人以启发的。至少，他提供了我们认识中国传统文化核心价值体系的一个新的角度。毋庸讳言，我本人是受了他的启发的。2013年，我用数据库方法研究汉代的社会观念，其中关于"义"的考察，就受了占伟的影响。我的论文，强调了"义"在汉代伦理观念体系中的重要性。在汉代最重要的思想史文献《春秋繁露》中，义出现的频次是仁的2.288倍，礼的1.868倍，信的8.759倍，孝的7.938倍，忠的6.684倍。再具体统计，在20种汉代人的文献中，义与仁相比，义频次占优势的文献有18种，占90%；义与礼相比，义频次占优势的文献有10种，占50%；义与信相比，义频次占优势的文献有17种，占85%；义与孝相比，义频次占优势的文献有16种，占80%；义与忠相比，义频次占优势的文献有20种，占100%。"义"的频次之高，出乎我们的意料，甚至可以颠覆我们对汉代伦理体系的认识。于是我做出下面的判断：

> 以往学界一般认为，汉代独尊儒术，确立儒学为国家意识形态之后，中国确立起来的社会形态是一个礼制社会，礼的核心是"仁"，仁、礼思想在国家思想、社会思想以及思想的观念形态中占据核心地位。虽然，我们也一般地说中国是礼义之邦，也将"义"看做是一个重要的伦理思想范畴，但对它却的确有所忽视。人们怎么也不会想到义观念的普遍性竟然大于"仁"，"义"的出现频次，竟高出"仁"1倍以上（2.09倍）。义观念的这种状况，将逼迫我们重新审视传统的理论体系，重新估价传统思想中"义"的地位和意义。[①]

[①] 《两汉社会观念研究——一种基于数据统计的考察》，《史学月刊》2014年第1期。

我关于汉代社会观念的研究，是对占伟先秦义观念研究的一个呼应。我在文中作注说：

> 最近河南大学青年教师桓占伟正在做题为《在观念与思想之间：先秦时期义范畴的历史考察》的博士论文。经初步研究，桓占伟发现，长期以来，学界多以"礼"为春秋时期的核心观念；孔子以"仁"代"礼"，"仁"又被视为春秋后期的核心社会观念，"义"在春秋观念史上的地位却被忽视了。实际上，"义"才是春秋时期最重要的社会观念，它具有统领性、共识性和普遍性三大属性，对其他伦理观念具有强大的统摄作用。以往对"义"的认识，需要重新审视。桓占伟的这一发现，对重新认识中国传统的伦理体系有重要意义。

实际上，我对"义"的重视，是受了占伟的影响的。

在拉拉杂杂说了这许多之后，还是要回到占伟是书上来。我以为，该书在学术上的主要贡献，有以下几点：

——论文探讨了"义"在先秦思想、观念体系中的核心地位。传统观点认为，春秋社会观念的核心是"仁"和"礼"，是书则认为，"礼"和"仁"都因为自身的某种不足，难以成为春秋社会的核心观念。春秋时期"义以出礼""义以生利""允义明德"，在"礼"的刚性制约功能渐趋失灵的情况下，"义"实际上统领着春秋社会的道德文明、物质文明和行为文明，发挥着强大的软性制约功能，是维系春秋社会良性运转的核心观念。

——论文以"义"思想为例，阐述了先秦时期诸子思想的共同性问题。论文指出，"义"在战国时期引起了诸子的群体性重视，成为子学的共同话域。"义"是诸子共同的思想原点，论"义"是诸子共同的学术方向，立"义"是诸子共同的学术宗旨，"义"又是诸子共鸣的核心内容。"义"不是某家某派的特殊标签，而是不同学派普遍认同的思想观念，是诸子建构自身学说的公共文化资源。诸子围绕"义"形成的争鸣与共鸣，集中体现了诸子学具有不容忽视的共性和内在一致性。

——论文以"义"范畴的生成为例，阐述了观念与思想相互促进的辩证发展过程。先秦时期，义观念一直处于持续下移和扩展的进程中。从殷商时期的"天监下民，典厥义"，到西周时期的"遵王之义"，转至春秋时期的"尊王大义"，最终在战国时期下移到最广泛的社会层面。先秦诸子在对义观念致思的基础上，形成了义在思想层面的深化和分化。义观念提供了社会流布的广度，义思想提供了理论发展的高度，在这广度与高度之间，形成了一系列的概念系统，最终生成了一个综合性的义范畴。论文向人们展示了一个从观念到思想，再从思想普化为观念这样一个观念—思想—观念的辩证发展过程。

除了这几个大的方面，占伟还有多个方面的具体发现。他在博士论文的"绪论"中总结了六个方面的创新之处，我认为都可以成立。总之，他是在一个被人们讲了两千多年的十分老套的话题上做出了诸多新的发现，给学界提供了一个富有启发性的成果。在论文匿名评审和答辩过程中，他的论文获得普遍好评。一位至今不知姓名的评阅人，给占伟的论文打了98分，并且在评语中说："这是一篇优秀的博士学位论文，希望此文在修改补充后能够早日出版，以应学术界相关研究的需要。"多少年来，我还是第一次遇到这样的评语，这是对占伟论文的高度褒奖。

一篇近三十万字的论文，没有问题是不可能的，其论说也还需要长期经受新的学术思想的质疑和考问。希望占伟在是书出版之后能够倾听来自学界更广泛的质疑和批评，把义思想和义观念的研究不断向前推进。当然，也希望占伟在博士阶段的研究能够接受时间的考验，在义思想和义观念研究的学术史上留下自己的印记。

占伟善于发现问题和思考问题，是一个只要一读书就会有问题的人，在治学的路上发展前途无量。最近两年，他一直在思考夏商周三代的文化认同问题，延续着《观念社会化的神秘力量》一文的逻辑思路。他想以《礼记·表记》中孔子所言"夏道尊命""殷人尊神""周人尊礼"为基本线索，考察三代文明及其该时期的文化认同和社会凝聚力问题。这是一个很好的想法，是个有意义的大问题。遗憾的是，他所在的单位需要他站出来服务，委之以副院长这样的行政职务。中国人会多，高校尤甚，一个人陷入文山会海之后，还能做些什么呢？眼下，占伟需要尝试一条工作、思考、写作协调发展的路子，而这样的路子有吗？占伟可以找到吗？

是为盼！

李振宏

2017年1月27日，除夕日凌晨

目 录
CONTENTS

绪　论 / 001
　　一　研究意义 / 001
　　二　学术史回顾 / 003
　　三　本书旨趣 / 043

第一章　从祭祀程序到政治准则
　　　　——殷周时期义观念生成的历史考察 / 046
　　一　商代义观念的萌芽 / 048
　　二　西周义观念的生成 / 067
　　三　义的观念化及其属性 / 101
　　小　结 / 106

第二章　义以出礼　义以生利　允义明德
　　　　——春秋时期义观念统领地位之确立 / 110
　　一　义对礼、利、德的统摄 / 113
　　二　义：社会行为的价值尺度 / 124
　　三　义观念在不同社会关系中的价值表现 / 132
　　四　春秋义观念凸显的历史原因 / 167
　　小　结 / 174

第三章　夫子之道"义"以贯之
——"义"在孔子思想体系中的核心地位 / 176

一　孔子义思想产生的背景 / 177

二　"孔子义思想"说之成立 / 181

三　孔子义思想的基本内涵 / 187

四　义在孔子思想体系中的位置 / 214

小　结 / 217

第四章　观念社会化的神秘力量
——义观念在战国时期的下移及其社会组织作用 / 220

一　义观念下移的社会表现 / 222

二　战国义观念下移的历史原因 / 244

三　义观念下移的历史影响 / 252

小　结 / 261

第五章　百家争鸣中的共鸣
——战国时期义思想的丰富与发展 / 263

一　诸子对传统义思想的继承 / 264

二　诸子义思想之分化 / 270

三　诸子义思想共鸣的历史启示 / 321

小　结 / 326

第六章　从未思之物到致思之花
——先秦义范畴生成的理论考察 / 327

一　义观念：从庙堂之高到江湖之远 / 327

二　义思想：从一花独放到百花齐放 / 333

三　义观念与义思想：未思之物与致思之花 / 339
四　先秦义范畴的生成 / 342
小　结 / 346

结　语 / 349

主要参考文献 / 355

人名索引 / 366

名词索引 / 370

后　记 / 374

绪　论

一　研究意义

　　义是中国传统文化思想的核心范畴之一。在仁、义、道、德、礼、智、忠、信等关键词中，义字出现早，社会认同度高，历史延续性长，内涵也极为丰富。在中国古代社会，"义"与"不义"既可以作为个体行为的评价标准，也可以作为判断整体国家行为正确与否的准则；它既是心理上的潜在行为准绳，又是判断是非的现实尺度。先秦时期，义形成了包括观念和思想两大部分的综合性范畴，对中国政治史、思想史和文化史产生了深远影响。

　　自新中国成立以来，先秦义研究逐渐受到学术界的重视，产生了一系列学术成果。大多数成果集中在义利和仁义问题研究方面，部分成果是对礼义、道义、忠义、信义和侠义问题的研究，也有少数关于义的独立性的研究成果。整体上看，基于哲学和伦理学方法的研究较多，基于历史学方法的研究还较为薄弱；不少成果是对义观念或义思想某些侧面的"萃取"式研究，对二者的过渡、转换、融汇和各自发展、演变规律的深入研究还很欠缺；另外，对义范畴的独立性研究也不够深入，基本上是将其作为一个依附性概念去认识和看待的。因此，弄清义在先秦不同时期和不同层面的发展规律，明晓义在中国传统思想观念中所具有的举足轻重的地位，具有重要的学术意义。另外，微观案例研究也许会引导我们提出惊人的宏观命题，通过先秦义范畴生成这样一个具体的研究，还可以一般化地深入探究观念与制度、观念与道德、观念与伦理的关系问题，而这些问题的深入和深化将有可能从微观的角度入手，揭示中国古代政治史、思想史和社会史研究中那些被忽略了的东西，甚至颠覆某些长期以来已经成为经验性论断的认识。

整体而言，义是一个被严重忽视的综合性先秦思想范畴，需要更多基于历史学方法的深入研究。

义作为三代文明的准则，对先秦政治文明、道德文明和制度文明产生了深远影响，成为中华民族最本质、最深层的文化心理。义观念自殷周时期生成以后，就以一种不可抗拒的力量控制着古代社会的诸多层面，甚至控制着所有人的思想和行为方式。中华民族的每个成员都不可避免地为义的精神所形塑，在长期的历史进程中，义沉淀为我们民族的潜意识，成为国民性的一部分。

即便在今天，义范畴仍然对我们的心理和行为方式产生了巨大的影响，对于这种影响，我们需要历史地辩证地去认识。一方面，义范畴在长期的发展进程中形成了公、正、善、节、分等优秀的思想成分，衍生出仁义、德义、礼义、道义、忠义、信义、民族大义、见义勇为、义重如山等一系列深入人心的观念，形成了中华民族的文化认同感和精神维系力，弥合了中华文明发展进程中的冲突和分裂，使其得以长久延续；另一方面，当我们的物质文明进一步取得巨大成就，已经从确定的意义上进入现代化的时候，义之亲亲尊尊的、带有宗法色彩的负面精神因素仍然大行其道，这就会出现一个势所必然的结果：以落后的观念面对现代的文明，就如同一台高速动车靠几匹马驱动。这种反差必然会深刻地反映在现实的政治生活、道德生活、文化生活和经济生活中，必然会对我们的现代化发展形成制约，甚至会导致矛盾和梗阻的产生。对此，我们也需要保持清醒认识。

绪 论

因此，对先秦义范畴进行深入研究，弄清它在先秦时期究竟有着怎样的生成过程，又有着怎样的内在结构和实质，从而在批判的基础上弃其糟粕、存其精华，具有重要的现实意义。

二 学术史回顾

先秦义范畴是史学、哲学、政治学和社会学等领域的重要研究对象。根据研究重点的不同和时间的先后顺序，可以大体上把有关的学术研究分为四个阶段：一是先秦之后传统义思想发展概况，二是近代时期的义研究，三是新中国成立至改革开放之前的义研究，四是改革开放至今的义研究。

（一）先秦之后传统义思想研究概况

汉代是传统义思想经历重大发展转型的时期。义在战国时期出现了下移和社会化扩展，至汉代则受到政治家和思想家的高度重视，"义"与"仁"相表里，形成"仁义"观念，重新成为汉代国家意识形态的一部分。秦王朝二世而亡的教训给汉初思想家们带来的感触极深，陆贾、贾谊和董仲舒先后提出反虐政、行仁义的思想。陆贾是汉初主张以儒家仁义治国的代表，他指出："骨肉以仁亲，夫妇以义合，朋友以义信，君臣以义序，百官以义承，守国者以仁坚固，佐君者以义不倾，君以仁治，臣以义平，乡党以仁恂恂，朝廷以义便便……仁者道之纪，义者圣之学。学之者明，失之者昏，背之者亡。"[①] 除了骨肉之亲和君主仁政外，其余各种关系均以义为根本准则，义被视为圣人之学，个体行为如果不以义为本，就会导致覆亡。在陆贾看来，仁与义各有侧重，相辅相成。贾谊的义思想则更具有现实性和针对性。贾谊将秦朝灭亡的历史教训

---

① 王利器：《新语校注》，中华书局，1986，第30~34页。

总结为"仁义不施""四维不张",在此基础上,他更多针对当时社会风气日益败坏的现实问题,提出要根据时代的变化,变"无为而治"为"以礼义治",主张以礼义重新建构社会等级秩序,实际上主张制度建设与观念约束并重;他还对"仁义"的来源进行了论述,指出"仁义"植根于"道",出于"虚"和"术"。[①] 董仲舒提出了较为丰富的义思想体系。他把义作为五常之一与阴阳五行相比附,指出"仁义制度之数,尽取之天",[②] 使人的道德归于天启目的论范畴;他又提出义利统一思想,指出"天之生人也,使人生义与利。利以养其体,义以养其心",[③] 义、利二者均不可或缺;他还对传统"仁内义外"说进行理论反思,提出"以义正我"。[④] 这对宋明理学家的义思想产生了深远影响。王充提出:"人禀天地之性,怀五常之气,或仁或义,性术乖也。"[⑤] 认为义的最终来源是"气"和"命",否定了董仲舒的天启道德论。由上可见,汉代义思想发展的突出特点就是重视仁、礼与义的结合,重建以仁义、礼义为核心的政治文明。

魏晋隋唐时期,较为系统阐明义思想者主要有傅玄、王弼、嵇康、郭象、王通和韩愈等。傅玄是西晋时期的著名学者,他针对当时的人际信任危机,建议君主要率先垂范,"长其义节",从而达至"人怀义心"。[⑥] 王弼、嵇康和郭象等玄学家基本上仁义并举,均将仁义作为儒家伦理纲常的整体象征来认识,没有分述仁与义的区别与联系。王弼云:"仁义,母之所生,非可以为母。"[⑦] 认为仁义本于自然,自然与仁义是本末和母子关系,试图为仁义找到一个

---

① 贾谊撰,阎振益、钟夏校注《新书校注》,中华书局,2000,第303页。
② 苏舆撰,钟哲点校《春秋繁露义证》,中华书局,1992,第351页。
③ 苏舆撰,钟哲点校《春秋繁露义证》,第263页。
④ 苏舆撰,钟哲点校《春秋繁露义证》,第250页。
⑤ 黄晖:《论衡校释》,中华书局,1990,第142页。
⑥ 《晋书·傅玄传》,中华书局,1974,第1317页。
⑦ 楼宇烈:《老子道德经注校释》,中华书局,2008,第95页。

形而上的根据。嵇康提出"越明教而任自然",① 认为名教的仁义违背了自然,从而追求理想的仁义,反对名教的仁义。郭象曰:"夫仁义者,人之性也。"② 认为人性就是自然,仁义又是人之性,故仁义即自然。仁义与自然是现象与本体关系,二者体用结合,不能分割。王通是隋代思想家,他强调道德本于仁义,义既合于天理,又通于人性:"我未见欲仁好义而不得者也,如不得斯无性者也。"③ 王通还主张争义弃利:"王孝逸问曰:'天下皆争利弃义,吾独若之何?'子曰:'舍其所争,取其所弃,不亦君子乎?'"④ 唐代较为系统论述义思想的是韩愈,他以排斥佛老、确立儒家道统为己任,提出"行而宜之之谓义"的义思想,把义的实践扩充到社会关系的广阔领域。他还指出:"凡吾所谓道德云者,合仁与义言之也。"⑤ 实践仁义就是"道",内心快乐就是"德",因此,仁义就是道德的本质内容。在这段历史时期内,思想家们更多地从本体论角度探寻仁义之源,具有较强的哲学思辨色彩。

在宋明理学体系中,传统义思想得到了新的发展和变化。周敦颐特别强调义为"立人之道",⑥ 使义由道德伦理上升为能生成万物的精神本体,从而使义的社会功能更加突出。二程指出:"知敬而不知集义,不几于兀然无所为者乎?"⑦ 提出"敬"与"义"相互依存说,认为在"知敬"的基础上还应该"集义",从而达到体用合一的效果。他们也主张修养"浩然之气":"方其未养,则气自是气,义自是义。及其养成浩然之气,则气与义合矣。"⑧ 提倡

---

① 《晋书·嵇康传》,第 1369 页。
② 郭庆藩撰,王孝鱼点校《庄子集释》,中华书局,1961,第 519 页。
③ 郑春颖:《文中子中说译注》,黑龙江人民出版社,2003,第 160 页。
④ 郑春颖:《文中子中说译注》,第 74 页。
⑤ 韩愈撰,马其昶校注《韩昌黎文集校注》,上海古籍出版社,1986,第 13 页。
⑥ 周敦颐:《太极图说》,《周子全书》卷二,台湾商务印书馆,1978,第 29 页。
⑦ 程颢、程颐著,王孝鱼点校《二程集》,中华书局,1981,第 1179 页。
⑧ 程颢、程颐著,王孝鱼点校《二程集》,第 206 页。

以义养气，合义与道，最终达到"气"与"义"合。在义利关系问题上，二程认为"计利则害义"，① 主张重义轻利。朱熹是理学的集大成者，他认为义是天理之所宜，君子所为应合乎天理，义之所在则全力以赴。同时，他意识到如果仅仅把义当作外在准则的"宜"，则会产生与人的道德观念割裂的问题，所以他又将义解释为"心之制"，② 指出义是源于人性、与生俱来的。陆九渊是心学的开创者，提出"心即理"的命题，认为"仁义者，人之本心也"，③ "志乎义，则所习者必在于义"，④ 强调个体行为的内在动机。陆九渊的心学未能与朱熹之学抗衡，一直到明代，王阳明才复兴了心学。王阳明提出人心的本体就是天理，仁与义等道德准则天然地存在其中，心外无义。"义者宜也，心得其宜之谓义。"⑤ 能"致良知"即为义。李贽极富叛逆精神，他指出："天下曷尝有不讲功谋利之人！若不是真实知其有利益于我，可以成吾之大功，则乌用正义明道义邪？""夫欲正义，是利之也。若不谋利，不正可矣。吾道苟明，则吾之功毕矣，若不计功，道又何时而可明也。"⑥ 他认为趋利避害是人的本性，谋利方可正义，离开了功利，正义也会失去其价值和意义，从而从根本上否定了纲常名教和伦理道德。义利问题是宋明理学关注的核心问题之一，义利关系由先秦时期的并行不悖、相互依存发展到极端对立。

清代前中期，黄宗羲、顾炎武、王夫之、颜元和戴震等对义思想进行了新的理论拓展。黄宗羲在义利问题上提倡道德价值与经世致用相结合，把功利事业视为"仁义"的现实依据。他指出："王

---

① 程颢、程颐著，王孝鱼点校《二程集》，第1150页。
② 朱熹：《四书章句集注》，中华书局，1983，第201页。
③ 陆九渊著，钟哲点校《陆九渊集》，中华书局，1980，第9页。
④ 陆九渊著，钟哲点校《陆九渊集》，第275页。
⑤ 于民雄注，顾久译《传习录全译》，贵州人民出版社，1997，第196页。
⑥ 李贽：《藏书·德业儒臣后论》，《李贽文集》第3卷，社会科学文献出版社，2000，第626页。

霸之分，不在事功而在心术；事功本之心术者，所谓'由仁义行'，王道也；只在迹上模仿，虽件件是王道之事，所谓'行仁义者'，霸道也。"① 他提出"天下为主，君为客"②的主张，认为君主理应成为道义的化身并遵从信义；忠义不是单方面的忠君问题，而是忠于天下苍生；德义也不再是士民百姓对君主的愚忠，而是以民生状况衡量君主是否有德。王夫之揭示了义利之间的辩证关系，对二者之间的潜在矛盾做了深入阐发：

> 立人之道曰义，生人之用曰利。出义入利，人道不立；出利入害，人用不生。智者知此者也，智如禹而亦知此者也。呜呼！义利之际，其为别也大；利害之际，其相因也微。夫孰知义之必利，而利之非可以利者乎？夫孰知利之必害，而害之不足以害者乎？诚知之也，而可不谓大智乎！③

一方面，人之于义利均不可或缺；另一方面，义利又常同利害纠缠在一起。他强调义是立人之道，利是人类之用，义利相合，离开义就没有利，义利皆为人性所固有。颜元的义利论强调实行和实用，重事功而轻玄想，把董仲舒的名言修改为"正其谊（义）以谋其利，明其道而计其功"。④ 戴震把人欲与天理、事功与道德统一起来，认为在推己及人、无偏无私前提下实现合理的人欲就是忠恕仁义，而表面上满口仁义道德、私底下只想快己之欲者就是背离了大义。⑤ 清代思想家注重道德原则与具体事功的统一，纠正了宋明理

---

① 黄宗羲：《孟子师说》，《黄宗羲全集》第1册，浙江古籍出版社，1985，第51页。
② 黄宗羲：《明夷待访录》，浙江古籍出版社，1985，第2~3页。
③ 王夫之：《尚书引义》卷二，《船山全书》第2册，岳麓书社，1996，第277页。
④ 颜元：《颜元集》，中华书局，1987，第163页。
⑤ 戴震：《孟子字义疏证》，中华书局，1981，第176~180页。

学对义利关系的片面认识,实际上主张义利双行。

从上述义思想发展的大体历史线索看,自汉至清,儒家成为义思想发展的主体,义被纳入儒学的政治、伦理体系。汉代义思想的政治意义较为突出,但义相对于仁、德、礼等观念而言,其独立性有逐步弱化的趋势;魏晋隋唐时期,仁义与自然本体关系问题得到了深入讨论,"义"随同"仁"一起渗透到了社会关系的各个层面;宋明理学把"义"与"利"对立起来,把"义"提升为"天理",极端强调重义轻利、舍生取义,这虽然有其时代合理性,但客观上也使普通人背负了极大的道德重压;清代思想家注重从民生角度阐发义思想,使义利关系由极端对立又回归到辩证统一。

(二) 近代时期的义思想研究

鸦片战争爆发后,西方的坚船利炮打开了古老中国长期闭锁的国门,殖民者的商品优势对中国自然经济形成了巨大冲击,中国社会开始被动地走上近代化之路,传统贵义贱利的道德范式也随之渐变,不少思想家对义做出了全新诠释。

近代义研究最为突出的变化首先体现在义利关系问题的重新定位上。郭嵩焘、薛福成、陈炽和郑观应等深切意识到,强国对于弱国根本没有道义和公义可言,列强标榜的公法只是为其强权服务的工具。要想让中国强大起来,必须与列强争利,提倡君民上下,同心同德求取利益。郭嵩焘提出:

> 中国言义,虚文而已,其实朝野上下无一不鹜于利,至于越礼反常而不顾。西洋言利,却自有义在。《易》曰:"利物足以和义。"凡非义之所在,固不足为利也。是以鹜其实则两全,鹜其名则徒以粉饰作伪,其终必两失之。[1]

---

[1] 郭嵩焘:《郭嵩焘日记》第4卷,湖南人民出版社,1983,第297~298页。

他认为义只是一种国人的虚文,其实朝野上下都在逐利,早已将伦理纲常抛在一边,提倡重利而不轻义。陈炽认为,有利而后才能知道义,同时,在义的指导下才能真正获利。言利、求富与仁义非但不相互排斥,反而是相辅相成的。他把人的正当谋利行为喻为"圣人之仁"和"圣人之义"。①

早期改良派基本上将人民之利与国家之利置于同等重要的地位,提出国家强盛要藏富于民,因此个人私利也就成为国家公利的基础。薛福成指出,公利是由私利集合而成的,民众穷困,国家也就难以富强,因此私利就是公利的一部分。他认为:"若夫豪杰之士,非以财助之不兴也。"② 宣扬"有恒产者即有恒心",否定了义利对立观念。严复认为,要实现民族振兴,必须"新民德",而"新民德"的重要手段之一就是鼓励合理的利己主义。他分析了古今为教的差别:"古之为教也,以从义为利人苦己之事,必其身有所牺牲而后为之,今之为教,则明不义之必无利。"③ 认为中国传统义利观念存在将义利片面分割、将自利与损人混同的问题,提出"义利合""两利为利"的思想,强调求取利益要符合道义,协调好善行与利己的关系。胡适认为,义利对立是后人的误解,他认为孔子痛恨那班聚敛之臣、斗筲之人的谋利政策,故把义利分得很分明。但孔子并不是主张正其谊不谋其利的人,他反对的只是个人自营的私利。④ 林应时指出,无所为而为之曰义,有所为而为之曰利。他认为,"举国上下皆弃义而趋利"的原因在于"学术有益使之然耳。自西学东渐,权利说昌……耳濡目染,无非权利,舍权利

---

① 陈炽:《续富国策·分建学堂说》,《陈炽集》,中华书局,1997,第273页。
② 薛福成著,蔡少卿整理《薛福成笔记》(下),吉林文史出版社,2004,第806页。
③ 严复:《论今日教育应以物理科学为当务之机》,王栻主编《严复集》,中华书局,1986,第278~286页。
④ 胡适:《中国哲学史大纲》,上海古籍出版社,2000,第85页。

外，几不知天下再有可贵者矣"。①

仁义关系问题方面也有一些新变化。康有为在《孔子改制考》中明确区分了仁和义，认为孔子之仁是为解救民众之困，朱熹之义则是以己意责民以善，忽视了民众幸福，应以仁心行富强之新政，具有明显的重仁轻义的思想倾向。②谭嗣同反对将仁义并列的传统思想，他认为："天地间亦仁而已矣……义之谓宜也，出于固然，无可言也。"③仁是天地万物的最高准则，义是由仁派生出来的，只不过是仁的表现形式之一。梁启超对中国传统伦理进行了反思，认为传统伦理中统率五常的仁并不是道德原则，义才是道德原则，提出"义者，我也"，将"仁义之分"引向"人我之别"，义也被其赋予权利与义务的新内涵。在此基础上，他对公德和私德、利己与爱他、权利与义务等伦理关系做了新的阐释，表达出一种合理利己主义的思想。④蔡元培主要致力于融会中西伦理道德，将中国传统道德与西方资产阶级伦理相结合，认为自由为义；指出自由是就主观而言的，不过，当人们以他人的自由为限度，推己及人，便会通于客观，把自由（义）的实现建立在博爱的基础之上。他还分别对中国传统法、道、儒三家的义利观进行了综合评价，指出儒家不走极端，但理论深度不如道家，法理精髓又不及法家。⑤

对义字来源的解释也有一些新变化。达生认为，义是指我所宜收之权利。义字从羊从我，古者造字之时，人民多牧畜，牧畜之利，以牧羊为最大，故其羊为我之羊，则宜我收其羊之利，这就是所谓的义。⑥金兆梓通过对义、利本源义的详细考证，提出义、利

---

① 林应时：《说义与利》，《爱国报》第18期，1924，第18~20页。
② 康有为：《孔子改制考》，台湾商务印书馆，1968，第5~6页。
③ 谭嗣同著，加润国选注《仁学——谭嗣同集》，辽宁人民出版社，1994，第14~15页。
④ 王德峰编选《梁启超文选》，上海远东出版社，2011，第45~60页。
⑤ 高平叔编《蔡元培语言及文学论著》，河北人民出版社，1985，第71~75页。
⑥ 达生：《说义》，《振华五日大事记》第22期，1907，第51~52页。

在字源上有不同含义，不能一概而论。他指出义的五种含义，分别为宜、理、辨别、利、仁之事，这五种含义一贯相通，而其本义则为宜。利字则有七种含义，分别为铦、和（应手或顺利）、便利、便宜（谓其便于公宜于民）、仁、财货、贪。这样，义字除了第二义"理"和第三义"辨别"之外，几乎尽与利字同训，义与利其实是一物的本末、一事的终始。①

这一时期不少思想家用西方伦理比附中国传统伦理，以权利为义，以博爱、自由为仁义，在注重民生的基础上，对义做出了全新诠释，体现了这个特定时期中西方文化的交流与碰撞。

（三）新中国成立至改革开放之前的义思想研究

新中国成立之后，特别是 20 世纪五六十年代，中国哲学史和思想史研究进入一个高峰期，在中国传统伦理、传统哲学和先秦诸子思想方面产生了一大批基于儒、墨、道、法的宏观研究成果，义作为一个传统伦理的具体范畴多被附带论及，还没有进入研究的主要视野。

关于商代到底有没有义这种道德问题，李学勤认为，卜辞中确实有"义"字，"义京"在卜辞中是地名，但并不能说殷代就有了"义"这种道德。他认为殷代道德观念还没有形成，只是到了殷末帝乙、帝辛两朝，称谓上才有了"武""康""文武"这些字样，而其究竟有多少道德意义也还可疑。② 这与侯外庐提出的"商代社会内部的权利义务观念还没有显明的标志""仅能看出道德的萌芽状态"③ 的观点是一致的。不过，虽然侯外庐和李学勤认为商代不存

---

① 金兆梓：《义利辨——义与利为一物之本末一事之终始》，《新中华》复刊第 2 卷第 3 期，1944，第 91~101 页。
② 李学勤、杨超：《从学术源流方面评杨荣国著"中国古代思想史"》，《历史研究》1956 年第 9 期。
③ 侯外庐、赵纪彬、杜国庠：《中国思想通史》第 1 卷，人民出版社，1957，第 24 页。

在道德意义上的"义",但并未否认存在观念意义上的"义"。

在义利问题研究方面有不少新观点。侯外庐指出,对于儒家视为不两立的"义"和"利"两概念,墨子发现了它们的统一性。全书凡言"义"处,皆以"利"为实体;凡言"利"处,亦皆以"义"为旨归,空前地完成了"义利双行"的思想体系。① 杨荣国看到了孟子与墨子义思想的区别,他认为孟子反对言利是针对墨子而发。孟子所谓的"义"和"仁"一般是为人所固有的,既为人所固有,那么所谓"义"自是属于先验的人伦范围,而不是存在于后天的客观事实之中。这样,孟子就把墨子所谓"有财以分人,有力以助人,有道以教人"的外在的"义"改为内在的四端之一了。② 任继愈认为,孟子讲的义实际上仍然是利。孟子论证仁义这些道德出于人们的天性,人生来就有尊君、敬长、维护封建等级制的天性。这种反对利的道德常说,还是讲利的。③ 赵纪彬指出,孔墨对义利的态度不同,孔子讲"君子喻于义,小人喻于利";墨子则处处讲利,如他讲"利乎人即为,不利乎人即止"。④ 孔繁认为,荀况在义利问题上并不否认正当利欲要求,而认为"利"不要危害"义",这种义利之辨仍是剥削阶级的道德范畴,但较之儒家的禁欲主义还是进步的。⑤ 童书业认为,孔子伦理思想中义利相对,开了孟子和董仲舒思想的先河;他还指出,"直"与"义"也相互关联,"直"实际上就是"忠信"。⑥

不少学者关注到了诸子的义思想。冯友兰指出,孔子认为"使民"不能随便,并且要合乎义这种道德原则。⑦ 胡寄窗指出,

---

① 侯外庐、赵纪彬、杜国庠:《中国思想通史》第1卷,第247页。
② 杨荣国:《中国思想史》,人民出版社,1954,第175~176页。
③ 任继愈:《中国哲学史》第1册,人民出版社,1963,第140页。
④ 赵纪彬:《孔墨显学对立的阶级和逻辑意义》,《学术月刊》1963年第11期。
⑤ 孔繁:《论荀况对儒家思想的批判继承》,《历史研究》1977年第1期。
⑥ 童书业:《孔子思想研究》,《山东大学学报》1960年第1期。
⑦ 冯友兰:《关于论孔子"仁"的思想的补充论证》,《学术月刊》1963年第8期。

孔子不仅强调伦理与财富的结合,并把它作为人们经济行为的规范,他也发觉到财富与伦理的对立,并赋予这种对立以一定的阶级内容,认为君子天生就懂得义,而小人天生只懂得利;君子在财富问题上能自觉遵守道德规范,小人则因为没有固有的义,必须有外在的强加规范。义利关系会涉及物质与精神这一哲学根本问题。① 车载认为,孔子把义的作用看得很重要,几乎认为义之所在也就是德之所在,把"徙义"看作"崇德"的内容。孔子谈义,提出喻义、徙义、思义、行义,包括修己与治人两方面的道理在内,以维护封建统治秩序为义的最高要求,有解决封建剥削阶级内部矛盾和封建剥削者与被剥削者之间矛盾的双重作用。②

卢育三等认为,在墨子那里,义与不义是以是否靠劳动获得果实为标准的。所谓"义",就是自食其力和私有财产权不受侵犯;所谓"不义",就是不劳而获和对私有财产加以掠夺。③ 任继愈指出,荀子继承了宋尹学派唯物主义气的学说,认为气是构成自然界万物的总根源,人也是自然界的一部分。人之所以与其他万物不同,在于人不仅有气、有生命、有知觉,而且有义。④ 刘元彦认为,《吕氏春秋》提出了"义兵"思想,把"义"作为衡量战争是非的唯一标准,提出战争的胜负取决于人心的向背,并把武器等条件放在"义兵之助"的地位。⑤

在仁义问题研究方面,金景芳提出义出于仁的思想,即仁和义各有独立的含义,不能混同。但是,在一定的场合,如果单言仁,实则已包括义,义实际是仁的发展,是从仁里分化出来的。⑥

---

① 胡寄窗:《先秦儒家的经济思想》,《教学与研究》1963 年第 1 期。
② 车载:《论孔子的为政以德》,《哲学研究》1962 年第 6 期。
③ 卢育三、王成竹:《墨子思想评价》,《河北大学学报》(社会科学版)1979 年第 2 期。
④ 任继愈:《中国哲学史》第 1 册,第 211 页。
⑤ 刘元彦:《吕氏春秋论义兵》,《哲学研究》1963 年第 3 期。
⑥ 金景芳:《论孔子思想》,《东北人民大学人文科学学报》1957 年第 4 期。

孔繁研究了仁义学术的起源问题，他认为儒家的仁义道德学说导源于奴隶制的宗法血缘伦理关系，是维持君臣、父子等社会等级名分的重要手段。① 杨宽指出，《吕氏春秋》讲究仁义的目的是反对严刑峻法，主张以德义为教，以贤者为师，讲究"义兵"，反对"杀无罪之民"，宣扬"义赏"，反对以法为准则。这样，吕不韦与秦始皇之间无可避免地要发生权力上和思想上的冲突，仁义就成为权力斗争的武器。②

在礼仪和礼义问题研究方面，章权才认为，在礼与仪的关系上，礼一定包括仪；所谓仪，就是一种度，就是因不同内容陈不同的形式。而礼除包括仪以外，还包括"礼之义""礼之质""礼之实"等。要求人民履行的天尊地卑之"经"才是礼，礼仪与礼义是有区别的。③ 童书业认为，礼实质上就是稳定阶级与等级秩序的一种制度和仪文，而义就是统治阶级认为所应当做的事情。礼与义合在一起，就成为巩固封建社会秩序的道德和制度了。④ 金景芳指出，义是理论上的事情，礼是实践上的事情。名是事物的代表，它代表一个事物的质的规定性和与其他事物的质的区别性，光从这个事物的质的规定性和与其他事物的质的区别性而言，即所谓义；在一定的社会里，依据一个人所具有的名义来确定他在社会上或政治上的地位，从而决定他对其他具有各种不同名义的人们所采取的态度或动作，即所谓礼。把这个礼的精神体现在国家事务中，就是所谓政。⑤

在侠义问题研究方面，郭汉成认为，体现在刺客和游侠身上的就有人民的和统治阶级的两种不同性质的义。一种是布衣之徒的

---

① 孔繁：《论荀况对儒家思想的批判继承》，《历史研究》1977 年第 1 期。
② 杨宽：《吕不韦和吕氏春秋新评》，《复旦学报》（社会科学版）1979 年第 5 期。
③ 章权才：《礼的起源和本质》，《学术月刊》1963 年第 8 期。
④ 童书业：《荀子思想研究》，《山东大学学报》1963 年第 3 期。
⑤ 金景芳：《论孔子思想》，《东北人民大学人文科学学报》1957 年第 4 期。

义,另一种则是符合当时统治阶级利益的,只讲私恩、不论是非的"士为知己者死"的义。①

需要说明的是,新中国成立以后十余年内,义作为封建社会的文化遗产是少有人问津的,直到五六十年代之交,学术界才附带性地论及义范畴,并基本上将义作为剥削阶级的道德工具来看待,这种以阶级分析为主的方法造成了研究结论的机械性和片面性。到了70年代中期,受极左思潮影响,又出现了对义全盘否定的状况,由于学术价值较低,不再赘述。

(四) 改革开放至今的义思想研究

中国推行改革开放至今的三十多年,是学术界解放思想、实事求是,取得丰硕成果的时期。在这一时期先秦义研究也重新走上正常发展的轨道,在理论创新、研究领域的扩大和研究内容的提升方面均取得了新的进展。与之相对应,义研究也掀起了时代性的高潮,学术成果的数量和质量均大大超越了以往任何一个时期。总体看来,这一时期的研究重点主要集中在义利问题研究、义与其他德目关系研究和义的独立性研究三个方面。

1. 义利问题研究

20世纪八九十年代,随着改革开放的深化发展,商品经济观念逐渐深入人心,中国社会进入了一个新的大变革时代,发展经济、追求财富、重商重利成为社会主流意识,这促使人们寻找适合于时代的历史依据;另一方面,极端个人主义、拜金主义、唯利是图等不良价值观也有所泛滥,对中华民族的传统美德产生了负面影响,这也促使人们对中国传统伦理观和价值观进行理论反思。这样,对义利问题开展新的研究自然成为时代赋予学术界的任务,伦理、哲学、历史、法律等不同学科的学人都积极参与进来,促使义

---

① 郭汉城:《论侠与义》,《戏剧报》1963年第5期。

利问题研究成为该时期义研究的主题之一。总体而言，研究重心主要集中在先秦义利观研究、义利关系研究、对义利问题研究的理论反思三个方面。

(1) 义利观

对先秦义利观的研究首先表现为学派研究，旨在弄清先秦不同义利观的思想内涵。在儒家义利观研究方面，傅宗良把先秦儒家义利论区分为宏观和微观两个层面，提出在宏观义利论方面，先秦儒家把礼和义联系了起来，礼被义充实和改造，具有了新的意义；在微观义利论方面，儒家又在充分肯定前人关于义是利的保障这一思想的基础上，把对义的消极服从变成了对义的积极维护。①

李书有分别对孔子、孟子和荀子的义利观进行了研究，指出孔子的义利观强调以义制利，代表了儒家反功利的道德决定论倾向，引导出孟子重义轻利和后世儒家禁欲主义倾向。孟子的义利观中，利多指物质欲望的私利，而义指维护社会整体利益的道德原则，主张重义轻利，用代表社会公利的道德原则对个人私利进行制约，强调个人利益服从社会整体利益。荀子的义利观与孟子有别，他不反对言利，提倡利民和以政裕民，承认义与利是人所不能缺少的两件东西，但他更强调义的作用，认为要以义克利，而不能以利克义。这样，李书有归结出先秦儒家义利观的核心就是"重义轻利"。②张传开、汪传发认为儒家义利观是由孔子奠基的，并经孟子而进一步发展，指出孔子强调行为的价值在于行为本身而无关乎行为的结果。如果行为本身合乎义，即使不能达到实际的功效或利益，也同样具有善的价值。孔子以行为本身来评判行为价值，意味着他赋予行为之动机以绝对的价值。孟子进一步发展了孔子的义利观，提出

---

① 傅宗良：《先秦儒家义利论述评》，《学习与思考》1982年第4期。
② 李书有：《中国儒家伦理思想发展史》，江苏古籍出版社，1992，第51、81、109页。

"唯义所在"命题,使义这种道德原则具有至上的性质,并不以道德以外的经验事实为根据,而只需看行为的动机是否合乎义。这样,义本身就成为目的,主体的行为则相应地表现为"为义"而"行义"。这就形成了儒家义利观的显著特点:对道德内在价值的注重与忽视道德的功利基础。①

苗润田把儒家义利观形成的原因分为社会原因和思想原因,认为儒家倡言"重义轻利",主张"义以为质""义以为上",提倡"见利思义""见得思义""先义后利",反对"重利轻义""见利忘义""以私废公",并不是迂阔无用之谈,而是针对"唯利是求"的社会现象及其所引发的诸多社会问题而发的,其目的是力图从根本上改变人们的价值取向,以利于社会的健康发展。苗润田还认为,儒家义利观与其仁学思想、民本学说、贵和中庸理论、人格学说和人生追求也紧密关联,这是儒家"重义轻利"价值理论的思想原因。②

谭风雷提出了相反的观点,认为先秦儒家义利观并非只重仁义而轻功利,不谈经济、不追求物质利益,在儒家经典中不难发现儒家其实很重功利。他们针对时弊大讲仁义,只是要把人们对物质利益的追求纳入正道,"由仁义行",他们所宣扬的圣人、仁政,都是以给天下人带来物质利益为主要标准的,因此儒家义利观实际上是"以义制利"。③ 郑琼现从法律角度考察了儒家义利观,认为其包含"要求君子见利思义和对庶民先富后教"两层不同含义,对中国古代的民法和经济法产生了多方面的影响。④

---

① 张传开、汪传发:《义利之间——中国传统文化中的义利观之演变》,南京大学出版社,1997,第21~23页。
② 苗润田:《"放于利而行多怨"——儒家义利学说再探讨》,《哲学研究》2007年第4期。
③ 谭风雷:《先秦儒家义利观辨析》,《学术月刊》1989年第11期。
④ 郑琼现:《儒家义利观的法文化解读》,《湖南师范大学社会科学学报》2001年第6期。

孔孟作为儒家代表人物，其义利观自然得到了学术界的充分重视。黄伟合认为，孔孟义利观具有两个层次，第一个层次是从价值观的角度提出了贵义贱利问题，第二个层次是从治国策略的角度提出的，总体上属于道义论。① 马振铎认为，尚义思想在孔子伦理学说的建构中具有重要地位，义是行为的内在节制机制，义对利也构成制约。② 傅允生一反传统从伦理道德出发去认识孔子义利观的角度，提出义利观是孔子经济思想的核心，义与利的辩证统一是孔子义利观的基本特征。他认为孔子强调"见利思义"，提倡"义以生利"，其目的在于调节社会分配关系。③ 许苏静指出，孔孟的义利观具有"人本主义""价值与事实并举""道德评价与经世治国并重"等多重价值。④ 王磊认为，不能简单地把孟子的义利思想概括为"重义轻利"，它至少包含"先利后义""以利说义""先义后利"三个层面，指出孟子的相关话语都有特定的语境，在阐释时必须进行语境还原。如果抽离语境而把论题普适化、绝对化，就会导致误读。⑤

黄伟合从价值理论和历史观两个角度研究墨子的义利观，将其概括为"尚利"与"贵义"两个命题。他指出墨子义利观的特点是把功利作为义的内容和本质，把义作为功利的道德形式和实现途径。墨子义利观是以历史唯心主义的自然人性论为基础的，在当时固然有进步性、人民性的一面，但理论上却是乌托邦主义。⑥ 刘泽华对墨子的义利观进行了深入分析，指出墨子之义的本质就是建立一套统治秩序。义不仅是道德范畴，而且首先是一种政治主张。⑦

---

① 黄伟合：《儒、法、墨三家义利观的比较研究》，《江淮论坛》1987年第6期。
② 马振铎：《孔子的尚义思想和义务论伦理学说》，《哲学研究》1991年第6期。
③ 傅允生：《孔子义利观再认识》，《社会科学辑刊》2000年第2期。
④ 许苏静：《试论孔孟义利观对构建和谐社会之价值》，《南京社会科学》2007年第12期。
⑤ 王磊：《孟子义利思想辨析》，《齐鲁学刊》2005年第5期。
⑥ 黄伟合：《墨子的义利观》，《中国社会科学》1985年第3期。
⑦ 刘泽华：《中国政治思想史》，浙江人民出版社，1996，第448页。

徐松岩认为，与先秦各家的"义"观相比，墨子提出了"中万民之利"的"公义"思想，体现了一种不谋私利、为天下人谋利的奉献精神。① 李雷东从三个角度分析先秦墨家义利观：一是从儒墨比较的角度，认为两者一从道德方面着想，一从功利方面着想；二是从前后期墨家对比的角度，认为其功利主义思想有所变化和发展；三是从墨家学说体系角度，认为墨子学说围绕"义"来展开。他提出前期墨家重在"义"的"量的扩张"，后期墨家注重义与利在心理层面的内容。② 邱竹指出，墨子之义可分为仁义、道义，利可以分为公利、他利与私利，各种义与利之间有一定的关联。③

朱健华指出，韩非的义利观主要表现在三个方面：承认私利的合理性并认为这是一切社会伦理关系的基础；儒家仁义应注入新的含义；君臣之间存在对立统一的利益关系。④ 许青春指出，法家义利观以人性好利自私为立论基础，主张利以生义、以利为义、以法制利，以法为社会生活的最高准则。⑤ 许青春对先秦兵家的义利观进行了深入研究，指出先秦兵家义利观以国家利益为最高价值取向，并注意到仁义原则。其"义"既是重要手段，又带有目的意味；其"利"指的是国家的整体利益，所以是其最高目的；其"权谋"则是达"利"的最重要的手段和途径。⑥

李智平研究了《左传》中所反映的义利观，将其归纳为四个方面——概念式分析，未否定利的价值；以民生为本，君臣之义为辅的义利观；重双边义利，外交与军事上的互惠性；权力与道德，

---

① 徐松岩：《论墨子思想中的"义"》，《辽宁师范大学学报》（社会科学版）2001年第2期。
② 李雷东：《先秦墨家的义利观》，《西北大学学报》（哲学社会科学版）2009年第3期。
③ 邱竹：《墨子义利观之考辨》，《道德与文明》2010年第4期。
④ 朱健华：《韩非子义利观简论》，《贵州大学学报》1989年第3期。
⑤ 许青春：《法家义利观探微》，《中南大学学报》（社会科学版）2006年第6期。
⑥ 许青春：《先秦兵家的义利观》，《济南大学学报》2007年第4期。

追求权力结构下的平衡——从而把先秦义利观研究深入到社会政治层面。① 刘宝才等也对春秋时代政治和社会层面的义利观进行了分析，指出当时中国人就对义利关系表现出不同的倾向：一种是"事利而已"的功利至上的倾向；另一种是"思义为愈"的道义至上的倾向；还有"言义必及利"，主张将道义与功利统一起来，反对脱离功利讲道义的倾向。这三种倾向为接下来的诸子学派分别继承和发挥，从而形成百家争鸣中的义利之辨。②

关于先秦义利观的综合性研究也较为普遍，这些研究的主要目的在于对比、评价各家义利观的不同之处。罗世烈对先秦儒、墨、道、法的义利观进行比较分析，指出儒家强调义但也承认利，主张在等级制原则下的相对均衡，肯定各人皆有自身应得之利，尤其强调保护易受侵害的庶民之利，并指明这其实最符合统治者的长远利益；墨家强调义却否认利，主张吃苦操劳、不计报酬，甚至不惜为他人牺牲自我，要求尽可能减少以致消除现实生活中的差别，从而谋求达到全社会的和谐，格调最高但却背离社会发展状况，因而不可能被多数人接受；道家强调利而怀疑义，以利己为第一宗旨但亦不损人，主张逃避社会进步以去除进步必然带来的剥削和压迫，要求恢复原始状态而任人各谋私利、各得其所，这也是违背历史进程的空想；法家强调利并蔑视义，宣扬损人利己、弱肉强食，急功近利而不择手段，公开主张唯利是图，鄙弃一切公义，最能适应战国社会大变革的现实，收到立竿见影的效果。③ 张书印认为，儒墨义

---

① 李智平：《义利之辨：〈左传〉中义利概念的实践与应用》，《2007 北京师范大学全国博士生学术论坛（中国语言学）论文集·文艺学卷》（上），2007，第 419~437 页。
② 刘宝才、马菊霞：《中国传统正义观的内涵及特点》，《西北大学学报》（哲学社会科学版）2007 年第 6 期。
③ 罗世烈：《先秦诸子的义利观》，《四川大学学报》（哲学社会科学版）1988 年第 1 期。

利观有三方面共同之处：均以利释义，利均指私利，义均指公利。①何晓明对先秦诸子的义利观进行了对比研究，认为当时围绕义与利的问题曾展开了热烈的争鸣，其中既有儒家重义轻利、法家重利轻义、墨家的义利并重与道家的摒弃义利之间的驳难，又有儒家内部荀子的先义后利、以义制利与孟子的贵义贱利乃至尚义反利的分歧。②黄伟合对儒、法、墨三家的义利观进行了比较，认为儒家具有"贵义贱利"的片面性，法家走到了"唯利主义"的另一极端，墨家则是义利并重。③朱海林认为，在先秦诸子各派中，儒家主张重义轻利，墨家主张义利统一，道家主张义利皆舍，法家主张弃义重利。④

由上可知，有关先秦诸家义利观的研究处于不断深化发展之中，研究角度较多，研究层次也较丰富。其中，对儒墨义利观着力较多，出现了对孔、孟、荀为代表的先秦儒家义利观的专门性研究，也产生了对中国传统义利观的贯通性研究。

（2）义利关系

义利关系问题研究也取得了较深入的进展，既有基于先秦学派或诸子角度的具体研究，也有基于整体研究层面的理论反思。钱逊指出，儒家重义，以义节利；墨家、法家重利。他们所看到的主要是二者的对立，他们思想的主要之点在于如何约束、限制个人物质利益以维护社会整体利益。这就不可避免地在他们思想的发展中越来越把义和利、公和私对立起来，从而抹杀普通人对物质利益的要求。⑤卫春回分析了孔子和韩非的义利观，认为由于历史和阶段的局限，作为地主阶级不同阶层的代表人物孔丘和韩非都没有处理好义和利的辩证关系，

---

① 张书印：《先秦儒墨义利观的共同点及其借鉴》，《理论探讨》1990年第5期。
② 何晓明：《亚圣思辨录——〈孟子〉与中国文化》，河南大学出版社，1995，第81页。
③ 黄伟合：《儒、法、墨三家义利观的比较研究》，《江淮论坛》1987年第6期。
④ 朱海林：《略论先秦诸子义利观》，《船山学刊》2005年第1期。
⑤ 钱逊：《先秦义利之争》，《清华大学学报》（哲学社会科学版）1986年第2期。

表现为两种偏向：孔子过分重义轻利，忽视了社会的经济活动；韩非则重利轻义，忽视了伦理道德的调节作用。① 在1985年"中国哲学史研究中的历史观"学术研讨会上，与会者认为，孔子、孟子在义利关系问题上把精神生活和物质生活对立起来，认为精神生活是主要的，将动机和效果对立起来，把动机提高到第一位，是错误的唯心主义历史观。② 兆武认为，孔子、孟子和墨子都将义利对立起来，其实，义利的统一或一致是根本的、普遍的，二者的对立是例外或特殊情况，只有首先肯定普遍性，然后才能谈特例。③

李甦认为孔子重视人的利欲，只是主张义而后取，具有义利统一的思想，并且这种思想发挥了广泛的德治作用。④ 谭风雷指出，学术界历来认为先秦儒家特别是孔孟重仁义而轻功利，不谈经济、不追求物质利益。实际上，儒家很重功利，他们针对时弊大讲仁义，只是要把人们对物质利益的追求纳入正道，"由仁义行"，他们所宣扬的圣人、仁政都是以给天下人带来物质利益为主要标准的。⑤ 刘泽华反对许多研究者所认为的孟子是把义与利绝对对立起来的看法，他认为孟子的义利观是对立统一的，义与利的矛盾并不是义与利两者之间的绝对排斥，而是把何者放在第一位、以何者为指导的问题。⑥ 蒙培元认为，义并不是一个空洞的道德律令和伦理法则，义是有实际内容的。其最重要的内容就是处理社会的利益关系，因而是与利联系在一起的。义是解决利益关系问题的根本原则，不是在利之外另有一个与之对立的义，也不是不能讲利，问题只在于如何讲利。有人认为，儒家只要义而不要利，提倡义而反对

---

① 卫春回：《孔子和韩非义利观比评》，《兰州商学院学报》1985年试刊（1）。
② 张明华：《中国哲学史上的历史观学术讨论会记略》，《哲学动态》1985年第11期。
③ 兆武：《关于义利之辩》，《清华大学学报》（哲学社会科学版）1987年第1期。
④ 李甦：《孔子义利统一的思想》，《文史哲》1985年第2期。
⑤ 谭风雷：《先秦儒家义利观辨析》，《学术月刊》1989年第11期。
⑥ 刘泽华：《中国政治思想史》，第195页。

利,这种看法是错误的。儒家所主张的是维护社会秩序的正当利益,绝不是反对利。①

陈为民则认为义利关系是体用关系,对于孔丘义利观的主要内容,可从"体"和"用"两方面加以分析。"体"就是孔丘主张的"义以生利"。在"义"和"利"之间,他把"义"看作根本的、处于决定地位的。孔丘义利观的"用"就是"君子喻于义,小人喻于利",其实质在于以"义"范君子,而以"利"使小人。②

王朋奇认为,孔子基本上是把义与利分别放在判断与被判断、定性与被定性的位置上。义属于"判断者"层面的范畴;利则属于"被判断者"层面的范畴。孟子不过是主张统治者应侧重于义,不要唯利是图而已。但"拔本塞源"的路径错误加剧了对义利关系的扭曲,明晰了对二者的"错误定位"。因此,义与利不可混淆、并列或对立。③

(3) 义利之辨的反思

吕世荣对义利之辨进行了理论反思,认为古老的义利之辨并没有多少现代价值。搬出"义利之辨"这个古老的问题套到市场经济条件下去建设社会主义精神文明,或者从儒学的近代型态的"重利"去为儒家"正名",认为它符合现代精神、有利于促进物质文明建设,都是牵强附会的。她提出不能停留于以使用价值为表征的古代社会,在以交换价值为特征的市场经济条件下,做"义""利""轻""重"的纯语言文字组合游戏,充其量不过是无意义的空谈,从而对"托古改制"式的义利问题研究进行了否定。④ 仝晰纲等则认为,就义这一伦理范畴而言,它在历史上确实对有效

---

① 蒙培元:《略谈儒家的正义观》,《孔子研究》2011年第1期。
② 陈为民:《义利观是孔丘经济思想的核心》,《经济科学》1980年第4期。
③ 王朋奇:《走出"义利之辩"主流话语的三大误区——让义与利回归各自准确的定位、定义和定性》,《齐鲁学刊》2010年第3期。
④ 吕世荣:《义利之辨的哲学思考》,《哲学研究》1988年第5期。

地整合社会利益以及在凝聚人心、激发民族意识和爱国主义激情等方面起到过积极作用。但它又近乎武断地将义、利割裂开来，非义即利，两者必居其一而难以兼容。显然，对义的强势规定是现代人难以接受的，其可能给社会经济发展带来的局限也是不言而喻的。[①]

综合以上研究现状，可以基本理清义利关系问题研究的发展脉络。20世纪七八十年代，学术界解放思想，对先秦义利观重新做了客观评价，重在讨论义利关系的二元对立问题。自90年代至今，义利问题的研究方法逐渐多样化，出现了从历史、伦理、哲学、法律、经济和文化等不同视角的考察；研究内容也逐渐趋向细化和深化，出现了专门的、贯通性的研究成果；对义利关系的认识深度也达到了新的水平，从对立论到统一论的二元对立，发展到体用论、层次论的新高度，体现了义利关系问题研究的不断深化。

不过，部分学者对先秦文献的征引和解释存在脱离历史语境的问题。例如，春秋时代，君子与小人主要是社会身份概念，很少含有道德评判的意味。君子与小人在社会上是有"分"的，是要"各得其宜"的。这实际上是社会地位问题和社会分工问题，将其偷换为道德问题，显然是不适当的。

2. 义与其他德目关系研究

义与其他德目关系问题也引起了学者们的广泛关注，其中儒家的仁、义关系，礼、义关系，仁、义、礼三者关系问题是研究的重心；也有学者对道家、法家的仁义思想进行了研究；道义、忠义关系问题研究也有了一定进展。

（1）仁与义

自20世纪80年代末开始，义研究出现了值得注意的新变化，

[①] 仝晰纲、查昌国、于云瀚：《中华伦理范畴——义》，中国社会科学出版社，2006，第359页。

绪 论

那就是义利关系问题虽然在继续讨论，但是仁、义研究已有渐成主流之势。仁、义二者的关系问题首先引起了学者们的注意。庞朴根据《说卦》中把"仁与义"说成是"人之道"，是圣人根据人性订立出来的道理，并根据把它们与"阴阳""柔刚"这两对公认的对立关系并列起来的记载，得出仁、义也是对立的范畴，是相反相成的范畴。① 周桂钿提出了相反的意见，认为仁、义在儒家思想中可以成为对立的范畴，这是两种道德范畴在一定条件下的对立，后来的一般儒家似乎都把仁、义作为并列的两种道德，并没有把他们对立起来。② 黄开国认为，义总是与仁相联系，而被称为仁义。春秋时期人们言义，却很少与仁联系，《左传》《国语》的论说，似乎没有一条仁、义并称的材料。据此，他提出义观念在春秋时期是一个与仁观念并不连用的相对独立的观念。③ 李书有提出，孟子讲仁，又大讲义，把义作为与仁并列的重要道德范畴。而义与孔子讲的礼有相似含义，孟子不再讲仁与礼的结合，而讲仁与义的结合，反映了时代的变化，作为规范人们行为的周礼已彻底崩溃，因而孟子不再用礼来规范人们的行为，而用义代之。④

针对学术界主要把仁、义当成了一种外在哲学范畴去认识的状况，张奇伟指出仁是爱人，义则是爱人之理，义与仁同样具有深刻的基础和内在的根据。对义的考察不能仅仅局限于外在的行为和表面的规范、准则，还应该深入其背后。⑤ 此后，仁、义问题研究的重心逐渐从客观范畴的讨论转至"仁内义外"之辨，并在学术界

---

① 庞朴：《儒家辩证法研究》，中华书局，1984，第15页。
② 周桂钿：《儒家之"义"是"杀"吗——与庞朴同志商榷》，《孔子研究》1987年第2期。
③ 黄开国、唐赤蓉：《诸子百家兴起的前奏——春秋时期的思想文化》，巴蜀书社，2004，第291页。
④ 李书有：《中国儒家伦理思想发展史》，江苏古籍出版社，1992，第67~68页。
⑤ 张奇伟：《"仁义"范畴探源——兼论孟子的"仁义"思想》，《社会科学辑刊》1993年第2期。

形成了时代性的研究高潮。张立文提出,仁、义的内涵既包含族类情感与合宜理性、亲情之爱和有节度的裁断,也有内在"主人"的价值取向与外在"主我"的价值取向,倾向于仁主内而义主外。① 罗新慧认为,郭店楚简中多有将仁、义对举或并举之处,简文区分了仁与义的内涵,使义的地位大大提高,它阐明了二者分属于内部主体世界和外部客体世界,在指导实际操作的层面上,它强调以外在的义来裁断内在的仁。② 刘丰认为,先秦儒学关于仁、义的内外关系有一个反复的发展过程。孔子已具有仁内义外的思想倾向,孟子把仁和礼义都内化为人性所固有的属性,仁、义、礼皆根于心,荀子把孟子内在化了的礼义又还原为外在的客观规范,以礼释仁、以礼制仁。③ 王博认为,先秦时期仁内义外的讨论,主要体现了孔子之后儒家为道德原则寻找根据的努力,这种寻找是在内外两个方向上进行的,向内的寻找导致对人本身的关注,发展出人性、人情、人心等论题;向外的寻找最后一定归结为天道,最后的结果是内向和外向两个方面的合流。④ 张岂之分析了孟子所谓仁、义的区别与联系,指出孟子的仁和义存在诸多不同之处。一是层次不同,仁是较高层次的范畴,义则属于较低层次;仁较为内在和抽象,义较为外在和具体。二是特色不同,仁充满了深厚的温情,义显现出理性的冷酷。三是作用方式不同,仁对道德生活所发挥的指导和制约作用是间接的,义则是直接的。就相互联系而言,仁与义又是互补的。仁借助于义同人们的道德实践直接关联,它的指导、制约作用通过义由此达彼,使内在的道德意识变为人们具体的道德行为。遵义而行,依义而为,就可达到仁,义

---

① 张立文:《略论郭店楚简的"仁义"思想》,《孔子研究》1999 年第 1 期。
② 罗新慧:《郭店楚简与儒家的仁义之辨》,《齐鲁学刊》1999 年第 5 期。
③ 刘丰:《从郭店楚简看先秦儒家的"仁内义外"说》,《湖南大学学报》(社会科学版)2001 年第 2 期。
④ 王博:《论"仁内义外"》,《中国哲学史》2004 年第 2 期。

则从仁那里获得新的规定，义之与否的标准就是仁，合乎仁就是义，否则就是不义。①

也有学者认为仁、义不属于道德发生论的范畴，而只是作用范围不同。庞朴就对"义"字的原始意义进行了深入研究，认为用"人心内外"解说告子的"仁内义外"是不正确的，孟子和告子争论的焦点不是道德情操问题。告子所持的"仁内义外"说不是说仁出于内心、义起于外物，不属于道德发生论的范畴，而只是叙说了仁、义的施行范围之别。② 谢维俭认为，仁与义，一个是维系亲情，一个是卫护公道。所谓"仁内义外"，主要是强调在家族内部讲仁、在外面讲义。③ 李景林认为，郭店楚简《六德》中的"仁内义外"说，说的是家族内外治理方法上的区别。④

除了上述研究仁、义之间差异的观点外，学者们也关注到了二者之间内在的统一关系。王春华通过对上博简《君子为礼》首章的研究，指出行义也可以依于仁，在儒家看来，仁本身就是人所宜有的品行，就是义，而且是大义；义是仁的一个枝节，仁是义的根本，行义自然就含有仁的成分，二者的性质是相同的。正因为此，所以孔子以下"仁义"并称。⑤ 这样，王春华就将仁、义归结为二而一的关系了。肖立斌认为，仁与义分别属于中国社会的大传统和小传统，仁获得了统治阶层和平民阶层的普遍认同，逐渐上升为中国传统社会中占支配地位的正统思想；义则体现了平民阶层追求不分亲疏厚薄普遍之爱的幻想，从而脱离实际，只能广泛地潜藏在民间习俗中。小传统中的"义"是大传统中的"仁"对立的补充者，

---

① 张岂之：《中国思想学说史·先秦卷（上）》，中华书局，1979，第320页。
② 庞朴：《试析仁内义外之辨》，《文史哲》2006年第5期。
③ 谢维俭：《仁、义的本义与演变》，《社会科学》2007年第11期。
④ 李景林：《伦理原则与心性本体——儒家"仁内义外"与"仁义内在"说的内在一致性》，《中国哲学史》2006年第4期。
⑤ 王春华：《上博简〈君子为礼〉首章所体现的仁、礼、义之关系——以〈论语〉"颜渊问仁"章为参照》，《中国哲学史》2011年第1期。

它们都关注人际关系的和谐与道德人格的完成，使中国传统道德充满着人道精神，一雅一俗，构成了以德性主义为主要特征的、统一的中国传统伦理文化。从这个意义上讲，中国传统道德中的仁与义是对立统一的。①

关于仁义思想的主体也有不同的认识。金景芳一反传统所认为的孔子思想核心是仁、礼的观点，提出孔子思想的核心是仁义，认为孔子所讲的仁义具有超时代意义。②史介分析了《论语》和《说卦传》中有关仁与义的记载，指出孔子思想在人生观方面以仁义为核心有确凿证据而不容怀疑，仁义也是孔子的思想核心之一。③赵吉惠认为，孟子的核心思想是仁义，一部《孟子》讲"仁"157次，讲"义"103次，将仁义作为王道政治的基础。④张奇伟对仁义范畴的最早提出者进行了梳理，指出孔子没有使用仁义一词，梁启超提出仁义对举始于孟子，张岱年认为墨子早已将仁义相连并举。张奇伟认为，在孟子之前，仁义仅仅是仁义礼智和忠孝道德的代名词，人们只是把它作为一个符号，使用时注重的仅仅是形式。而仁义被孟子置于其道德哲学的顶端，自然成为其思想的核心。⑤

在仁、义关系得到深入研究的基础上，不少学者认识到，仅仅讨论仁、义二者之间的关系显然存在不足，还需要将仁、义与礼结合起来，厘清三者之间的关系，这样才能弄清儒家思想的主脉。刘尊举认为，仁、义、礼三者之间的关系可以表述为：仁作为最高的

---

① 肖立斌：《中国传统道德中"仁"与"义"的对立统一》，《学术论坛》2006年第1期。
② 金景芳：《孔子所讲的仁义有没有超时代意义》，《孔子研究》1989年第3期。
③ 史介：《仁义也是孔子思想核心之一》，《山东师范大学学报》（社会科学版）1993年第4期。
④ 赵吉惠：《中国先秦思想史》，陕西人民教育出版社，1988，第70页。
⑤ 张奇伟：《"仁义"范畴探源——兼论孟子的"仁义"思想》，《社会科学辑刊》1993年第2期。

道德范畴，是义内在的根本依据；义是行为总则，是礼的本质；礼是具体的行为规范，是仁和义得以落实的方式和途径。① 劳思光认为"仁、义、礼"三位一体是儒家思想的总脉。他指出，孔子之学由礼观念开始，进至仁、义诸观念，至于其他理论，都可视为这个基本理论之引申发挥。② 陈晨捷也认为"仁、义、礼"三位一体是先秦儒家思想的总脉，其中义的地位举足轻重，它上承仁，下起礼，大而言之，则上接于"道"，下侪于具体语境。义的核心意蕴是"道德辨别力"，是沟通外在情境与道德本体的枢轴、实现情理转化的关键。同时，道德辨别力具有自我创新的特性，借助它，"仁、义、礼"三位一体结构便成为一个动态的体系而永葆活力。③ 张京华重点研究了仁、义、礼、法的时间变化，认为这些不同的主张来源于理想与现实关系的调整。孔子的核心概念是"仁"，政治理想是"仁政"；孟子侧重的概念是"义"，政治理想是"王政"；荀子侧重的概念是"礼"，政治理想是"礼制"；韩非的核心概念是"法"，政治理想是"法治"。孔、孟、荀、韩四人的具体主张虽然不同，但在坚持人道实践原则问题上是一致的，义、礼特别是法对于前者均表现出合理的承接关系。④

有关仁义的研究也涉及道家、法家和墨家，只是偏重于将仁义作为一个整体性词语来看待，重点在于分析道、法、墨三家与儒家仁义思想的异同，对仁、义之间的区别也有提及，这里将其作为义研究之组成部分予以略述。关于道家对仁义的态度问题，形成了两种不同的观点，一种观点认为道家维护仁义。如张松辉针对老庄反

---

① 刘尊举：《孔子之"义"："仁"与"礼"的承转与兼综》，《中国文化研究》2005 年冬之卷。
② 劳思光：《中国哲学史》（一），台北，三民书局，1982，第 56 页。
③ 陈晨捷：《论先秦儒家"仁义礼"三位一体的思想体系》，《孔子研究》2010 年第 2 期。
④ 张京华：《从理想到现实——论孔孟荀韩"仁""义""礼""法"思想之承接》，《孔子研究》2001 年第 3 期。

对仁义的传统认识，指出老庄反对的不是仁义本身，而是反对儒家对仁义的过分宣扬和统治阶级对仁义的无耻盗用。他认为老庄不仅从根本上维护仁义，而且他们的标准比儒家还高。① 林国雄指出，老子的仁义思想是以"道"为基础，凡是人类所有阴阳两仪的良性互动，皆是"仁"的表现；凡是所有人类价值判断均收敛至"社会福利及伦理共识"的适宜性，皆是"义"的表现。老子认为，"仁义"是在人类社会的大道不受重视之后才凸显出来的人为道德规范，因而只有从"道"来立论，才能论述道、德、仁、义、礼的等级与其间之差异。② 吕有云认为，道家政治哲学的核心理念是"法术本于仁义，仁义本于道德"，要以道德为根本来统御仁义和法术。③ 另一种观点认为，老子对仁义持否定态度，如刘国民针对陈鼓应关于"老子对仁、义、礼思想采取肯定态度"的思想提出异议，认为陈氏对老子存在误读，他指出了老子的真正观点，即仁、义、礼是衰世的产物，背离了大道之真实、质朴、虚静的特性，因而予以否定。④

韩非作为法家的代表人物，他到底有没有仁义观念？对此学术界形成了两种对立的观点。大多学者认为韩非有自己的仁义观。童书业指出，韩非或韩非学派所反对的仁义只是儒、墨的仁义，也就是从领主封建制到地主封建制的过渡时期的伦理。韩非或韩非学派也有他们自己的仁义，这就是新兴地主统治阶级的仁义。⑤ 升华认为，法家并非不要仁义，而是其衡量仁义行为的尺度是"去私心，行公义"，是站在社会政治和国家利益的更高的角度去

---

① 张松辉：《老庄学派仁义观新探》，《社会科学研究》1993年第6期。
② 林国雄：《老子道德经的仁义思想》，《宗教学研究》1997年第4期。
③ 吕有云：《法术本于仁义，仁义本于道德——论道教政治哲学的核心理念》，《西南民族大学学报》（人文社会科学版）2010年第9期。
④ 刘国民：《陈鼓应之老子"仁义礼"观的反思和批判》，《江西社会科学》2009年第10期。
⑤ 童书业：《先秦七子思想研究》，齐鲁书社，1982，第214页。

讲仁义的。① 朱伯崑认为，韩非仁义观的内涵是"以忧国忧民为仁，以不辞卑辱，为国君效忠为义"。② 于霞认为，韩非有自己的仁义观，并以公私为界将其分成了两部分，他所反对的是以"私"为内涵的仁义观，而他所主张的是以"公"为特点的仁义观。③ 另一种观点则认为韩非根本不讲仁义。朱贻庭就指出，韩非认为要人们"贵仁""能义"是不可能的，他所说的仁义是臣慑于君的威严而不得已的一种被迫行为，体现了极端的君主专制主义的要求。④

张连伟认为，《管子》中的仁义思想是对春秋以来观念的承袭，《管子》提出了"仁从中出，义从外作"的命题，并进一步将仁义思想上升为治国的方法和原则。⑤ 张燕婴把墨家的仁义论分为精神性功利和物质性功利两大部分，指出墨家的功利论虽从物质的角度切入，但最终还是归结为精神上的功利。⑥

（2）礼与义

礼、义关系问题也受到较多的关注，形成了多种不同的礼义关系论。张奇伟认为，义是礼的起点，礼是义的最高形式，指出荀子以"义"标识基本的道德价值标准，又以"礼"为人道之极。荀子以义开拓、提升礼，走过了义→礼义→礼→仪这一梯次递进、由内及外的礼之范畴的衍义和构建，恰成儒学理论由内而外、由远及近、由抽象而具体的演进运动的生动写照。⑦ 任强认为，礼有礼

---

① 升华：《先秦伦理思维方法初探》，《道德与文明》1986年第6期。
② 朱伯崑：《先秦伦理学概论》，北京大学出版社，1984，第274~275页。
③ 于霞：《韩非以"公"为根本内核的仁义观》，《学术研究》2005年第2期。
④ 朱贻庭：《中国传统伦理思想史》，华东师范大学出版社，1989，第190~192页。
⑤ 张连伟：《论〈管子〉的仁义思想》，《管子学刊》2006年第2期。
⑥ 张燕婴：《墨家"仁义"论功利特性的再分析》，《齐鲁学刊》2008年第5期。
⑦ 张奇伟：《论"礼义"范畴在荀子思想中的形成——兼论儒学由玄远走向切近》，《北京师范大学学报》（人文社会科学版）2001年第2期。

义与礼仪两层含义。礼义指礼的精神，礼仪指礼的仪节，前者是目的，后者是手段。这样，义也就成了礼的组成部分。[①] 赵逢玉认为，孔子之义是他所赞成的全部伦理规范的内容，而成文的伦理规范通常被概括在礼中。礼包括形式和内容两个方面的意义：礼的形式是礼仪，礼的内容则是礼义。因此，礼是对义的概括和总结，义则是礼的内容。[②] 王春华认为，《君子为礼》和《论语》中礼、义可以互换，这种现象表明礼相当于义，义也相当于礼。而礼与义互用的道理很简单，因为礼是最大的义，义就是宜，就是合理；而作为社会规范的礼，无疑是最合理、最宜遵守者，礼就是义。礼、义关系实际是二而一的关系。[③] 魏勇则对礼、义的作用范围进行了区分，他对《礼记》中的义思想进行了分析，指出礼是因个人的感情而设的、规范个人感情的规则；义是所有社会规范的原则。义以人际间的原则引导社会中个体的行为，礼通过直接约束个人行为来体现义。[④]

(3) 道与义

吴根有对先秦的道与义进行了解析，他指出，先秦时期，道与义反映的是西周文化秩序与政治秩序的价值理想。孔子从道与义两个不同层次讨论诸侯及士大夫政治行为的合法性问题，孟子之后，道与义反映的是儒家文化秩序与政治秩序的价值理想。[⑤] 王日华对春秋战国时期的道义观念进行了研究，提出春秋战国时期诸侯邦交

[①] 任强：《在理念与仪则之间——先秦儒家思想中的礼义与礼仪》，《中山大学学报》（社会科学版）2002年第5期。

[②] 赵逢玉：《仁学探微：〈论语〉〈大学〉解析》，中国矿业大学出版社，2003，第329~330页。

[③] 王春华：《上博简〈君子为礼〉首章所体现的仁、礼、义之关系——以〈论语〉"颜渊问仁"章为参照》，《中国哲学史》2011年第1期。

[④] 魏勇：《义生，然后礼作——〈礼记〉义思想探析》，《西南民族大学学报》（人文社科版）2008年第2期。

[⑤] 吴根有：《道义论——简论孔子的政治哲学及其对治权合法性问题的论证》，《孔子研究》2007年第2期。

体系的稳定与变迁和道义观念的变化密切相关。①

（4）忠与义

肖立斌认为，忠义是先忠后义，与正统的儒家伦理所推崇的忠义并无差异。可以说，忠是处理上下等级的道德规范，义是处理同一等级内部人际关系的行为准则，一经一纬，构成了平民百姓处理外在于家庭、家族的社会道德关系的完整体系。②秦翠红认为，忠义一词具有多重含义，首先，它表现为偏义复词忠；其次，它同时具有对君主忠与对乡里亲朋等同等级人义的双重含义；再次，它还偏指义。③

整体上看，对仁义问题的研究取得了较为深入的进展。此前，学者们通常都将其作为一种儒家思想来看待，作为一个偏义复词来研究，很少关注二者各自的独立意义和相互关系。这一时期不但深入剖析了仁、义二者之间的关系，而且随着研究的不断深化，学者们认识到仅仅关注二者的关系还不够，他们还将礼、法、道、忠等观念纳入进来，凸显了义的整体性和贯通性特征，从而使先秦义研究的视野空前开阔，达到了新的理论高度。这一时期仁义研究的重心在于二者之间的关系问题，"仁内义外"的命题引起了学术界广泛的关注和争论。学者们对仁义问题的研究也是多向度的，不少观点很新颖，这也为义思想研究的进一步发展提供了新的空间。

不过，义与其他德目的关系研究仍然不脱以先秦诸子义思想为本底的樊篱，还存在较大的局限性。如果我们在关注诸子思想研究的同时也关注与义思想平行发展的社会层面的义观念，并对二者之

---

① 王日华：《道义观念与国际体系的变迁——以春秋战国为例》，《国际观察》2009年第1期。

② 肖立斌：《中国传统道德中"仁"与"义"的对立统一》，《学术论坛》2006年第1期。

③ 秦翠红：《中国古代"忠义"内涵及其演变探析》，《孔子研究》2010年第5期。

间的影响和相互作用进行深入考察，就会使先秦义研究扩大到政治和社会观念的广泛层面，从而具有新的学术价值和现实意义。

3. 义的独立性研究

这一时期义研究的一个新特点是，学术界逐渐认识到，除了那个与其他德目相依存、有点"配角"感和"被偏义"的义外，还有一个独立性颇强的、有着完整内涵的义。学术界开始重视义的独立性研究，并形成了三个主要关注点，分别是义的原始意义研究、义内涵研究和义思想研究。

（1）义的原始意义

针对义的原始意义，学者们各抒己见，形成了多种不同的观点。庞朴对义字进行了详细考证，他针对学术界公认的"义就是宜"这一传统观点，提出一个自然面临的难题：安宜之"义"与爱人之"仁"，何以会与"阴阳""柔刚"并列而有相反相成的意思？他通过对甲骨文和金文资料的详细考证，得出"宜"的本义是杀，为杀牲而祭之礼。他进而指出，"宜"字用为道德规范，为仁义之"义"，是战国中后期的事，约在公元前 310 年至公元前 220 年之间。他还认同"义"的"威仪"之义，并认为义的这种威严含义可以容纳"宜"的杀戮的意思，以及合适、美善的意思，而且不带"宜"字固有的那种血腥气味；加上二字同音，便于通假，所以具有了取代"宜"字而为道德规范的最佳资格。真正实现由"义"代"宜"，庞朴谨慎地设想为是由孟子及其弟子完成的。[①] 周桂钿对庞氏的结论提出了很多疑问，并逐一进行驳难。他提出，训"义"为"杀"所能勉强解释的儒家说法极其有限。"义者，宜也"是儒家对义历代相传的解释，是通义，后来虽有一些演化，却还是保存了下来。他特别强调，孔子创立儒家学派以后，仁义中的"义"字已有确定的"成语"，没有"刑杀"的意思了，

---

① 庞朴：《儒家辩证法研究》，第 20~30 页。

不宜用尚难确定的"本义"来解释儒家学说。①

一些学者认为义的本义就是仪。黄伟合等认为,殷周之际,"义"字本义为"仪",即"威仪"之"仪",到春秋以后,"义"字才用作为仁义之"义"。②刘兴隆认为,义字在甲骨文中有两个含义,一是地名,二是仪仗。义在金文中有美善意,用作仪。③张立文也认为义的本义是"仪",是礼仪的一种形式。甲骨文、金文的义字字形是戴羊冠、手执戈形武器。义的本原意思就是礼容各得其宜,礼容得宜当然是美的和善的,所以义又引申为一种道德规则。④汪聚应提出,甲骨文中的"义"是把羊头放在一种长柄的三叉武器上,表示一种威仪。⑤

也有一些学者认为义的原始意义与分配原则有关。沈道弘等认为,义与利的原始意义都发源于经济,利是一种生产观念的凝结,义是对分配合理的追求;利是财富的收获,义是财物的分配。他还援引朱芳圃的观点,认为义的本义是杀羊分肉,分配得宜,谓之义。⑥陈启智认为,义是从原始礼仪制度中提炼出来的关于分配方式及其正义原则的概念。⑦范正刚认为义是所获物与支配权的合体,一开始就与礼有着血缘关系,义字并不含有善的意义。⑧查中林对义字的口头语言和古代文献的部分意义用法进行归纳,认为从

---

① 周桂钿:《儒家之"义"是"杀"吗——与庞朴同志商榷》,《孔子研究》1987年第2期。
② 黄伟合、赵海琦:《善的冲突——中国历史上的义利之辨》,安徽人民出版社,1992,第21页。
③ 刘兴隆:《新编甲骨文字典》,国际文化出版公司,1993,第865页。
④ 张立文:《略论郭店楚简的"仁义"思想》,《孔子研究》1999年第1期。
⑤ 汪聚应:《儒"义"考论》,《兰州大学学报》(社会科学版)2004年第3期。
⑥ 沈道弘、杨仁蓉:《义利之辩的反思和新解》,《上海社会科学院学术季刊》1993年第1期。
⑦ 陈启智:《义利之辨——儒家的基本价值观念》,《中国哲学史》1994年第5期。
⑧ 范正刚:《"义"辨》,《江海学刊》1996年第5期。

先秦到现代，义字都含有"与众人共同抵御灾难"及"分财与人"的意思。他又通过分析同源词来推求古义，考释出义字的本义应是分配猎获物分得公平。①

还有学者认为义与祭祀或地物有关。刘雪河认为，义来源于古代的祭祀活动。他指出，以羊祭祀神灵的活动起源于母系氏族公社时期，当时的牺牲品是归集体所有的。父系氏族末期私有制出现以后，开始以私有的"我羊"祭祀神灵，而私有制出现以后也正是我国文字开始萌芽的时期。以"我羊"祭祀神灵，也便成为义字产生之根源。②黄开国等认为，义的制断事物节度之宜，似乎是由人对地物的认识而来。土地不同，物产也各自相异；物产与土地之间有一种适应关系，古人称之为宜。正是将这种对地物间的相宜推广到其他事物上，以其得宜为适，才有了所谓义观念。物产合于地之宜，称为义，人们处理事物合宜，也被称为义。③甲骨文中义字确有地名的意思，但是以地物为义的原始意义似有牵强。

实际上，义的字源性研究大多是基于《说文》的解释而展开。而王蕴智认为，在许慎所生活的年代，出土的青铜器铭文并不多见，《说文》中也未用上，甲骨文材料更无缘见识。许慎所据以探求文字形体本源的材料，主要是战国以来流传下来的。这些文字距离其早期状态已经比较遥远，其在字形上有了很多演化和讹变。用这样的材料去分析解释汉字的本形、本音、本义，难免会出现误差，甚至会导致错误的结论。④甲骨文、金文中已经出现了相当多

---

① 查中林：《说"义"》，《四川师范学院学报》（哲学社会科学版）2000年第1期。
② 刘雪河：《"义"之起源易礼新探》，《四川师范学院学报》（哲学社会科学版）2003年第4期。
③ 黄开国、唐赤蓉：《诸子百家兴起的前奏——春秋时期的思想文化》，第292页。
④ 王蕴智：《〈说文解字〉的学术价值及其历史局限》，《平顶山学院学报》2005年第3期。

的义字，对义的字源性研究需要更多地借助于甲骨文、金文资料，这样才能得出较为科学的结论。

（2）义之内涵

除了义的原始意义外，义的具体内涵到底是什么？这也是需要解决的重要问题。李振宏对孔子的义进行了深入研究，指出义是孔子伦理体系中的核心范畴，集中体现了"仁"的本质，是人的一切行为的精神准则，是最高层次的道德风范。他把义的具体内涵分为三个不同的层面：在国家政治生活中，恪尽职守，效忠国家，勇于献身，即为义，并谓之"大义"，是义的一切行为中最高尚的行为；在社会公共生活方面，"义"是处理一切问题、判断是非曲直的准则；在经济生活中，在物质利益方面，"义"是指获取物质利益的正当性，其内涵是不自私自利。① 李振宏从思想结构的角度出发，把义的内涵区分为不同的层面，为研究的进一步深化开拓出广阔空间。肖立斌把中国的官方意识形态作为大传统，把平民阶层的观念当作小传统，认为义在中国大传统与小传统中有不同的道德意蕴。在儒家典籍中，义的意蕴颇丰，主要有适宜、义务、道义等含义。义作为儒家恪守的五常之一，也是儒家处理人际关系的基本准则。他重点对平民阶层义的道德意蕴进行了区分，大体上将其分为三层含义：一是忠义，这种义是先忠后义，与正统的儒家伦理所推崇的忠义并无差异；二是情义或情谊，是每个人在家族之外获得自己群体性的方法和途径；三是义气，是在家族之外的行会、帮会、起义军等特殊团体内部人们特别看重的道德观念。②肖群忠认为，"义"是中国传统道德体系中重要的德目，表达道德价值与律令的义实际上可训为"正"

---

① 李振宏：《圣人箴言录——〈论语〉与中国文化》，河南大学出版社，1995，第68~69页。
② 肖立斌：《中国传统道德中"仁"与"义"的对立统一》，《学术论坛》2006年第1期。

"理""则"。义的实质道德内容主要是等级秩序、天下公义、角色责任和义务自觉。①

(3) 义思想与义观念

义作为一种思想观念,到底有没有独立性?对于这个问题,学者们也有不同意见。黄开国等指出,义观念在春秋时期与仁观念并不连用,是相对独立的观念,具有极大的包容性,凡是合于礼的各种德行都可以视为义的体现,是义观念的一大特点。②也有学者认为义缺乏独立性。汪聚应认为,在先秦儒家思想中,义并不是作为一个单独的伦理道德范畴孤立存在,而与道、仁、礼、勇等紧密相连。它既是政治理想的规范、道德伦理的标准,又是完美人格的重要方面,对中国人的国民性格产生了重要影响。③

实际上,不少学者对义的独立意义持默认态度,将义作为中国传统思想观念进行了较为深入的研究。仝晰纲等从义范畴的产生开始,一直到近代义思想为止,把义作为中国传统的伦理范畴进行了通史性研究,对各个时代不同的义思想及其演进规律进行了系统分析,具有重要的学术参考价值。④薛毅对中国义观念的演进进行了大纲式梳理,指出义观念是中国古代圣哲通过自身的人生体验和对社会的观察思考而提出的,义观念自成系统,日趋完备,并具有相当健全的自我调节功能,至今仍充满生机和活力。⑤刘义把《左传》中的义分为三种表现形式:义在个人品行中的表现;义在治理国家、处理政事的目的和方法上的价值;义在处理诸侯国关系方

---

① 肖群忠:《传统义德论析》,《中国人民大学学报》2008年第5期。
② 黄开国、唐赤蓉:《诸子百家兴起的前奏——春秋时期的思想文化》,第291~293页。
③ 汪聚应:《儒"义"考论》,《兰州大学学报》(社会科学版) 2004年第3期。
④ 仝晰纲、查昌国、于云瀚:《中华伦理范畴——义》,第1~376页。
⑤ 薛毅:《义观念的演进》,冯天瑜主编《人文论丛》(2007年卷),中国社会科学出版社,2008,第95~105页。

面的作用及意义。① 魏勇从中国哲学的角度对先秦义思想进行了系统研究,认为义是纵穿先秦哲学史、横贯先秦诸子思想的一个重要范畴。他从宗教仪式之仪的内涵入手,以礼义关系为开端,以先秦儒、墨、道、法代表人物为考察对象,把先秦义思想归纳为渊源与嬗变、心性与天理、质疑与重建三大部分,梳理出义思想在哲学层面上的发展演进规律。② 林红对《左传》中的义概念进行了全面梳理,认为"义者,宜也"这一语义是义范畴的本质内涵,其他含义都由此而出,具体实践层面上行为选择中的"宜"在抽象层面的价值视阈中被看作道义,但道义的根基仍然是宜,道义服从于宜义。③ 以上研究均把义作为一种独立的思想观念去认识,强调其独立性品格,这为义研究的进一步深化提供了坚实基础。

4. 关于新时期义研究深化发展的思考

综上所述,新时期以来的义研究,其研究角度是广泛的,研究方法是综合的,研究成果是丰硕的,为后人的继续研究提供了丰富的历史资料和广阔的学术空间。总体而言,学术界的研究表现出三大特点。其一,义利问题是研究的核心。综观几个方面的研究成果,有关义利问题的研究成果最多,讨论也最深入,现实性也最强,成为义研究的主要内容。其二,形成了一系列新的学术增长点。除传统的义利问题外,学术界对仁与义、礼与义、道与义、忠与义等方面的研究逐渐深入,研究内容得到不断拓展。研究方法也非常丰富,除传统的伦理学、哲学方法外,基于思想史角度的研究也有一定进展,还出现了从经济学、法学、考古学、管理学等学科

---

① 刘义:《论〈左传〉中仁义信三德目》,硕士学位论文,上海师范大学哲学系,2010,第20页。
② 魏勇:《先秦义思想研究》,博士学位论文,中山大学哲学系,2009,第1~7页。
③ 林红:《春秋左传中"义"概念的使用及其分类问题研究》,硕士学位论文,河南大学哲学与公共管理学院,2011,第51页。

出发的研究成果。研究视域更大,从以儒家伦理为主发展到对儒家、墨家、道家、法家、杂家等的综合性研究。这些都为后人进一步研究提供了新的学术平台。其三,义的独立性研究引起关注。不少学者对义的来源问题进行了研究,提出了不少富有启发性的观点;也有学者将义作为一个大的范畴去认识,对义内涵的不同层面进行了初步解构;还有学者较全面地关注义思想和义观念,从哲学和伦理学的角度做出了较为深入的诠释。这些都为义研究的未来发展提供了新的启示。

当然,前贤的研究也存在一些需要改进之处,主要体现在以下几个方面。

(1) 义的独立性研究有待深化

综观前贤的研究成果,义的独立性研究才刚刚起步,还没有得到学术界的普遍重视。在对"义利之辨"和"仁内义外"这两大问题的研究中,义仅具有有限的独立性,因为这两大命题本身就是把义作为与利、仁并列的范畴去界定的。这样,在义利问题研究中,义只是体现了与利发生关系的思想侧面;在仁义问题研究中,义同样只是体现了与仁并列的思想侧面。而在礼义、道义、德义、忠义、信义、侠义等研究中,这些名词或范畴基本被当作"偏义复词"来看待,研究重点落脚在前面的"礼、道、德、忠、信、侠"上,多数情况下,后面的义字被当成一个铺垫词,其独立性被忽略,由基础支撑下降为附属副词,这样义的独立性和重要性都大大降低。不能否认,这些范畴在历史上确曾存在着"偏义"现象,只是先秦时期的义实在是一个统领性概念,它应该是上述范畴的立足点,仁、礼、道、德、忠、信、侠等必须也只有依于义才能成立,没有义的基础,以上种种范畴也就失去了合理性依据。例如,我们今天一提到仁义,往往把词的重心偏向于仁而忽略了义的意义。实际上,仁本于义,是义观念的道德化形式。从某种意义上讲,义并非仁的附属条件,而是生发仁的基础观念。还需要指出的是，本时期的义研究大多从属于先秦诸子的思想研究，研究义并非目的，而只是研究某种其他思想的角度或层面。这样，义就只能作为某种思想的组成部分或思想侧面，很难显示其独立性的一面。这就要求我们正确认识义的独立意义，并开展进一步的研究。

（2）商代和西周时期的义需要深入研究

商代产生了义观念的萌芽，西周时期义观念已经生成，这两个时期是义范畴的创生期，需要引起我们的特别重视。不过，由于研究方法的限制和研究资料的缺乏，义在商代特别是西周时期的发展状况问题少有人问津，没有取得明显的进展。少数学者有附带性提及，也有学者进行了初步研究，如前文介绍过的李学勤、庞朴、仝晰纲、魏勇等人的研究。但笔者认为这些研究还远远不够，商、周作为义观念的生成时期，还有许多问题需要讨论，如义的原始意义究竟如何，义与上帝和帝王之间究竟有着怎样的关系，早期义观念究竟有着什么内容，又有着什么样的特征，等等。笔者认为，在研究资料的选取上，学者们主要利用《诗经》《尚书》中的相关文献开展研究，忽视了对《逸周书》中有关资料的分析和利用；同时，已经整理出来的周代金文资料中也有大量有关义的内容，对这种最为可信的一手资料，学术界还没有做系统的清理与研究工作。在研究方法的运用上，我们还需要利用西方宗教人类学和宗教社会学的相关理论，把义的早期形态研究推向更深入的层面。

（3）义的发展路径和内在结构需要深入研究

先秦义研究还有一个较为突出的现象，那就是或把义当成某家思想、观念的组成部分，重点研究义在该家思想体系中的作用和地位；或把义当成先秦思想与观念集群中的一种，重点研究义与其他思想观念的区别与联系。尽管这两大研究走向共同关注了义范畴的一般内容，但是义范畴整体发展路径和内在结构问题仍然没有得到科学的解答，对义范畴的认识仍然是外在的而不是内中的。这就好像我们只是远远地观赏一座精美复杂的建筑而从不进入它的内部，虽然采取了不同的观赏角度，了解了这座建筑的不同侧面，却始终无法了解它的内在结构和实质。笔者认为，从发展路径上看，义总体上是循着两条既有区别又有联系的线索发展的，一是作为观念的义，二是作为思想的义。义观念多体现在政治层面和社会生活层面；义思想则体现在理论层面，是经过思想家们系统论证后的理论成果。义观念的发展逻辑与义思想的发展逻辑并不总是一致的，它们之间既有重合也有背离，还存在着相互影响，形成了义范畴的两大发展路径。这样，通过对义范畴两条发展路径的分析，自然可以将先秦义范畴的结构分为理论层面、政治层面和社会生活层面。我们也就需要基于不同的层面，对义范畴的发展路径和内在结构进行深入研究。当前，学术界基本上将义观念与义思想等同，缺乏对二者相互联系又相互区别的认识，因此我们还需要充分重视这个问题。

（4）义范畴的内在发展规律需要整体研究

尽管学术界对先秦义思想有着不同角度和不同时空层面的研究，也有着对不同思想主体的个体性、群体性和比较性研究，采取的研究方法更是多种多样，但从总体上看，绝大多数研究成果仍然是碎片式的或不连贯的，对先秦义范畴的整体性认知和贯通式考察甚为少见。例如，先秦时期义范畴所涉及的内容是非常丰富的，相当多的学术研究却仅以儒家伦理思想为主体。实际上，义不仅包含除儒家之外诸子的理论层面，也包含不同时代的政治层面和社会层面，需要我们将以子学为主的研究引向政治、社会甚至宗教意识层面，并放在一个更大的历史尺度内去认知。截至目前，笔者仅见到魏勇从哲学角度对先秦义思想的内在发展规律提出了自己的认识，不过，义思想只是义范畴的两大主线之一，我们还需要对义观念的内在发展规律进行研究，需要对义观念和义思想进行综合研究，唯其如此，才能真正明晰先秦义范畴的内在发展规律。

（5）需要更多基于历史学方法的研究

当前义研究主要是针对义是什么、义与什么有联系、义与什么一起构成了什么思想等的现象性研究，但是，对为什么会产生这种现象，现象背后又有着怎样的深层社会原因和个体原因等问题缺乏认识，这就使我们的研究形成一种缺憾。究其原因，大抵是因为我们不自觉地把义当成了一个哲学范畴和道德伦理范畴，于是理性思辨与伦理判断自然成为研究的主要范式，而义作为一个历史范畴和文化范畴的事实则没有引起较多的重视。而基于历史学的义研究，就不再只是撷取义思想长河里那些美丽的浪花，而是试图潜入水底，研究形成浪花的原因。前人的研究中也有不少类似的情况，如杨宽就分析《吕氏春秋》重视仁义思想的原因在于吕不韦同秦王嬴政之间政治斗争的需要。又如，春秋大义讲究亲亲尊尊，战国侠义则重在"弃官宠交"；春秋之"义"是一个正当性判断，战国则突出"义者，宜也"。如此等等，背后都有着深刻的内在历史原因。不过，基于历史学的研究成果还太少，历史学的声音还很微弱，我们还期待着出现更多基于历史学方法的深入研究。

三　本书旨趣

本书拟将先秦时期的"义"区分为普遍的社会观念和独立的思想范畴两大部分，研究义观念和义思想发生、发展和演变的整体线索，并分析二者之间相互转化和相互影响的关系，弄清义的观念化和思想化发展进程，从而探讨先秦义范畴生成的内在历史规律。那么，义观念、义思想、义范畴三者之间有着怎样的区别与联系？这是我们首先要解决的问题。

一般认识中，"观念"与"思想"总是被等同起来，实际上，在观念史研究视野中，"观念"作为一个概念，有着自身特殊的内涵，观念史研究开创者诺夫乔伊称之为"单元—观念"。他认为：

有一些含蓄的或不完全清楚的设定，或者在个体或某一代人的思想中起作用的或多或少未意识到的思想习惯。正是这些如此理所当然的信念，它们宁可心照不宣地被假定，也不要正式地被表述和加以论证，这些看似如此自然和不可避免的思想方法，不被逻辑的自我意识所细察，而常常对哲学家的学说的特征具有最为决定性的作用，更为经常地决定一个时代的理智的倾向。[1]

诺夫乔伊所说的"设定""思想习惯"究竟是什么呢？简言之，就是那些在特定历史时期决定着人们的思维模式、行为价值取向的普遍观念。观念如此深入人心，以至于它总是不为我们的意识所觉察，是一种心灵深处的潜意识。梅吉尔认为，观念作为一种"未思之物"，包括"人们头脑中模糊的想法和人们可能从未实际思考过的想法，但这些想法却对人们如何看待这个世界和如何在这个世界中行动产生了巨大影响"，[2] 同样强调"观念"潜在地支配着人们的意志和行为。郑文惠认为，观念是"指向于一种社会巨大能动的心理系统与意识形态化的价值信仰"。[3] 郑氏把观念称为一种心理系统与价值信仰，实际上也突出了"观念"的普遍性和内在性。在马克思主义哲学中，"观念"指客观事物在人脑中的一种能动反映形式，是"作为社会存在反映的社会意识，其中包括人们对社会各种现象的认识、看法……观念还具有相对独立性，它有继承前人思想的特点和对社会存在的强大的反作用"。[4] "思想"则指

---

[1] 诺夫乔伊：《存在的巨链：对一个观念的历史的研究》，张传有、高秉江译，江西教育出版社，2002，第5页。
[2] 阿兰·梅吉尔、张旭鹏：《什么是观念史？——对话弗吉尼亚大学历史系阿兰·梅吉尔教授》，《史学理论研究》2012年第2期。
[3] 郑文惠：《观念史研究的文化视域》，《史学月刊》2012年第9期。
[4] 金炳华编《马克思主义哲学大辞典》，上海辞书出版社，2003，第216页。

绪　论

"作为社会意识一部分的观念和观念形态，主要是一种理性认识，是认识外部世界的最高形式，它不仅反映客体，并以改造客体为目的"。①

综合相关研究可以看出，"观念"主要指向于一般意义上的"人"，特别强调为"社会意识"，这就决定了"观念"具有普遍性和内在性，是一种长期以来浸淫在人们头脑中的"未思之物"，那些得到最广泛传播的观念往往成为思想的原材料的一部分；"思想"则被认为是社会意识的一部分，特别强调为一种"理性认识"，理性认识作为一种系统化和理论化的认识，必然具有独特性和个体性，这就决定了"思想"会在认识深度和理论系统性上超越"观念"。

结合以上分析，可以形成以下三点认识：其一，义观念的产生要比义思想早得多，它主要作用于人们的社会生活中，是政治或社会层面对义的一般性认识，具有共识性、社会性和普遍性特征，可以将其视为义思想产生的基础；义观念是义思想的来源，它和社会行为的关系比义思想更确定、更直接，具有更具体的价值方向。

其二，义思想是思想家们在对义观念致思基础上的深化和理论化，具有逻辑的严密性、论述的系统性和结构的完整性；不同思想主体会形成不同的义思想。

其三，在整个先秦时期，义观念与义思想都处于一个不断的发展进程之中，二者既相互独立又相互交织和融汇。

本书拟以时代分期为基础，在社会存在决定社会意识这一唯物史观的指导下，注重观念、思想与社会存在之间的关系，把义观念和义思想视为一个不断变迁的发展进程，探究其萌芽、生成、发展和变迁的内在历史规律。本书也将运用历史比较的研究方法，通过对先秦时期义观念和义思想的比较，考察二者之间的相互关系，研究义如何生成为一个庞大的综合性范畴。

---

① 许征帆主编《马克思主义辞典》，吉林大学出版社，1987，第936页。

第一章　从祭祀程序到政治准则

——殷周时期义观念生成的历史考察

一般看来,"义"是一个再普通、再常见不过的传统思想观念,任何关于它的话题似乎都已经是老生常谈。不过,在这个寻常可见的"义"字身上,却总是有着一种非同寻常的内在精神力量,以至于在中国传统思想观念中,我们很难再找到像"义"这样一个能够纵贯中国思想史、哲学史和文化史,并引起不同历史时期、不同学派思想家们共同关注的观念。它既受到大传统中社会上层或知识精英的重视,又受到小传统中社会大众的尊崇,这使其在不同社会层面有着不同的存在形态,并最终成为一个综合性的庞大范畴,对中华民族的民族性和文化心理结构产生了深远影响。

如果把义观念的发展比作一条源远流长、流经了不同时代、汇合了众多支流、具有广阔流域的大河,那么殷周时期就是这条大河的源头。义究竟是什么?它是如何产生的?它在殷周时期走过了一个怎样的观念化进程?它有着怎样的精神内核,使其能够对我们的民族产生如此深远的影响?这些问题都需要引起我们的特别重视。不过,由于研究方法的限制和研究资料的匮乏,义观念何以生成这样重大的问题,学界还鲜有提及。

在义观念生成的相关问题上,学界主要围绕义的原始意义开展研究,这在本书绪论中已有详细叙述。总结起来,似尚存以下不足:一是多以主观想象为主,缺乏文献资料的可靠支撑,没有结合与"义"有直接或间接关联的文献进行综合分析,没有把义置于殷周社会观念的大环境下深入论证;二是多以《说文》对"义"

的解释为研究基点,很少结合甲骨文和金文资料,研究基础显得不太扎实。义观念的早期形态问题也引起了学界注意,但大多只是附带性提及,总体上还缺乏研究深度。总体判断,前贤多致力于对"义"字原始意义的讨论,义观念从何而来及其如何演变的生成过程,至今仍然是一个需要面对并给予历史考察的重大问题。

实际上,义观念的生成问题尽管只是个案,但这个问题的解决将会给中国传统思想观念的生成问题研究带来某些启发。陈来指出,研究一种思想的起源,首要的是关注此种思想体系的诸元素在历史上什么时候开始提出,如何获得发展,这些元素如何经由文化的历史演进而演化,以及此种思想的气质、取向与文化传统的关联。基于此,他对先秦儒家思想的起源问题进行了深入研究,整体上提出了从"巫觋文化"到"祭祀文化",进而发展为"礼乐文化"的生成路径。① 这种认识从宏观上看无疑是深刻的,不过,直接从神秘的宗教祭祀过渡到理性的宗法礼制,似乎还缺乏中间环节。陈来并没有对此关键转换何以可能的问题深入研究,也就是说,在神性和理性之间,似乎还留下了一个中间环节。从逻辑上讲,祭祀文化不可能直接过渡到礼乐文化,就好像婴儿不可能在一夜之间就长大成人一样,二者之间还应存在一个转换过程,这个转换过程恰是非常重要的,忽视对这个转换过程的研究,就会在思想发展关键问题的认识上留下缺环。笔者注意到,春秋文献中经常论及义、礼关系,那么义是否就是介于祭祀文化和礼乐文化之间的过渡环节呢?

晁福林把德观念作为中国古代思想的源头进行了深入研究。他指出,商周之际的思想变革的确是将关注的目光由天国神灵转向了人间民众,周人的"德"就是这个转变的明证。不过,包括周文王在内的周初统治者虽然关注了民众,然其主要注意力仍然是在天

---

① 陈来:《古代宗教与伦理——儒家思想的根源》,三联书店,2009,第17~18页。

上而不在人间。商周之际人们所采用的"德"字,其内涵还属于"敬天"的范畴。① 侯外庐指出,西周时期,"德"在道德上的规范是与郊天之制的宗教相结合的。② 程平源也认为,"德"在西周尚未去宗教化成为德行,依然充满了神秘的内蕴。③ 可见,专家们都关注到了"德""天"的一致性,这可以说是针对德观念自身特性的正确认识;然而,一个重要问题却被忽视,那就是"德"在西周时期并非仅表现为一个独立性观念,义德并举现象也非常突出。这至少说明,义观念的生成不晚于德观念,或者二者本来就是同一时期生成的观念。那么,义何以又与德产生了如此密切的联系呢?

问题铺陈至此,笔者隐约感觉到义是一个被严重忽略的殷周观念。它既与制度之"礼"相通,又与敬天之"德"关联,似乎具有相当重要的承前启后作用。那么,对其来源和发展进程的梳理,也许有助于我们从具体观念出发,以新的视角体察中国古代政治观念的发生。

一 商代义观念的萌芽

孟世凯指出,目前发现的甲骨文单字约有 5000 个,考释过的虽有 2200 多个,但无大争议的只有 1000 多个,即认识者还不到三分之一,还存在许多不解的问题。④ 现有甲骨文资料中,有关义字的卜辞并不多,字形一般写为"羛"。专家对义字的考释也存在诸

---

① 晁福林:《先秦时期"德"观念的起源及其发展》,《中国社会科学》2005年第4期。
② 侯外庐、赵纪彬、杜国庠:《中国思想通史》第1卷,人民出版社,1957,第91~93页。
③ 程平源:《对殷周之变的再探讨——以殷周"德"义变迁为线索》,《江苏社会科学》2005年第3期。
④ 孟世凯:《商史与商代文明》,上海科学技术文献出版社,2007,前言。

多模糊之处，如罗振玉"释义无说"，①其他则有"杀""善""地名""仪仗""人名"等不同的释义。②这使我们对义观念的起源研究处于一种捉襟见肘的地步，所能利用的仿佛就是一些来源不同的文献碎片，要想把这些碎片拼接起来，最大限度地复原义的最初面貌，有时必须基于思想观念发展的逻辑进行倒推；甚至刚一开始的时候，我们还要把义字进行拆解，并结合文献资料条分缕析，这实属不得已而为之的方法。不过，通过对甲骨文"義"字的解构和放大，商代"義"的原始宗教仪式特征却似乎显现出来了。

（一）从"我"说起

关于"義"的原始意义，较为通行的解释是："義，己之威仪也。从我、羊……臣铉等曰：'此与善同意，故从羊。'"③段玉裁注："从羊者，与善美同意。"④可见，注家较为重视"羊"的美、善象征，并从中引申出仪容、仪表的含义，这自然有其合理性。不过，要想解读"義"字的最初意义，"義"下半部所从之"我"亦应引起我们新的重视。

胡厚宣认为，"我"即是戈字，其字本为古代一种兵器的象形。借为吾"我"之"我"，乃表示自持有戈或以戈自卫的意思。⑤徐中舒认为，"我"像兵器形，甲骨文"我"乃独体象形，

---

① 李孝定：《甲骨文字集释》，中研院历史语言研究所，1970，第3801页。
② 庞朴释义为"杀"（《儒家辩证法研究》，第20~30页）；徐中舒释为"善"和地名（《甲骨文字典》，四川辞书出版社，1990，第1382页）；刘兴隆释为地名和仪仗（《新编甲骨文字典》，第865页）；毕秀洁指出商代义已经用作人名（《商代铜器铭文的整理与研究》，博士学位论文，华东师范大学中文系，2011，第289页）。
③ 许慎撰，徐铉校订《说文解字》，中华书局，1963，第267页。
④ 许慎著，段玉裁注《说文解字注》，上海古籍出版社，1981，第633页。
⑤ 胡厚宣：《说𢦏》，吉林大学古文字研究室编《古文字研究》第1辑，中华书局，1979，第73页。

在观念与思想之间

其柲似戈,故与戈同形,非从戈也。[1] 他认为将"我"释为"以手持戈"不确。刘兴隆认为,"我"像长柄有齿之兵器,卜辞借作"你我"之"我"。卜辞中"我"也用作动词,指用"我"这种屠具屠杀,如"二十牛不我"(甲二三八二)。[2] 学者们均认同甲骨文"我"字是一种杀伐之器,不过,甲骨文"我"字的形状究竟是一种三齿形状之兵器,还是一种经过装饰的兵器?对于这个问题,学者们还存在着不同认识。谷霁光根据甲骨文中"我"字有"", "", "", "", ""等不同字形,指出《周礼·夏官·掌固》中有"设其饰器"、注曰"兵甲之属"的说法,认为"我"就是一种经过装饰的兵器。他还援引《诗经·郑风·清人》中"二矛重英"之句,认为二矛各有二英的装饰。至于其他器物,虽亦各有装饰,但其最早起源,系以兵器为主。[3] 谷霁光先生之说极确。仅从字形角度看,"我"字固有的三齿形装饰可以出现在左、右、下等不同的方向,还有呈现夸张的舒展状,可以认为是受到不同风向影响的结果,反映在早期的甲骨文字上,就顺理成章地有了"我"字的不同写法。因此,"我"字的三齿形并非具有锯割功能的符号,而是"我"状兵器上类似"英"或"旌"的装饰。

谷霁光的文中还提到,作为"我"的概念,持戈而有各自的"装饰"或者说是"标记"可以想象为理所当然、势所必然。笔者倒觉得,兵器在战场上讲求的是实战效果,不宜蹚事增华。"我"上面有装饰,说明"我"并非用于实战。前引之甲骨卜辞也表明,"我"字具有杀伐之义时主要体现于宗教祭祀方面。因此,把甲骨文"我"字释为一种宗教祭祀场所的杀伐刑器也许更符合实际。

---

[1] 徐中舒主编《甲骨文字典》,第1380页。
[2] 刘兴隆:《新编甲骨文字典》,第864页。
[3] 谷霁光:《有关军事的若干古文字释例(一)——吕、礼、官、师、士、我、方诸字新证》,《江西大学学报》(哲学社会科学版)1988年第3期。

第一章 从祭祀程序到政治准则

宗教祭祀具有神圣性,"我"作为杀牲的工具,自然也要具有较强的形式感,需要通过某种装饰凸显其神圣和威严。

明晰了"我"所具有的宗教功能,"義"的原始意义似可以形成新的解释。英国学者艾兰认为,羊是商代最主要的祭品之一。[①] 陈梦家曾指出,凡祭祀所用之牲多为家畜,甲骨文字中就出现了豢养的牛羊。[②] 与其他动物或家畜相比较而言,羊的数量多,繁殖快,捕获较为容易,而且食用起来味道鲜美。可以推测,商人早期献祭神灵,羊自当是主要的牺牲。这种情况在武王灭商时也有较为突出的表现,据《逸周书·世俘》记载,在为庆祝胜利而举行的祭祀仪式上,周武王"用小牲羊、豕于百神水土社二千七百有一"。[③] 对山川土地百神的一次献祭,就杀掉了2701头小牲羊和猪,其中羊在前、猪在后,说明是以羊为主的牺牲,羊的数量之多由此可见一斑。《诗经·小雅·甫田》还有"以我齐明,与我牺羊,以社以方"[④] 的记载,表明西周也以羊作为宜社的主要牺牲。因此,我们可以谨慎地认为,"義"就是商王在宗教祭祀中以"我"杀羊,献祭祖先和神灵,并以"我"解羊,给参与祭祀者分肉。"我""羊"组合成为"義"字,极具符号象征意义,从一开始就带有浓厚的宗教特征。

这样的解释究竟能不能成立呢?笔者首先注意到,庞朴曾训"义"为杀,认为义有威严和杀戮的意思。[⑤] 严格说来,杀只是"义"的步骤,这种步骤在观念上并不重要,重要的是,杀是为了祭祀神灵和分肉飨众,这在观念上却是一种"善"。其次,春秋战

[①] 艾兰:《龟之谜——商代神话、祭祀、艺术和宇宙观研究》,汪涛译,四川人民出版社,1992,第160页。
[②] 陈梦家:《殷虚卜辞综述》,中华书局,1988,第556页。
[③] 黄怀信:《逸周书校补注译》,西北大学出版社,1996,第219页。
[④] 《毛诗正义》,阮元十三经注疏本,中华书局,1980,第474页。
[⑤] 庞朴:《儒家辩证法研究》,第20~30页。

国文献中,经常把内外、上下、远近、贵贱、君臣之"分"视为义,如《国语·周语中》载"章怨外利,不义……内利亲亲";①《左传·昭公二十八年》载"近不失亲,远不失举,可谓义矣";②《礼记·祭义》载"致义,则上下不悖逆矣";③《尸子·分》载"君臣父子,上下长幼,贵贱亲疏,皆得其分……施得分曰义";④《庄子·天地》载"以道观分而君臣之义明";⑤《荀子·君子》载"义者,分此者也";⑥《韩非子·解老》载"义者,君臣上下之事,父子贵贱之差也,知交朋友之接也,亲疏内外之分也"。⑦ 可见,"分"之义代表着中国古代社会的等级和秩序,是极为重要的文明准则。张岱年指出,研究古代思想、寻求字义,重要的是了解其通义。⑧ 这样说来,把甲骨文"義"字释为杀羊分肉,似非空穴来风。

(二) 义与宜

有一个很值得重视的现象,就是学者们在有关义观念起源的研究中,对义与宜这两个后来相通相融的概念,总是重视宜而轻视义。如陈梦家在其名著《殷虚卜辞综述》中对宜做了详细研究,对与宜同时出现的义字,他却没有着力分析,只是将其停留在地名意义上。⑨ 庞朴论述了义与宜的关系,他也是从宜字的甲骨文资料

---

① 徐元诰撰,王树民、沈长云点校《国语集解》,中华书局,2002,第46~47页。
② 《春秋左传正义》,阮元十三经注疏本,中华书局,1980,第2119页。
③ 《礼记正义》,阮元十三经注疏本,中华书局,1980,第1595页。
④ 李守奎、李轶译注《尸子译注》,黑龙江人民出版社,2003,第21页。
⑤ 郭庆藩撰,王孝鱼点校《庄子集释》,第404页。
⑥ 王先谦撰,沈啸寰、王星贤点校《荀子集解》,中华书局,1988,第453页。
⑦ 王先慎撰,钟哲点校《韩非子集解》,中华书局,1998,第131页。
⑧ 张岱年:《中国哲学史方法论发凡》,中华书局,1983,第104页。
⑨ 陈梦家:《殷虚卜辞综述》,第266页。

入手进行研究，并最终将宜的特征附于义。① 实际上，两位先生均忽略了一个起点性的重要问题，那就是《礼记·中庸》中"义者，宜也"作为义、宜关系的最早表述，本身就说明义具有主体性地位。这是因为，"宜"只是"义"的解释，是用来说明"义"的，把"义"放在次要位置而突出"宜"，还真有点舍本逐末的味道。笔者感兴趣的问题在于，《中庸》以"宜"释"义"是否存在原始依据？尤其在商代甲骨文中，两者之间到底有没有产生关联？弄清楚了这些问题，既可以使我们认清义在商代的性质，又有助于理解二者后来的相异与相通。

尽管学者们对义字的原始意义的认识迥异，但是主流意见越来越倾向于认同义是与祭祀有关的一个概念。② 的确，甲骨卜辞中义、宜屡有同时出现的情况，尤其是武丁时期的特殊记事刻辞中，经常出现"宜于义京，羌三人，卯十牛"的说法。台湾学者严一萍做了细致的整理工作，他在现有之全部甲骨资料中，共统计出14 版同类型的卜辞，均为殷商武丁时期的刻辞：

己未宜于义京羌三卯十牛中合三三八八前六·二·三
己未□□义京羌□人卯十牛左合三八六前六·二·二
己未宜□义京羌□人卯十牛粹四一四
丁未宜于义京（羌□人卯□牛）合三九五粹四一三
癸卯（宜于）义京（羌□人）卯□牛合三九三
癸酉宜于义京羌三卯十牛右合三九四续一·五二·二
癸巳宜（于）义京羌□（人）卯□牛人一一九四合三九二
丁卯宜于义京（羌□）人卯十牛中合三八七粹四一五
丁□宜于义京羌□人卯十牛合三九七

---

① 庞朴：《儒家辩证法研究》，第 20~30 页。
② 魏勇：《先秦义思想研究》，博士学位论文，中山大学，2009，第 5 页。

□□（宜于义京）羌三人（卯□）牛合三九七
　　□□（宜于）义京羌（人卯□牛）合三九八
　　（庚）寅（于）义京羌三（人）卯十牛右合三九一卜一〇
　　丁酉（宜于）义京羌三（人）卯十牛中合三八九粹四一一
　　癸卯宜于义京羌三人卯十牛右合三九〇。[1]

对于这些同类卜辞，严一萍先生总结并区别了两点：一是祭祀时间不同，二是祭祀分为左、中、右等不同的方位。此外，还有一个需要关注的问题，就是这些卜辞在用人用牲种类和数量上均为"羌三人，卯十牛"，具有高度一致性。那么，不同时间内，在义京举行的"宜"祭中，用人、用牲不但分组，而且数量保持高度一致，这至少说明"宜"祭已经形成了较为固定的用牲规则。由此，我们也可以推定，当时的"宜"祭已经形成了相对规范的祭祀仪式和程序。陈梦家主张卜辞中"宜"与"俎"为同一个字。"宜"在卜辞中有两种用法：一是祭名，二是用牲，都是动词。卜辞中常常出现"宜于某京"，且"宜之祭常用羌"。[2] 姚孝遂则认为，陈梦家所释之"宜"应为"俎"。他指出，在甲骨卜辞中，"俎"绝大多数用作动词，用"俎"祭祀神灵祖先，牺牲都是以牛羊，或者是用"人"。"俎"是用牲的方法，这种用牲方法应该是全牲，"俎"人时大多用的是"羌"。卜辞中的"俎"这一种用牲方法行之于比较隆重的祀典。到了后世，把"俎"字的这一意义加以引申，于是便成为：凡是隆重的祀典都叫作"俎"，凡是"肴之贵者"，也叫作"俎"。同时，"俎"在形体上也发生了分化，成为

---

[1] 严一萍：《宜十义京解》，《甲骨古文字研究》第 2 辑，艺文印书馆，1989，第 139~140 页。
[2] 陈梦家：《殷虚卜辞综述》，第 267 页。

"俎""宜"二字，凡隆重的祀典均叫作"宜"。①

其实，陈梦家、姚孝遂两位先生均认同"宜"就是比较隆重的祀典。这样，前引宜祭之地点——"义京"也就需要引起我们特别的重视。陈梦家主要对"义京"的位置和来源进行了详细考证：

> 义京是宋地：魏世家惠王"六年伐取宋仪台"，集解云"徐广曰：一作义台"。庄子马蹄篇"虽有义台路寝"，郭象注"义台，灵台"。地名之义台在今河南虞城县西南，商丘县之东北。说文"京，人所为绝高丘"，尔雅释丘"绝高为之京"注"人力所作"。人为之高丘即积土之高台，故卜辞的义京即宋地的义台。②

问题在于，"义京"与卜辞中的其他"京"相比较而言，是否具有特殊的重要作用？《尚书·泰誓上》云："类于上帝，宜于冢土。"孔传："祭社曰宜，冢土，社也。"③《诗经·大雅·绵》云："乃立冢土，戎丑攸行。"毛传曰："冢土，大社也。"④《尔雅·释天》谓："起大事，动大众，必先有事乎社而后出，谓之宜。"⑤ 从这些后来的资料看，宜祭的地点一般是在社中。如果陈梦家所证不误，那么卜辞中"义京"作为宜祭的主要场所，就应该是武丁时期殷人的大社，而在这个大社举行的宜祭活动又因为"义"而具有特殊重要的含义。

在卜辞中，"义京"的写法是义在上、京在下，如同一个合体

---

① 姚孝遂：《商代的俘虏》，吉林大学古文字研究室编《古文字研究》第1辑，第369~370页。
② 陈梦家：《殷虚卜辞综述》，第266页。
③ 《尚书正义》，阮元十三经注疏本，中华书局，1980，第181页。
④ 《毛诗正义》，第511页。
⑤ 《尔雅注疏》，阮元十三经注疏本，中华书局，1980，第2610页。

字。这说明义与京关系极为密切。前面已述,宜祭应已具有固定的程序和仪式。宜祭之时,并非简单地将牺牲杀掉了事,而是有一系列仪式过程,中间必然还有规定的程序。严一萍认为,当时的宜祭分左中右三组,每组都用"三人""十牛"。军旅出征时要宜祭,凯旋归来时也要宜祭。一共要用18人、60头牛,如果每一次只用左或中或右,那也要用6个人与20头牛。① 张金玉进一步研究指出,殷人到义京举行宜祭、卯祭,是在左中右三个方位进行的,每个方位用牲的方式和数量都一样,不同的祭牲要放到不同方位的肉案上。② 孔子云:"周因于殷礼,所损益可知也。"③ 周公也曾夸赞成王:"肇称殷礼,祀于新邑,咸秩无文。"④ 这说明周人至少继承了殷人的某些祭祀礼仪,那么,周代的宜祭仪式和程序也当保存有殷商时期的痕迹。《礼记·祭统》云:"凡为俎者,以骨为主。骨有贵贱:殷人贵髀;周人贵肩,凡前贵于后。"这段材料说明周人设俎的传统来自商代,区别在于所贵之牲体部位不同。周人只是在维新和改造的基础上附之以宗法,从而形成了较为完备的礼制形态。

商代宜祭地点的"某京"就是后来的"社",而义则是宜祭中最重要和最具象征意义的程序。笔者认为,商代宜祭就是在"京"这个人为的高丘上杀牲灌血于地,并将牲肉按身份的不同合理分给助祭之人,这个过程即为"义"。"义"与祭祀社神时采用的用牲方法又密切相关。《周礼·春官·大宗伯》云:"以血祭祭社稷、五祀、五岳,以埋沉祭山、林、川、泽。"杨天宇注曰:"血祭,即以牲血祭祀,其祭法,据孙诒让说,是先荐而后灌,使血气达于

---

① 严一萍:《宜于义京解》,《甲骨古文字研究》第2辑,第143页。
② 张金玉:《殷商时代宜祭的研究》,《殷都学刊》2007年第2期。
③ 《论语注疏》,阮元十三经注疏本,中华书局,1980,第2463页。
④ 《尚书·洛诰》,《尚书正义》,第214页。

第一章　从祭祀程序到政治准则

地下，以供神享之。"① 这与姚孝遂认为宜祭是用全牲的观点是一致的。傅亚庶则认为，社稷、五祀、五岳、山林之祭都与埋牲有关，瘗埋为祭地之通礼。② 实际上，上述引文本身已经明确指出祭社系采用血祭之法，那么，宜祭自当不存在烧、沉、埋等其他祭祀仪式中毁坏或放弃牺牲的做法，而主要取血气灌于地即可。在祭祀中杀掉的大量牛羊牺牲，一方面是难得的肉食；另一方面，由于它们的血气已经被神灵享用，其肉体自然也具有了某种神圣意义，不可能弃之不用，合乎逻辑的解释就是将这些牲肉分给与祭之人，作为一种恩惠赏赐或身份象征。从后世文献的记载中我们也可以发现这方面的史影。《论语·乡党》载："祭于公，不宿肉。祭肉不出三日。出三日，不食之矣。"朱子曰："助祭于公，所得胙肉，归即颁赐。"③《史记·孔子世家》载孔子之言曰："鲁今且郊，如致膰乎大夫，则吾犹可以止。"王肃注曰："膰，祭肉。"④ 这是说士大夫在参加郊社祭祀仪式后会分得国君颁赐的胙肉。《史记·陈丞相世家》载："里中社，平为宰，分肉食甚均。"⑤ 可证春秋、秦汉时期社祭仍存在分祭肉的程序。直到今天，各种祭祀活动中的供奉和牺牲还保留有供人食用的原始痕迹，这理应有其历史传承。这样，宜祭中就出现了一个容易忽视的关键问题，那就是这些牺牲到底是用什么屠杀和切分的呢？自然，我们会想到前面所论及的"我"。牺牲之"羊"加在"我"上而形成的"義"字，不正是在祭祀仪式上以"我"杀羊分肉为"义"的符号表征吗？

杀牲灌血祭祀神灵作为"义"的第一步，构成了宜祭中最具

---

① 杨天宇：《周礼译注》，上海古籍出版社，2004，第276页。
② 傅亚庶：《中国上古祭祀文化》，东北师范大学出版社，1999，第397页。
③ 朱熹：《四书章句集注》，中华书局，1983，第120页。
④ 司马迁：《史记》，中华书局，1982，第1918页。
⑤ 司马迁：《史记》，第2052页。

宗教意义的程序。宋镇豪认为，古代所谓社稷神，实是带有自然神性质的农耕氏族神之嬗变，与土地相结合的神性是极为明显的。① 丁山认为，社神是演自各民族原始图腾神的男性地神。② 傅亚庶认为，社神实际上是宗族远古的祖先神。③ 总体而言，学者们基本认同社神是氏族祖先神。那么，通过对族群共同神灵的膜拜和崇敬，可以有效树立商王的神圣权威，使族群的共同情感得以凝聚，并使族群世俗的日常生活具有了某种超越感和神圣性。在此步骤中，"义"的族群性和公众性特征极为明显，同时更是神灵意志的突出代表。

从本原意义上看，"我"既然是一种祭祀刑器，操作"我"的人一般应是主祭者。这个人必然具有某种特殊身份：一种可能是世守此项职业之官，另一种可能就是族群的首脑，或者两者本来就是一体的。《尚书·典宝》是商代逸文，具体内容已经散失，但其序文中还保留着"夏师败绩，汤遂从之，遂伐三朡，俘厥宝玉，谊伯、仲伯作《典宝》"的记载。谊与义相通，司马迁在《史记·殷本纪》中直接写作"义伯"。义伯的用法是"义"在前，这在商代一般用为家族名，所谓义伯，就是"义氏"家族的长子。那么，义氏家族是否就是商代世守宜祭之官呢？④ 陈梦家指出，在执行祭祀之时，祝宗、祝史一定握有极大的权力，他的职业就是维持这种繁重的祭祀仪式，而祭祀实际上反映了不同亲属关系的不同待遇。

---

① 宋镇豪：《夏商社会生活史》，中国社会科学出版社，1994，第509页。
② 丁山：《中国古代宗教与神话考》，上海文艺出版社，1988，第148页。
③ 傅亚庶：《中国上古祭祀文化》，第139页。
④ 有意思的是，直到今天，曾为殷商故都的河南商丘还有一个叫"阏伯台"的商代高丘遗迹，笔者很怀疑这个"阏伯台"就是甲骨卜辞中的"义京"和《史记·魏世家》中的"仪台"。春秋时期郑国大夫子产曰："昔高辛氏有二子，伯曰阏伯，季曰实沈……后帝不臧，迁阏伯于商丘，主辰。"（《左传·昭公元年》）义的古音读作"俄"，与"阏"字同音，那么阏伯台在很大程度上就是义伯的祭祀场所——"义京"。如果这个推测成立的话，义氏家族还应是帝喾之后裔，本身就是商王族的成员。

第一章　从祭祀程序到政治准则

在"旧臣"之中，我们见到只有巫和保最重要而最受尊敬，他们是宗教的与王室的负责人。[①] 实际上，主祭者往往就是族群的最高首领，商王就是大祭司。张光直指出："研究古代中国的学者们都认为：帝王自己就是巫的首领。"[②] 直到春秋时期，大权旁落的卫献公仍然坚持"政由宁氏，祭则寡人"，[③] 就是这种主祭权即代表最高权力观念的余绪。

正如水滴越高，它滴落在水面时形成的涟漪也就越大一样，义的神圣性抬升越高，其世俗势能也就越大。宜祭中设俎施惠，并以此体现贵贱等级理应在商代就已经存在，这必然使义的分肉环节成为众多参与祭祀者最重视的部分。对于与祭者而言，分得不同部位的祭肉既是受到族群共同神灵恩惠和首领奖赏的标志，又是个体在群体之中地位、义务和责任等的物化表现，还是个体生命价值获得超越意义的途径。这些并非仅对活着的族群个体有意义，对于他们已经去世的祖先也同样重要。《尚书·盘庚上》云："古我先王暨乃祖乃父胥及逸勤，予敢动用非罚？世选尔劳，予不掩善。兹予大享于先王，尔祖其从与享之。作福作灾，予亦不敢动用非德。"在商王盘庚看来，先王和臣子的祖先在生前团结一致，死后成为神灵也仍然聚集共处。盘庚祭祀先王，有些臣子的祖先神也可以"沾光"享用祭品。只是，决定能否"沾光"的关键因素并不在于这些臣子的祖先神自身，因为这些祖先神已经不再具有影响力了。最终起决定作用的是现实的臣子们能否践履其在族群结构中应该承担的义务，是这种世俗义务的履行情况决定了家族整体的命运。

如果把列祖列宗、现世个体和未来子孙作为一个完整的家族体系，那么，从个体生命的角度而言，这个体系是变动不居的，未

[①] 陈梦家:《殷虚卜辞综述》，第 500~501 页。
[②] 张光直:《美术、神话与祭祀》，郭净译，辽宁教育出版社，2002，第 33 页。
[③] 《左传·襄公二十六年》，《春秋左传正义》，第 1988 页。

来的子孙总有一天也会成为列祖列宗；而从家族体系结构的角度看，它却是不变的和永恒的，不同时代的个体都要经历相同的过程并生生不息。尽管个体生命难免会死亡，但是个体死后的神灵却能在世代传承的家族结构中获得永生，个体生命的价值由此也获得了某种宗教意义上的超越感；抑或说，个体生命的价值就是建构在宗教观念之上的。正是在这种宗教观念的笼罩下，商王才能通过"义"之程序使臣子们自觉领受各自的世俗义务，并使他们相信这种义务的分配来自神灵的意志。臣子们也只有真正践履了自身的世俗义务，才能保证其列祖列宗能够配祀于商王的祖先神，在另一个世界里永享祭祀；他们也才有资格在死后接受后人的祭祀，不然，他们的灵魂就会被永远地放逐，在庙堂里找不到自己的位置，成为孤魂野鬼，正如世间那些无依无靠的人一样。

宜祭是"国之大事"中极其重要的宗教祭祀，"义"又是这种重要祭祀活动中的关键程序，这就决定了"义"必然会在社会发展进程中越来越突出、越来越重要，甚至宜祭的过程也由"义"来统摄，形成了强大的聚焦效应，放大了整体仪式中以"我"分肉的关键程序，并发展为用这一程序指称宜祭的形式礼仪。后来义、宜相融相通，义、仪难分难解，原因盖在于此。也正是在此基础上，"义"作为宗教之"仪"的形式价值和观念意义都得以凸显。而"义"所具有的分割牺牲之宗教本底，又孕育了后代所谓"分"的内涵，衍生出贵贱、亲疏、长幼等世俗含义，并最终浓缩为亲亲、尊尊——后世义观念的精神内核。荀子曾详细论述了义之"分"：

> 尚贤使能，等贵贱，分亲疏，序长幼，此先王之道也。故尚贤、使能，则主尊下安；贵贱有等，则令行而不流；亲疏有分，则施行而不悖；长幼有序，则事业捷成而有所休……义

者，分此者也……诗曰："淑人君子，其仪不忒；其仪不忒，正是四国。"此之谓也。①

在荀子看来，义就是"分"，主要用以区分贵贱、亲疏、长幼等不同关系，而且他并未将"其仪不忒"中的"仪"理解为君子仪容，而是理解为君子匡正天下的准则。

（三）义与王

殷商的帝分为上帝和王帝，上帝就是天帝，王帝则指死后配天的先王。义不仅是连通王帝和商王的纽带，也是商王统治天下的观念武器。既然义作为宗教祭祀程序已初具观念的萌芽状态，那么，这些萌芽必然会反映在政治层面，成为商王政治统治的辅助手段。孔子曰："殷人尊神，率民以事神……尊而不亲。"② 这句话透露出一个重要信息，那就是商王政治统治的依据来源于宗教神灵，对宗教神性的张扬是商王政治统治的现实需要。"义"作为祭祀中最具神圣意义和世俗象征的程序，会在观念层面生发出世俗的人伦关系，并逐渐发展成为社会政治准则，而这一发展的进程和结果都离不开天国里的上帝。侯外庐认为："殷人万事求卜，所尊的是祖宗一元神。一切'国之大事'，特别是'祀与戎'这样的大事，都要通过宗教仪式以取得祖先神的承认……殷代思想以宗教占主要地位。"③ 殷人的"国之大事"需要取得祖先神的承认固然正确，但这只是殷人宗教思想的一个方面。据陈梦家的研究，殷代的神灵体系可以分为天神、地示和人鬼三类。④ 胡厚宣指出，殷人把自然现象中的风云雷雨虹霓都看成一种神灵。帝在天上，为总的神灵……

---

① 王先谦撰，沈啸寰、王星贤点校《荀子集解》，第 453~454 页。
② 《礼记·表记》，《礼记正义》，第 1642 页。
③ 侯外庐、赵纪彬、杜国庠：《中国思想通史》第 1 卷，第 23 页。
④ 陈梦家：《殷虚卜辞综述》，第 562 页。

四方也都有一种神灵。① 可见，殷人的宗教神灵体系是丰富的，并非只有祖先一元神。与其说殷人尊神，毋宁说殷人是要借助神灵来树立王者权威，凝聚族群共同情感，区分族群内部义务，稳定族群内部结构，并以此为基础来统治天下。当然，也许殷人当时并没有这种明确的宗教自觉意识，不过，从客观而言，上帝的权威确实建构了商王世俗统治的神圣性和合法性来源。

商代贤臣祖己云："惟天监下民，典厥义。降年有永有不永，非天夭民，民中绝命。"②《尚书正义》曰：

> 祖己既私言其事，乃以道训谏于王曰："惟天常视此下民，常用其义。"言以义视下，观其为义与否。"其下年于民，有长者，有不长者。"言为义者长，不义者短。短命者非是天欲夭民，民自不修义，使中道绝其性命。但人有为行不顺德义，有过不服听罪，过而不改，乃致天罚，非天欲夭之也。天既信行赏罚之命，正其驭民之德，欲使有义者长，不义者短，王安得不行义事。求长命也？③

实际上，义在商代远远没有达到道德观念的层面，孔颖达的解释也许并不符合当时的实际情况。《高宗肜日》是商王祖庚祭祀其父武丁的文献，所谓"天监下民，典厥义"，无非就是祖己对商王祖庚陈述义的来源问题。他认为义是来自上帝的，此处之义仍然是一个宗教概念。只是，义来源于上帝本身确定了义的神圣性地位。

德·格鲁特在论及中国的祖先崇拜时说："死者与宗族联结的纽带并未中断，而且死者继续行使着他们的权威并保护着他们的家

---

① 胡厚宣、胡振宇：《殷商史》，上海人民出版社，2003，第565页。
② 《尚书·高宗肜日》，《尚书正义》，第176页。
③ 《尚书正义》，第176页。

第一章 从祭祀程序到政治准则

族。他们是中国人的自然保护神,是保证中国人驱魔辟邪、吉祥如意的灶君。"① 的确,商王的祖先神可以"宾天",他们可以领受上帝的"意见",并将这些"意见"传达给商王。商王通过对祖先神祭祀权的独占,掌握了最高的世俗生杀大权。这样,"天监下民"就转换为"商王实际统治下民",神意演化为王权,上帝的辉煌天国下移为商王的巍峨庙堂,使义具备了由神圣向世俗过渡的基础条件。现存可靠的商代文献资料中的确显示出商王对民众性命长短具有控制权。如《尚书·盘庚上》云"制乃短长之命",《尚书·盘庚中》云"迓续乃命于天"。可见,商王既可以控制臣民生命的长短,又有能力请求上帝延续臣子们的生死寿命。商王对上帝的依赖也有长期相延的传统,自盘庚直到商纣,无不以上帝作为自己身份神圣性与行为合法性的依据:"肆上帝将复我高祖之德,乱越我家"②"我生不有命在天乎。"③ 王朝的治乱兴衰、商王的身家性命都被虔诚地归于冥冥之中的上帝。

义构成了商代的"宗教—政治"权力模式,是殷商王朝维持其内外统治的"不二法门"。在内部统治方面,商王通过祭祀之义确立自身权威,区分族群内部的权力与义务关系;族群成员也依赖祭祀之义明确自己在族群中的地位和责任,自觉履行与自己身份相对应的"职分",这就构成了商代社会最基本的运行模式。陈智勇指出,人们祭祀祖先神灵的神圣场所,不仅仅只是纯粹的宗教活动中心,同时也是商王室进行某些政治活动的重要地方。人们在宗庙里所进行的祖先祭祀活动以及从这种祭祀活动的宗教意识中演绎出来的宗庙制度,构成了巩固商王朝统治的重要的政治制度。宗教信

---

① 德·格鲁特:《中国人的宗教》,转引自恩斯特·卡西尔《人论》,甘阳译,上海译文出版社,2013,第144页。
② 《尚书·盘庚下》,《尚书正义》,第172页。
③ 《尚书·西伯戡黎》,《尚书正义》,第177页。

仰意识与政治统治意识紧密地结合起来，为最高统治者的统治服务。① 只不过在宗教与政治之间，宗教处于核心地位，政治只是宗教的副产品罢了。

殷商王朝还统治着众多的方国，不少方国与商族并非同一族群，通过祭祀之义使其臣服于商王，也是商王朝外部统治得以维持的重要手段。侯外庐深刻地指出，殷人在当时是一个进步的氏族，当万方还在信仰图腾的时候，殷人就有了祖先的宗教，依靠这种信仰的主观因素，殷人全族出征，战胜了土方、马方等部落，因此，祖先神显然是比植物图腾的旗帜更有力的观念武器。② "下民"包括商王统治下的众多方国，方国的首领——"邦伯"自然也要服从上帝的统一安排，接受商王分给他们的各种义务。实际上，商王要想起大事、动大众，也需要动用方国的力量，这样，在宜祭之义中也要相应体现出不同方国的责任和义务。商王采用的方法是将他们的祖先神纳入祭祀体系中，即"兹予大享于先王，尔祖其从与享之"，③ 使不同方国的神灵在另一个世界里也臣服于商王的祖先神，在共同神灵的关照下实现宗教信仰的同化，从而形成对方国的有效控制。盘庚在迁殷之前反复劝诫的对象中，就包括了邦伯这个特殊群体："邦伯师长，百执事之人，尚皆隐哉……鞠人谋人之保居，叙钦。"④ 盘庚要求邦伯、官长和全体官员都要认真考虑，对于听命者，他特别提出要"叙钦"，即依次敬重他们。问题在于，如何体现出不同的敬重呢？在上帝权威高于一切的观念作用下，在宜祭之义中体现"邦伯师长百执事之人"的"分"，并使之"各安其分"，理当成为商王的最佳选择。

商族兴起之初，需要运用宗教力量维系族群的社会关系和核心

---

① 陈智勇：《先秦社会文化丛论》，中州古籍出版社，2005，第13页。
② 侯外庐、赵纪彬、杜国庠：《中国思想通史》第1卷，第68页。
③ 《尚书·盘庚上》，《尚书正义》，第169页。
④ 《尚书·盘庚下》，《尚书正义》，第172页。

第一章　从祭祀程序到政治准则

凝聚力，所以祭祀权与王权是统一的，这符合当时的情况。随着商汤革命的胜利，统治的区域突然扩大，统治的族群突然增多，原先商王只需要团结本族即可，现在，面对众多的方国，难免会有些手忙脚乱，统治方法远不能跟上时势的变化；加之国都屡迁，处于"不常厥邑"[1]"荡析离居"[2]的局面。这使商王在处理宗教与政治之间关系的问题上始终力不从心，甚至左右为难。而从史料的记载来看，商王似乎更注重宗教的作用，他们尊神、事神，希冀从上帝和祖先神那里获得永恒的庇护，这种宗教主导的统治范式一直延续到末帝纣王之前，导致商王祭祀神灵的宗教仪式日益繁杂。常玉芝指出："商人的祭祀是非常繁多、非常复杂的，也是非常严密的。他们对自己的祖先按照一个既定的祭祀谱，几乎是每天必祭，每旬必祭，每年必祭，这样日复一日，月复一月，年复一年地祭祀下去。"[3]《礼记》云："祭不欲数，数则烦，烦则不敬。"[4] 正所谓过犹不及，祭祀仪式过多，必然会使人产生厌烦情绪，有了厌烦情绪，崇敬之心就会消减，逮至殷商末期，纣王竟然弃之不顾。由于文献资料的缺乏，我们已很难弄清纣王到底对宗教做了怎样的改革，不过，在周人以胜利者的姿态对纣王的批评中，放弃宗教祭祀成为他的一大罪状。[5]

总括而言，商代之"义"应起源于以"我"这种祭祀刑器在宜祭中杀牲分肉，突出表现为祭祀程序，具有明显的宗教仪式特征，还没有达到政治观念的自觉。不过，义所本具的亲亲尊尊本底

---

[1] 《尚书·盘庚上》，《尚书正义》，第168页。
[2] 《尚书·盘庚下》，《尚书正义》，第172页。
[3] 常玉芝：《商代周祭制度》，中国社会科学出版社，1987，第307页。
[4] 《礼记·祭义》，《礼记正义》，第1592页。
[5] 《尚书·西伯戡黎》中云其"不虞天性，不率迪典"；《逸周书·克殷》中云其"侮灭神祇不祀"；《逸周书·商誓》中云其"弗显上帝"；《尚书·泰誓上》云其"弗敬上天"；《尚书·泰誓中》云其"郊社不修，宗庙不享"；《尚书·牧誓》中云其"昏弃厥肆祀弗答"。这些均显示出纣王对传统宗教祭祀的抵触和毁弃。

已经或隐或现地服务于殷商王朝的政治实践。殷商之义，已经处在具有宗教—政治双重功能的观念萌芽状态了。

以上关于殷商义观念萌芽的研究，主要基于甲骨文与传世文献相结合的推导，这必然会存在这样那样的不足，甚至还可能存在曲解。不过，只要我们承认思想观念古今一脉相传，那么，后世文献中有关义的解释必然有其最初的观念基础。侯外庐指出："从文字上研究，卜辞到周金，是有明显的承继历程的。这种语言文字的传授，必然不仅限于形式，而且要影响于思维活动的内容。"① 西周金文中出现的义字，已经具有宗法内涵和政治准则意义。② 按照侯外庐提供的思维路径，这种内涵和意义当包含对甲骨文中义字的承继。

侯外庐提出了"周因于殷礼"的维新路径，指出周人从殷人那里学来的，就是"古旧的氏族宗教制度"。③ 的确，在《尚书·洛诰》中，周公就曾夸赞成王："肇称殷礼，祀于新邑，咸秩无文。"侯外庐先生进一步指出，君统与宗统相合、尊尊与亲亲相合就是周礼的基本精神。④ 如此说来，周礼当对殷礼——这种"宗教制度"有所继承。笔者注意到，春秋时期有不少"义以出礼"⑤ "礼以行义"⑥ "奉义顺则谓之礼"⑦ 的说法。《礼记·礼运》提出："礼也者，义之实也。"《礼记·郊特牲》云："义生然后礼作""礼之所尊，尊其义也"。这说明在礼完备之前，还存在过一个义的过渡；也可以说，"义"是"礼"的观念性基础，是"礼"的精神内核。义是周礼的精神内核，周礼又因于殷礼，那么，按照周人的维新传

---

① 侯外庐、赵纪彬、杜国庠：《中国思想通史》第1卷，第72页。
② 对西周金文所见义字的研究详见下文。
③ 侯外庐、赵纪彬、杜国庠：《中国思想通史》第1卷，第72页。
④ 侯外庐、赵纪彬、杜国庠：《中国思想通史》第1卷，第77～78页。
⑤ 《左传·桓公二年》，《春秋左传正义》，第1743页。
⑥ 《左传·僖公二十八年》《左传·成公二年》，《春秋左传正义》，第1827、1894页。
⑦ 徐元诰撰，王树民、沈长云点校《国语集解》，第76页。

统和思想观念发生的逻辑，我们可以谨慎地推定，殷礼必然也有其精神内核，而殷礼的精神内核如果不是"义"，又能是什么呢？

无论如何，由于文献资料的缺乏，加之对甲骨文字的识读本来就存在不确定性和模糊性，许多字义是基于推导得出的，也有不少是参照传世文献才确定下来的，故任何认识都不可视为确定不移的正确认识。恩格斯在《反杜林论》中曾这样说：

> 认识就其本性而言，或者对漫长的世代系列来说是相对的而且必然是逐步趋于完善的……由于历史材料不足，甚至永远是有缺陷的和不完善的，而谁要以真正的、不变的、最后的终极的真理的标准来衡量它，那么，他只是证明他自己的无知和荒谬。①

以上对商代义观念萌芽的推断，只不过是在传统认识的基础上增一新说而已，也只能是一种"有缺陷的和不完善的"认识，如果能为义观念早期形态研究提供一点启发，笔者就感到无比荣幸了。

二 西周义观念的生成

殷商之义既可以显示主祭者的权威，又可以体现与祭者的地位和义务，具有向政治观念演化的基础条件。在殷周之际社会大变革进程中，义的政治功能受到了西周王室的重视，他们启动了义的观念化进程，通过对义宗教内涵的革新和各种仪式的强化，义观念最终生成，并日渐深入人心，成为西周王朝共识性的宗法政治准则。

（一）义与威仪（义）

《礼记·中庸》云："礼仪三百，威仪三千。"威仪是义观念在

---

① 《马克思恩格斯选集》第3卷，人民出版社，1995，第431页。

西周时期的主要表现形态之一,包含着宗教—政治的双重意蕴。威仪一词首见于《尚书·酒诰》,周公总结殷人亡国的原因时,重点突出了其"燕丧威仪"。关于威仪的意思,春秋时期卫国大夫北宫文子的解释最具代表性:

> 有威而可畏,谓之威;有仪而可象,谓之仪……故君子在位可畏,施舍可爱,进退可度,周旋可则,容止可观,作事可法,德行可象,声气可乐,动作有文,言语有章,以临其下,谓之有威仪也。①

北宫文子认为威仪就是贵族君子的礼容,此释义基本被后世学者奉为圭臬。清代大儒阮元云:"威仪者,人之体貌,后人所藐视为在外最粗浅之事,然此二字古人最重之。"②侯外庐认为,威仪为统治者的支配手段,暗示出古代社会统治阶级的威风。③裘锡圭认为,古代所谓威仪也就是礼容。④张岂之指出,所谓"仪",是指举止行为有"礼",行礼者之身份地位的举动谓之"威仪","敬慎威仪,以近有德"是说谨慎地按照"礼"的规定去做的人就是有"德"的人。"威仪"是有德的表现。⑤日本学者竹添光鸿认为,威者,和顺中积,英华外发,自然之威德风采也;仪者,正衣冠,尊瞻礼,动容周旋中礼者也。⑥勾承益认为,"威仪"实质上就是"礼"的外在表现,对贵族外在行为上"仪"的要求,实际上就是对他们内在意识上"礼"的要求。贵族阶层外在的"仪"

---

① 《左传·襄公三十一年》,《春秋左传正义》,第2016页。
② 阮元:《揅经室集》,中华书局,1993,第217页。
③ 侯外庐:《中国思想通史》第5卷,人民出版社,1956,第602~603页。
④ 裘锡圭:《史墙盘铭解释》,《文物》1978年第3期。
⑤ 张岂之:《中国思想学说史·先秦卷》(上),第179页。
⑥ 竹添光鸿:《左传会笺》卷19,凤凰出版社,1975,第60页。

实际上有具有建立等级差别,从而让社会进一步秩序化、规则化的政治意义。① 王仁祥认为,西周中期后,威仪可视为天人之间交互作用而展现在个体身上的仪容风度。② 曹建墩指出,威仪乃是先秦贵族所展现出的可以为百姓效法的容止、仪法等,其实质是以礼来规范人的身体,使周旋揖让、盘桓辟退、登降上下等行为皆合乎礼节;在周代文化背景下,威仪乃是君子人格的体现,是内在道德与外在礼容的和谐一体。③ 从礼学的角度看,以上认识不无道理。问题在于,北宫文子是春秋时人,他对威仪的解释必然带有春秋的时代特点。本着北宫文子的语境对西周威仪开展研究,就有可能产生偏颇认识,使这个具有特定指涉的观念词一般化为外在仪容,难以真正反映西周威仪的实质。所以,需要跳出礼学视阈,历史地看待西周威仪观念。姜昆武指出,威仪建基于统治阶级之礼制而又兼明德性之用也。④ 姜昆武先生将威仪的认识引出了礼的视阈,无疑是富有启发性的。但他只是重点批评了汉儒以来将威仪视为"仪表风度"的直观性认识,深入研究了威仪的作用问题,却没有论及威仪为何会有此作用。

先秦文献中,威仪之"仪"写作"义",实际上就是"威义",这可以在周金中找到确证。⑤ 据刘翔考证,"仪"字作为一个单独的字在殷周时期还没有出现,迄今发现的最早"从人义声"的"仪"字出现在甘肃居延汉简中。⑥ 把西周文献中的"威义"

---

① 勾承益:《先秦礼学》,巴蜀书社,2002,第131页。
② 王仁祥:《先秦威仪观探论》,(中国台湾)《兴大历史学报》2006年第17期。
③ 曹建墩:《先秦礼制探赜》,天津人民出版社,2010,第227~228页。
④ 姜昆武:《先秦礼制中的"威仪"说》,《社会科学战线》编辑部编《中国古代史论丛》第3辑,福建人民出版社,1982,第141页。
⑤ 在现有西周时期的金文资料中,"威仪"一词主要写作"威义",也有写作"畏义",如"淑于畏义""皇考威义""皇祖考词威义""秉威义"等,见张亚初《殷周金文集成引得》,中华书局,2001,第870~871页。
⑥ 刘翔:《中国传统价值观诠释学》,三联书店,1996,第112~113页。

在观念与思想之间

写作"威仪",应该是汉儒的事,因此我们必须要还原威仪一词的初始形态——威义。

威、义合用的情况首先需要关注。在西周时期的观念中,如文、武、成、康、德、礼、恭、敬、刚、柔等关键词,主要以单字形式出现,以单字体现特定的观念内涵。"威义"却以合成词的形式大量出现,似乎在西周前期有关观念的关键词中还是首例,这使其显得相当突出。在大多数观念词语仍处于单字状态时,威、义出现了这种非同寻常的合并现象,其中一定具有某种特殊意义。

"威"在商代就是一个独立的观念,一般释作"畏"。"威"被认为来自天帝,经常被合称为"天威"。盘庚迁殷之前训诫民众就借助于"天威",宣称是自己使天帝让臣民们的生命得以延续,且云:"予其汝威,用奉畜汝众"。① 明明抬出天帝威吓大众,又说我哪里是威胁你们啊? 我是在帮助你们、养育你们! 在商末周初文献中,"威"总是与天帝相联系,"威"自天降的说法极为普遍,如"天曷不降威"②"予来致上帝之威命明罚"③"天降威"④"将天明威,致王罚"⑤"弗永远念天威"⑥ "敬迓天威"。⑦ 罗家湘指出,西周初年,神权仍有强大势力,天命观念流行一时,成为解释旧朝灭亡、新朝建立的权威话语。⑧ 这确实反映了殷周之际的实际情况。

不过,周人在讲天命的时候并非对其抱有一种宗教幻想,而是要在"天威"的压力下突出政治上的"敬德亲民"。这在《尚书·君奭》中表现得极为突出。周公言其"不敢宁于上帝命,弗永远

---

① 《尚书·盘庚中》,《尚书正义》,第 171 页。
② 《尚书·西伯戡黎》,《尚书正义》,第 177 页。
③ 黄怀信:《逸周书校补注译》,第 225 页。
④ 《尚书·大诰》,《尚书正义》,第 198 页。
⑤ 《尚书·多士》,《尚书正义》,第 219 页。
⑥ 《尚书·君奭》,《尚书正义》,第 223 页。
⑦ 《尚书·顾命》,《尚书正义》,第 238 页。
⑧ 罗家湘:《〈逸周书〉研究》,上海古籍出版社,2006,第 102 页。

070

念我天威越我民",意思是不敢依靠天命,不敢不去顾念天威和民众;周公还不厌其烦地对召公讲,文王"迪知天威",武王"诞将天威",希望召公能够"念我天威",而最终的落脚点却是"汝克敬德,明我俊民,在让后人于丕时"。这样,宗教意义上的"天威"与政治意义上"敬德亲民"就成为对立统一的关系,"天威"的宗教神圣性已经有目的地服务于"敬德亲民"的现实政治。"天威"也并非一成不变,在西周穆王时期的文献中,它逐渐下移给周王的祖先神甚至周王本身。在《逸周书·祭公》中,"威"的变化较为显著:"不吊天降疾病,予畏之威",此处之"威"还是天帝之威,而在下面的"维天贞文王,之重用威,亦尚宽壮厥心"中,"威"已经被天帝授予文王。文王之威得自天,无论如何,是"有威而可畏",而之前仅有天帝之威才可畏。《尚书·吕刑》同为周穆王时期的文献,其中有"德威惟畏,德明惟明"之句,此时之"威"已来自周天子之德,天威的宗教神圣性已然让渡给帝王的德政权威性。

明确了"威"的变化,下面我们再来看看西周"义"的内涵。在可靠的西周文献中,义字虽然出现不多,但很能说明问题。《尚书·康诰》中,成王对卫康叔有一段诰词,其中出现了义字:

> 王曰:"封,元恶大憝,矧惟不孝不友。子弗祗服厥父事,大伤厥考心;于父不能字厥子,乃疾厥子;于弟弗念天显,乃弗克恭厥兄;兄亦不念鞠子哀,大不友于弟。惟吊兹,不于我政人得罪,天惟与我民彝大泯乱。曰:乃其速由文王作罚,刑兹无赦。不率大戛,矧惟外庶子、训人惟厥正人越小臣、诸节。乃别播敷造民,大誉弗念弗庸,瘝厥君;时乃引恶,惟朕憝。已!汝乃其速由兹义率杀。"[1]

---

[1] 《尚书·康诰》,《尚书正义》,第204~205页。

成王评价那些不孝不友者为"元恶大憝",即罪大恶极的人。他具体列举了四种情况,分别是父不父、子不子、兄不兄、弟不弟,指出执政者如果不加以惩罚,天帝赐给民众的常法就会出现大混乱,需要用文王制定的刑罚毫不手软地处罚他们。《礼记·礼运》指出,"人义"有十种,其中排名前四的就是"父慈、子孝、兄良、弟悌"。那么,成王列举的所谓"元恶大憝"正是不循人道亲亲之义的典型代表,说明在成王时期,义已经具有亲亲内核,并被认为是人伦之道。《礼记·表记》云:"义者天下之制也……厚于义者薄于仁,尊而不亲。"在《礼记·丧服四制》中,"尊尊"被称为"义之大者",而"乃别播敷造民,大誉弗念弗庸,瘝厥君"隐含有不"尊尊"的意思。周成王特别强调,对于那些非但不尊君,反而以下犯上、危害国君的臣子,要"速由兹义率杀"。不尊君是不尊尊的重要表现之一,这样,所谓"兹义",就是指以先祖文王名义而订立的统治准则,尊尊是其核心之一,并已经具有现实制约功能。

在《诗经》中有关西周的文献中,义字凡三见。《诗经·大雅·文王》云:"宣昭义问,有虞殷自天。上天之载,无声无臭。仪刑文王,万邦作孚。"实际上,"仪刑文王"之"仪"亦当为"义"。关于这几句诗的意思,毛亨以为是对成王的戒命:

> 言天之大命既不可改易,故常须戒惧。此事当垂之后世,无令止于汝王之身而已,欲令后世长行之。长行之者,常布明其善,声闻于天下……上天所为之事,无声音,无臭味,人耳不闻其音声,鼻不闻其香臭,其事冥寞,欲效无由。王欲顺之,但近法文王之道,则与天下万国作信。言王用文王之道,则皆信而顺之矣。[1]

---

[1] 《毛诗正义》,第505页。

"宣昭义问"就是"常布明其善,声闻于天下",毛亨释"义"为"善",这大体是不错的,只是表达得还不太准确。实际上,上述引文中的"义"和"仪"意义相同,均指文王制定的准则。所谓"宣昭义问",就是要求成王努力宣扬、昭明文王所制定的统治准则,使之传闻于天下;所谓"仪刑文王,万邦作孚",亦即"取法文王所制定之准则,天下也就信服归顺了"。《诗经·大雅·荡》曰:"文王曰咨,咨女殷商!而秉义类,强御多怼……天不湎尔以酒,不义从式。"义在此处两见,笺云:"义之言宜也……女执事之臣,宜用善人,反任强御众怼为恶者,皆流言谤毁贤者……天不同女颜色以酒,有沈湎于酒者,是乃过也,不宜从而法行之。"① 郑玄将义均释为"宜",语句不通。笔者以为,将"义类"释作"宗族之勋旧"为好,"而秉义类,强御多怼"即"你们本应任用宗族之勋旧,却反任强御众怼为恶者",这样才能和下文中"殷不用旧"的说法保持一致。《尚书》对纣王用人失误的批评亦可为佐证,如"剥丧元良,贼虐谏辅"②"崇信奸回,放黜师保"③"昏弃厥遗王父母弟不迪,乃惟四方之多罪逋逃,是崇是长,是信是使,是以为大夫卿士"。④ 可见,"义类"之"义"含有亲亲内涵;而"不义从式"显然是一个倒装句,"式",法也。本句直译为"所行不义"较确,"义"仍应释为既定的政治准则。

如果说殷商宜祭中分祭肉的程序蕴含着"义"的观念萌芽,那么西周宜祭中设"俎"施惠的政治观念意义则更趋明确。"俎者,所以明祭之必有惠也,是故贵者取贵骨,贱者取贱骨,贵者不重,贱者不虚,示均也。俎者,所以明惠之必均也",⑤ 祭肉的分

---

① 《毛诗正义》,第553页。
② 《尚书·泰誓中》,《尚书正义》,第181页。
③ 《尚书·泰誓下》,《尚书正义》,第182页。
④ 《尚书·牧誓》,《尚书正义》,第183页。
⑤ 《礼记·祭统》,《礼记正义》,第1605页。

配已经成为身份等级和政治均平的双重象征。"帅师者,受命于庙,受脤于社。"① "国之大事,在祀与戎,祀有执膰,戎有受脤,神之大节也。"② "脤"就是宜社中的祭肉,军队出征是国家大事,"必先有事乎社而后出"。③ 主帅先在王室祖庙中听取命令,象征"礼乐征伐自天子出"的权威,之后要在社庙中举行的宜祭仪式上"受脤"。"受脤于社"作为一种仪式,一方面要告祭族群的共同神灵,以取得它们的福佑;另一方面,主帅要代表全体将士在神灵面前领受义务,表示为了族群公众的利益而出征是"分内"的事。这可以说是西周对殷商之义最直接的承接,体现为不同的亲亲、尊尊关系所获祭肉的不同。

从某种程度上讲,"受脤于社"仍是周人的一种宗教仪式,那么,"裂土于社"就带有强烈的宗法政治象征了。《逸周书·作雒》云:

> 乃设丘兆于南郊,以上帝,配□后稷。日月星辰、先王皆与食。诸受命于周,乃建大社于周中。其壝东青土、南赤土、西白土、北骊土,中央覆以黄土。将建诸侯,凿取其方一面之土,苞以黄土,苴以白茅,以为土封,故曰受则土于周室。④

西周初期分封宗子的仪式颇具形式感,先建大社于周中,以五色土象征东、南、西、北、中。将要封建诸侯时,在仪式上凿取其所在方位一方的土,用黄土包上,裹上白茅,作为封土的象征,这叫作从周王室受裂土。而周人分封宗子,所依据宗法制度的核心就是亲亲、尊尊。"裂土"就是将亲亲、尊尊之"义"大而化之,由分肉而分土,并加以系统化和制度化。侯外庐指出,

---

① 《左传·闵公二年》,《春秋左传正义》,第1788页。
② 《左传·成公十三年》,《春秋左传正义》,第1911页。
③ 《尔雅·释天》,《尔雅注疏》,第2610页。
④ 黄怀信:《逸周书校补注译》,第256页。

第一章 从祭祀程序到政治准则

宗法政治的亲亲与尊尊合一,表现为政治的宗教化。由于周人的政治宗教化,在思想意识上便产生了所谓"礼"。① 王国维从制度层面将西周与殷商进行了对比,指出周人制度大异于商者,一曰立子立嫡之制,由是而生宗法及丧服之制,并由是而有封建子弟之制、君天子臣诸侯之制;二曰庙数之制;三曰同姓不婚之制。此数者,皆周之所以纲纪天下。② 而这一切维新之周制,王国维又认为它们皆出自尊尊、亲亲之义:"以上诸制,皆由尊尊、亲亲二义出……周人以尊尊、亲亲二义,上治祖祢,下治子孙,旁治昆弟。"③ 追根溯源,西周"郁郁乎文哉"的宗法礼制背后始终都有"义"的影子。

由上可见,义在西周时期具有特殊的政治准则意义,这种政治准则意义是在对殷商之义继承、维新的基础上生成的。它植根于氏族血缘关系,发端于原始宗教背景下族群首领对所获物的分配,发展于殷商宜祭中"杀牲"和"分肉"的程序,强化于西周宜祭中的"受脤"和"裂土"仪式,并由此生发出亲亲、尊尊的宗法政治准则。

周人宣称义出自文王,提出"无偏无陂,遵王之义",④ 与殷人的"天监下民,典厥义"极为不同,这就引出了一个重要问题:殷人的"义出于帝"较易使民众信服;周人却提出"遵王之义",又凭什么取得民众的信服呢?实际上,"王之义"之所以能够通行不悖,就在于它借助了"威"的力量,"威""义"有机结合为

---

① 侯外庐、赵纪彬、杜国庠:《中国思想通史》第 1 卷,第 78 页。
② 王国维:《观堂集林》(外二种),第 232 页。
③ 王国维:《观堂集林》(外二种),第 240 页。
④ 《尚书·洪范》,《尚书正义》,第 190 页。金景芳先生认为,《洪范》属西周作品不容怀疑(见金景芳《西周在哲学上的两大贡献——〈周易〉阴阳说和〈洪范〉五行说》,《哲学研究》1979 年第 6 期)。李学勤先生认为,《洪范》肯定是西周时期的文字(见李学勤《帛书〈五行〉与〈尚书·洪范〉》,《学术月刊》1986 年第 11 期)。晁福林先生认为,"遵王之义"意指一切只能依君王的意志为最高准则,而君王的准则就是上帝的准则(见晁福林《说彝伦——殷周之际社会秩序的重构》,《历史研究》2009 年第 4 期)。

"威义",才使"义"具备了不容置疑的神圣性与合法性。"威义"从构词手法的角度看,属于偏义复词,其核心在于"义","威"的作用只是将"义"神圣化。可以认为,"威义"就是西周义观念的突出表现之一。"威"来自天帝,在宗教仪式凸现出神圣性;"义"附之于文王,在宗法政治中表现为准则性。"威"与"义"合并为"威义"一词,正是周人引宗教入宗法,使宗教政治化的重要维新成果。

换个角度看,"威"与天相连,"义"与人相连,"威义"成词,也是周人天人合一思想的符号象征。"天威"加之于"王义",就是为了把殷商的天命神权政治维新为周人的宗法神权政治,建构新的国家意识形态。《礼记·明堂位》云:"周公相武王以伐纣。武王崩,成王幼弱,周公践天子之位以治天下;六年,朝诸侯于明堂,制礼作乐,颁度量而天下大服。"周公的宗教改革使周人之天代替了殷商之帝,天具备了至高无上的神格。周的先祖配天,使其具有了与天帝相似的地位,至少是天帝身边具有重要影响力的神灵,这样,其后代的大宗也随之具备了不可企及的神圣地位。宗法观念的确立,这种"配天"的观念应是出发点或支撑点。涂尔干指出:"几乎所有重大的社会制度都起源于宗教……如果说宗教产生了社会所有最本质的方面,那是因为社会的观念正是宗教的灵魂。"[1] 的确,宗法观念正是周人宗教的灵魂,是周人对宗教进行改革的重要成果。周人"制造"了一个无比神圣的天帝之所,并将祖先神送到那里;与此同时,他们又做了类似于"绝地天通"的宗教改革,把对天帝的祭祀权收归到天子手中:"礼,不王不禘。王者禘其祖之所自出,以其祖配之。"[2] 不是周天子不得行禘

---

[1] 爱弥尔·涂尔干:《宗教生活的基本形式》,渠东、汲喆译,商务印书馆,2011,第578~579页。
[2] 《礼记·大传》,《礼记正义》,第1506页。

祭的祭天之礼。"天子祭天地,祭四方,祭山川,祭五祀,岁遍。诸侯方祀,祭山川,祭五祀,岁遍。大夫祭五祀,岁遍。士祭其先",①"天子祭天地,诸侯祭社稷,大夫祭五祀",②说明天子祭祀天帝是具有垄断性的,是一种绝对权力的象征。诸侯、大夫、士的祭祀对象依次降低,其中最重要的特点就是他们都不得祭祀天地。天子对天帝祭祀的唯一合法性,决定了只有天子本人才可以成为天帝在人间的代表。这样,天尊地卑的形势就确定了下来,天帝的神圣地位也就换算成了周天子的世俗权威。君臣尊卑的不同,也就因为天道与人道合拢、神道与王道相通而自然形成。

西周中后期,"威"下移给了配天的文王甚至现世的周天子,宗教神权进一步向宗法政权让渡,这才有了礼容意义上的西周宗法贵族群体的所谓"威仪",使他们变得"有威而可畏"。只是,"威义"之"义"发展至此,它的核心功能已经出现下降趋势,至春秋中期终于全部风干,蜕变为周旋揖让之"仪"了。汉儒无缘见到甲骨文、金文资料,故根据春秋文献直接将"威义"之"义"改为"仪",本也无可厚非,只是依据春秋的文义而加之于西周,这就有意无意地消泯了西周"威义"的真正内涵。这种曲解使"威义"问题长期以来为礼学所重视,却几乎没有被纳入历史学的研究视野。

在西周文献中,威仪一词的语境的确与宗教祭祀或礼仪活动有关,非关器服、车马、礼容等外在形式,其所具有的政治准则意义也寓于宗教祭祀与礼仪活动的形式中。在目前已掌握的西周金文资料中,有"□厥威义(仪),用辟先王"③"皇祖考司威义(仪),

---

① 《礼记·曲礼下》,《礼记正义》,第1268页。
② 《礼记·王制》,《礼记正义》,第1336页。
③ 华东师范大学中国文字研究与应用中心编《金文引得·殷商西周卷》,广西教育出版社,2001,第8页。

用辟先王"① 等记载,学者以为这是微氏家族世掌威仪之职的证据,说明殷商时期就有了威仪观念。② 笔者认为,威仪在商代甲骨文中未发现连用的记载,商代也不可能发展出这种观念。所谓"皇祖考司威义(仪)",仅能说明微氏家族的先祖曾世守祭祀之职,可理解为微氏家族后人使用了西周的观念词,并不能说明殷商时期就有了威仪观念。裘锡圭以威仪为礼容,认为殷商微子家族以"五十颂处",就是掌管五十种威仪的意思。③ 张政烺对"颂"字进行了深入研究,指出"颂"与礼容之种类无关,颂其实就是"繇",是一种歌谣体裁,用来解释卦的吉凶,类似后世士的口诀或签诗。④ 刘翔进一步研究指出,占筮也用颂称之。⑤ 威仪和繇辞、占筮相关,本身就说明了其具有鲜明的宗教特征。实际上,《诗经》所谓的"颂"部分不就是宗庙祭祀的颂诗吗?

《诗经》中威仪17见。⑥ 在西周前期的诗文中,威仪主要涉及祭祀活动。《诗经·大雅·既醉》是歌颂周成王的诗篇。正义曰:"成王之祭宗庙,群臣助之……能使一朝之臣尽为君子,以此教民大安乐,故作此诗以歌其事也。"⑦ 诗文中出现"其告维何?笾豆静嘉。朋友攸摄,摄以威仪。威仪孔时,君子有孝子"之句,正义曰:"言其此公尸以善言告者,维何所为乎?乃由王之所祭,笾豆之物,洁清而美,又其时王之君臣同志好之朋友,皆有士君子之行,所以相摄敛而佐助之。其所以相摄佐者,以威仪之事也。助者又善于威仪,当神之意,故公尸以善言告王也。"⑧ 其中提到"威

---

① 华东师范大学中国文字研究与应用中心编《金文引得·殷商西周卷》,第313页。
② 曹建墩:《先秦礼制探赜》,第228页。
③ 裘锡圭:《史墙盘铭解释》,《文物》1978年第3期。
④ 张政烺:《试释周初青铜器铭文中的易卦》,《考古学报》1980年第4期。
⑤ 刘翔:《"以五十颂处"解释(读金文札记)》,《学习与思考》1982年第1期。
⑥ 为方便起见,下文凡涉及"威义"的,均依照传统文本写作"威仪"。
⑦ 《毛诗正义》,第535页。
⑧ 《毛诗正义》,第536页。

仪之事",明确指出威仪是"事",专指宗教祭祀之事。"善于威仪者"可以"当神之意",这正说明威仪是祭祀中的仪式性程序,并非外在的礼容。

在西周中晚期至春秋早期的诗篇中,威仪仍然保持着与宗教祭祀的密切关系。周厉王时期的《民劳》有"敬慎威仪"之句,同一时期的《抑》有"敬尔威仪"之句,两诗主旨均在于刺厉王不能敬慎威仪。诗句中"敬"与"威仪"连用,其实也说明威仪与宗教祭祀有关。《礼记·少仪》云:"祭祀主敬。""敬"是主祭者心态的体现,也是祭祀之义得以贯彻的基础。《礼记·祭义》云:"孝子之祭也,尽其敬而敬焉,尽其礼而不过失焉,进退必敬。"可见,"敬"于"威仪之事",也从侧面证明威仪与宗教祭祀有关。《瞻卬》作于幽王时代,其中有"不吊不祥,威仪不类"之句,天帝为什么责王而见灾异呢?神何以不再赐福祥呢?原来是因为"威仪不类",在宗教祭祀方面乱了规矩。《执竞》是春秋早期的诗篇,其中有"降福简简,威仪反反"之句,正义曰:"降福是祭祀之事,故知是武王既定天下,祭祖考之庙也。"① 神灵之所以降福,是因为慎重于祭祀的威仪,可见威仪仍与宗教祭祀有关。

威仪也出现在其他礼仪活动中,主要指贵族在礼仪仪式上举止得当,具有一定的政治准则意义。《假乐》是一首嘉美周成王的诗篇,其中有"威仪抑抑,德音秩秩。无怨无恶,率由群匹。受福无疆,四方之纲"之句,毛亨以为:"言成王立朝之威仪抑抑然而美也,其道德教令之音秩秩然而有常也,以此之故,为天下爱乐,无有咎怨之者,无有憎恶之者。又能循用群臣之匹耦己志者,谓臣有贤行,能与己为匹,则取其谋虑而依用之。以此之故,受天之福禄无有疆境,常为天下四方之纲。"② "威仪抑抑"指成王立朝之威

---

① 《毛诗正义》,第 589~590 页。
② 《毛诗正义》,第 541 页。

仪致密无所失，正因为威仪有则，德音有常，成王才能使教令清明，确立法度以治理天下。可见，威仪在此突出的是政治准则。《板》是厉王时代的诗，诗中提到"敬慎威仪，维民之则"，直接把威仪当作统治民众的法则。在幽王时期的诗篇《宾之初筵》中，威仪的这种准则意义表现得极为突出，其第三章云：

> 宾之初筵，温温其恭。其未醉止，威仪反反；曰既醉止，威仪幡幡。舍其坐迁，屡舞仙仙。其未醉止，威仪抑抑；曰既醉止，威仪怭怭。是曰既醉，不知其秩。

本诗中出现了两组相对的威仪："威仪反反"与"威仪幡幡"、"威仪抑抑"与"威仪怭怭"。"反反，言重慎也。幡幡失威仪也；抑抑，慎密也。怭怭，媟嫚也……毛以为，幽王既不能如古之礼，故陈其燕之失礼。言幽王所与燕宾失礼之事……言其昏乱，礼无次也。由此，故民皆化之，败乱天下，可疾之甚。"① 袁俊杰以《宾之初筵》为燕射之礼，是周王与族人在宗庙举行的燕射。② 可见，本诗中所出现之威仪，与周王燕射之礼仪活动有关。燕射之礼作为一种在宗庙中举行的仪式，并非为了取乐，而必然与宗教祭祀有关，目的是匡正威仪，明确君臣关系的准则，以让天下取法，故《礼记·射义》云："燕礼者，所以明君臣之义也。"从周之先王到成王，他们都能够秉持威仪，到幽王之时则出现了严重的轻慢现象，甚至醉得东倒西歪，"不知其秩"。

直到春秋时期，义的这种礼节仪式特征还若隐若现。孔子云："见义不为，无勇也。"③ 历代注家均以宜释义，将孔子的意思解释

---

① 《毛诗正义》，第487页。
② 袁俊杰：《论〈宾之初筵〉与燕射礼》，《史学月刊》2011年第11期。
③ 《论语·为政》，《论语注疏》，第2463页。

为当为而不为，是无勇的表现。今之成语"见义勇为"即来源于此。"孔曰：'义，所宜为，而不能为，是无勇。'正义曰：'义，宜也，言义所宜为而不能为者，是无勇之人也……若齐之田氏弑君，夫子请讨之，是义所宜为也，而鲁君不能为讨，是无勇也。'"① 朱子云："知而不为，是无勇也。"② 实际上，孔子此处所言之义带有明显的礼节仪式特征，这可从《礼记》的有关记载中得到证明：

> 聘、射之礼，至大礼也。质明而始行事，日几中而后礼成，非强有力者，弗能行也。故强有力者，将以行礼也。酒清，人渴而不敢饮也；肉干，人饥而不敢食也。日莫人倦，齐庄正齐，而不敢懈惰，以成礼节，以正君臣，以亲父子，以和长幼，此众人之所难，而君子行之，故谓之有行。有行之谓有义，有义之谓勇敢。故所贵于勇敢者，贵其能以立义也；所贵于立义者，贵其有行也；所贵于有行者，贵其行礼也。③

聘射之礼之所以被称为"至大礼"，就在于这些礼仪形式极为繁缛，行礼时间漫长，全部礼仪要到日暮才能完成，甚至还要继之以烛。一般人很难做到，只有君子才有勇气践行，这就是所谓的"有义之谓勇敢"。由此可见，孔子所云"见义不为，无勇也"，就是对没有勇气去践行聘、射礼仪者的批评。"成礼节""正君臣""亲父子""和长幼"需要一种准则，这个准则只有通过君子勇于"立义"才能最终确立，而礼仪活动则是君子"立义"的重要途径之一。

---

① 《论语注疏》，第 2463 页。
② 朱熹：《四书章句集注》，第 60 页。
③ 《礼记·聘义》，《礼记正义》，第 1693 页。

威仪脱胎于宗教仪式，自然具有神圣性；同时，威仪又具有政治准则的取法价值，在西周时期的国家政治生活中产生着不可替代的重要作用。威仪之事与王朝兴衰相表里，丧失了威仪，也就意味着丧失了立国之本。正因为如此，周初统治者才对殷人"燕丧威仪"而亡国的教训极为重视。周公就曾谆谆告诫卫康叔说："天降威，我民用大乱丧德，亦罔非酒惟行；越小大邦用丧，亦罔非酒惟辜。"① 将上帝降罚、臣民失德和邦国灭亡全部归因于酗酒。周公在《酒诰》中进一步指出，殷之兴在于"殷先哲王迪畏天显小民，经德秉哲……罔敢湎于酒"；殷之亡在于"淫泆于非彝，用燕丧威仪……庶群自酒，腥闻在上，故天降丧于殷"。顾炎武亦云："纣以酗酒而亡，文王以不腆于酒而兴。兴亡之几，其原皆在于酒，则所以保天命而畏天威者，后人不可不谨矣。"② 酗酒既然事关兴亡，禁酒也就理所应当了。不过，为什么酗酒会导致亡国呢？学者们对此问题的研究似乎未触及实质。③

一两次醉酒并不可怕，可怕的是因酗酒而屡丧威仪，使宗教祭祀和政治礼仪失去了神圣性和取法意义。在宗教仪式上，主祭者或与祭者醉酒轻慢于礼仪，实际上就意味着对神灵的亵渎，这将消泯

---

① 《尚书·酒诰》，《尚书正义》，第206页。
② 顾炎武著，黄汝成集释《日知录集释》，上海古籍出版社，1985，第188～189页。
③ 关于周初禁酒原因，林欢归结为：一是饮酒对行为道德造成危害，二是对粮食造成浪费。参见林欢《从大盂鼎、〈书·酒诰〉看商末酗酒之风和周初禁酒意识》，《中山大学研究生学刊》（社会科学版）1998年第3期。梁凤荣归结为：一是殷商的衰败与酒有着密不可分的关系，因为其湎饮无度，过度淫乐；二是出于节约粮食的考虑。她认为商纣饮酒欢乐，荒废了政事，浪费了粮食，所以才导致亡国。参见梁凤荣《〈酒诰〉周公神权法思想管窥》，《辽宁大学学报》（哲学社会科学版）2007年第5期。刘光胜等从殷周剧变的角度，认为周人禁酒主要体现在对酒量和饮酒场合的限制，反对过度享乐荒废政事，同样认为酗酒乱政是周人禁酒的主要原因。参见刘光胜、李亚光《清华简〈耆夜〉与周公酒政的思想意蕴》，《社会科学战线》2011年第12期。这些论述固然正确，但分析有失表面化。

宗教仪式中所固着的族群凝聚力和共同情感，使人们不再对上帝的威严产生敬畏；在礼仪仪式上，王公贵族因醉酒而行为举止失当，会破坏整体社会赖以维系的法度，将会导致政治准则的运行失范。所以，周人对酗酒问题极度警觉，主要原因并非荒废政事或浪费粮食，而是担心"燕丧威仪"的重现，将连根拔掉其宗教政治化的立国之本。威仪的核心意义也不在于礼容，而是西周宗教政治观念的灵魂和核心；能否保持威仪，成为周人政治制度能否通行不悖的关键环节，也是事关国家生死存亡的重大政治问题。周公对酗酒群饮者深恶痛绝，原因盖出于此。

实际上，殷商之义被认为来自上帝，本身就带有"威"的内涵。周人却对"义"进行了解构与重构，他们将"义"内在的"威"分离出去，又将"威"与"义"合并为"威义"，完成了从"一而二"到"二而一"的改造。这种改造的根本目的就是剥离"义"的宗教内涵，使之成为独立而纯粹的宗法政治观念。"威仪"成词，说明周初统治者已经有意识地对宗教和政治进行了明确区分，脱离了以前宗教、政治一体的混沌状态，礼乐文明的曙光已经隐约可见。

（二）义与德

尽管西周威仪的政治准则意义已经占据了主导地位，但是其宗教色彩依然浓厚，这是义观念生成之初的正常现象。随着时代的演进，义本具的宗教色彩不断淡化，在世俗政治领域则有了更深入的发展，义与德建立密切联系则是这一发展进程中的一个关键环节。

侯外庐曾对西周德、天关系和德、孝关系进行过深入研究。[1]不过，在可靠的西周文献中，义、德结合与并举的现象却显得更为突出：

---

[1] 侯外庐、赵纪彬、杜国庠：《中国思想通史》第1卷，第92~95页。

《逸周书·度邑》:"昔皇祖厎于今,勖厥遗得显义,告期付于朕身。"
《尚书·立政》:"不敢替厥义德。"
《尚书·康王之诰》:"王义嗣德,答拜。"
《尚书·毕命》:"惟德惟义,时乃大训。不由古训,于何其训?"

威仪作为西周义观念的突出代表,也经常与德搭配出现:

《诗经·大雅·假乐》:"威仪抑抑,德音秩秩。"
《诗经·大雅·民劳》:"敬慎威仪,以近有德。"
《诗经·大雅·抑》:"抑抑威仪,维德之隅。"
"恭明德,秉威仪。"[①]

以上八例至少说明义与德之间存在着某种内在联系,不过这种联系究竟是什么呢?这个问题至今未能纳入学界的研究视野。笔者认为,要解决这个问题,还需要从殷商之德、义谈起。晁福林对殷商之德有过细致而深入的论述:

> 商人之"德(得)"是从两个方面获取的:一是"天命"。此即盘庚所说"恪谨天命",他将殷都屡迁视为天命之结果,如果不迁都,那就是"罔知天之断命";二是"高祖"。在商人的理念中,高祖既是天意的代表,又是与人关系最为密切者。例如盘庚与众人认为他们的一切都是从"先王之烈"、"高祖之德"中获取和承继的,也就是说商人所得到的赏罚皆来源于"高后"、"先后"。因此,可以说殷商时代的"德",

---

[①] 华东师范大学中国文字研究与应用中心编《金文引得·殷商西周卷》,第318页。

第一章　从祭祀程序到政治准则

实际上是其天命观、神意观的一种表达,人们赞美"德",就是在赞美天命和先祖的赐予。殷人以为能够得到天和先祖的眷顾而有所得,这就是"德"。①

晁福林先生在此提出"天命"和"高祖"是殷商之德的两大来源,认为殷人之"德"是被动之"得",这种认识是独到的。不过,晁先生并没有分析"天命"和"高祖"为什么会成为德的来源,这就为下述分析预留了空间。

前面已述,宗教观念与世俗伦理在商王主持的祭祀中得以建立联系。商王作为族群的首领,是神灵和公众意志的唯一代表,这就使商王对祭肉的分配具备了非凡的象征意义。商王对祭肉的分配作为客观存在的历史细节,几乎未引起过人们的思考,实际上,这个祭祀程序却是至关重要的,正是在这个程序中产生了"义""德"等政治观念的初始形态。对于商王而言,通过"义"的程序分配祭肉,按贵贱不同而有所区分,使不同的族群成员都有合适的所得,这可以浓缩为"'义'得"。而据晁福林研究,商代"德"字的意思就是"得",这样,所谓"'义'得"不正是西周所谓王者之"义德"②的原型吗?对于族群中的个体而言,分到祭肉意味着"有得"(有德),这不也正是对西周贵族群体的称谓吗?③ 族群个

---

① 晁福林:《先秦时期"德"观念的起源及其发展》,《中国社会科学》2005年第4期。
② 《尚书·立政》,《尚书正义》,第232页。
③ "有德"一词在西周时期主要是对王室及诸侯贵族群体的称谓,这在不同文献中均有突出显示。《诗经·大雅·思齐》:"肆成人有德,小子有造。"《诗经·大雅·卷阿》:"有冯有翼,有孝有德,以引以翼。"《诗经·大雅·民劳》:"敬慎威仪,以近有德。"《尚书·立政》:"文王惟克厥宅心……以克俊有德。"《尚书·吕刑》:"朕敬于刑,有德惟刑。"《礼记·礼器》:"先王尚有德,尊有道。"《礼记·乐记》:"故天子之为乐也,以赏诸侯之有德者也。"《礼记·祭义》:"先王之所以治天下者五:贵有德……贵有德,以其近于道也。"《礼记·祭统》:"古者明君,爵有德而禄有功。"春秋文献中,"有德"一词在《左传》中9见,在《国语》中3见,仍然是对诸侯及贵族群体的称谓。

体既然"有得",就必然要"敬得"(敬德),因为这种"得"是"义得",它来自神意,并经由主祭者——商王实施,这就使其具备了神圣的象征意义,并成为后世"敬德"观念的滥觞。那么,从义与德的关系看,义在前,得(德)在后,至少能够说明义是得(德)的前提,得(德)是义的结果。可见,得(德)并不仅来源于"天命"和"高祖",而且和历代商王都有直接关系,甚至可以认为,具有观念意义的"德"就是来源于殷商之"义"。所谓"义"得(德),正是侯外庐所言的"人格的物化",是商王对所获物拥有支配权的象征,这种象征在西周时期观念化为"义德",并以礼器的形式固定下来,"由人格的物化转变而为物化了的人格"。[①] 这样,义与宗教祭祀有关,又与宗法政治相连,这不正填补了前述问题中祭祀文化与礼乐文化之间的断档吗?

捅破了"德"来源于宗教之"义"这层窗纸,西周时期义与德的关系问题也就不难理解了。从义"得"到"义德",表面上仅一字之别,实则是从宗教祭祀仪式过渡为宗法政治观念的一大步。义"得"带有原始特点,是祭祀中的固有程序;而"义德"的出现,则标志着新观念意义的产生。"得"只是商王对族群成员所获物的分配;"德"则是周文王配天的基础,是周人能够"受民受疆土"[②]的依据。从观念发生史的角度看,具有政治观念意义的德与义密不可分,甚至没有义就没有得(德),义成为得(德)的前提,是先于得(德)的更早的观念。也可以说,义最早与得(德)建立了联系,孕育了中国古代政治观念的萌芽。

周人立国之初,主要沿用殷人旧制,这在西周文献中屡有提及,具有可信性。如牧野之战胜利后,武王在周庙举行祭祀时说,

[①] 侯外庐、赵纪彬、杜国庠:《中国思想通史》第1卷,第15页。
[②] 《大盂鼎铭》,转引自周予同《中国历史文选》上册,上海古籍出版社,1979,第4页。

第一章　从祭祀程序到政治准则

"古朕闻文考修商人典。"① 承认先父文王遵守殷商的典制；灭商后在政治制度方面的举动是"反商政，政由旧"；② 周武王在灭商后的第二年访于箕子，坦言："我不知其彝伦攸叙。"③ 还要向箕子咨询治国的常理。直到平定管蔡之乱后，周公还告诫卫康叔："往敷求于殷先哲王用保乂民……别求闻由古先哲王用康保民。"④ 要求卫康叔遍求殷代圣明先王的治民方法和遗训。很显然，对于周人而言，殷人旧制是成熟的制度，需要继承下来，尤其是在西周立国之初，国运还很不稳定的时候，"蔽殷彝"实属迫于形势的唯一选择。

不过，以上仅暂时解决了周人的政治统治问题，对周初统治者而言，他们还面临着王室内部权力怎样承继和分配的新问题。周人只能从过往历史中得到"殷鉴"，却没有现成的经验可法。在有关西周前期的文献中，没有见到此方面的记载。如《尚书·洪范》中箕子向武王传授的洪范九畴，其中并没有内部权力承继和分配的内容。据《逸周书·度邑》载，武王晚年曾经登上汾地的土山遥望朝歌，感叹纣王"不淑充天对，遂命一日"，认为这是需要铭记在心的显明而可怕的教训。返回途中，武王极度忧虑，竟至数天不能入睡："王至于周，自□至于丘中，具明不寝。"对臣民的统治方法已经没有问题，不会引起武王太大的忧虑，真正令他难以释怀的，恐怕是内部权力的承继和分配问题。武王感叹纣王"不淑充天对"，也许就是突然认识到了纣王众叛亲离、殷人前途倒戈与没有处理好这个问题有关。纣王有可能采取措施削弱勋旧和宗族势力，对权力承继和分配问题进行了改革。所以，周人才说他"弃成汤之典"，⑤ "崇信奸回，放黜师保，屏弃典刑，

---

① 黄怀信：《逸周书校补注译》，第219页。
② 《尚书·武成》，《尚书正义》，第185页。
③ 《尚书·洪范》，《尚书正义》，第187页。
④ 《尚书·康诰》，《尚书正义》，第203页。
⑤ 黄怀信：《逸周书校补注译》，第229页。

囚奴正士"。① 在周人看来，正因为"殷不用旧"，才导致"枝叶未有害，本实先拔"② 的政治局面并最终亡国。殷鉴不远，教训良多，不过从制度的角度看，周人至少在两个方面印象深刻：一是改革过于激进，放弃了"成汤之典刑"的祖宗旧法；二是不用"旧人"，失去了宗族的屏卫。

殷商立国之初，是"有册有典"③ 的，而"成汤之典刑"应包含有统治者内部权力承继和分配制度，正是这个制度构成了殷商立国的根本。作为一个新王朝的建立者，武王反观自身，突然发现自己竟然没有确立一种"典刑"，尤其是没有思考过王室权力承继与分配制度，而这却是事关王朝长治久安的重大政治问题。一连数天夜不能寐，也是情理之中的事。然而，制度问题不是一拍脑袋就能解决的，西周立国之初，武王也没有时间充分思考并解决这个问题，因此在《逸周书·度邑》中，他只能依据商人旧典，提出"兄弟相后""用建庶建"，要传位给弟弟周公旦。历代史家公认，是周公创设了嫡庶之制，以宗法之义明确了权力承继和分配问题。按照王国维的说法，"其效及于政治者，则为天位之前定、同位诸侯之封建、天子之尊严"，④ 西周王朝的嫡庶之分、君臣之别是通过亲亲、尊尊之义体现出来的。

周公晚年对成王的诰词着重强调了"义德"的重要性，并将其来源归于文王。周公云："亦越武王，率惟敉功，不敢替厥义德，率惟谋从容德，以并受此丕丕基。"⑤ 此处之"义"的准则意义相当明确，这是大异于殷商的地方。而"义德"合称，也是将准则之义归附于文王之德，为宗法政治准则找到宗教层面的神圣依

---

① 《尚书·泰誓下》，《尚书正义》，第182页。
② 《诗经·大雅·荡》，《毛诗正义》，第554页。
③ 《尚书·多士》，《尚书正义》，第220页。
④ 王国维：《观堂集林》（外二种），第238页。
⑤ 《尚书·立政》，《尚书正义》，第232页。

据。据《逸周书·祭公》记载，祭公谋父临终前曾对周穆王及其三公有过一段对话，兹摘录如下：

> 公曰："天子！自三公上下，辟于文、武，文、武之子孙大开方封于下土。天之所锡武王时疆土，丕维周之□，□□后稷之受命，是永宅之。维我后嗣旁建宗子，丕维之始并。呜呼，天子、三公！鉴于夏、商之既败，丕则无遗后难，至于万亿年，守序终之。既毕，丕乃有利宗，丕维文王由之。"①

所谓"文、武之子孙大开方封于下土"，是祭公谋父回溯成王以来分封宗室的旧事；《诗经·大雅·文王》所谓的"维我后嗣，旁建宗子，丕维之始并""陈锡哉周，侯文王孙子"，与《诗经·大雅·板》所谓的"大邦维屏"意思大致相同，即旁建宗子，立为诸侯，作为王室的屏藩。在祭公谋父的视野中，周人的宗法之制已然大备，并被认为是从殷商败亡中取得的宝贵经验，是周王室永保万世基业的制度保障，而这一切也被认为是"丕维文王由之"，即由文王所确立。

宗法制度的核心是亲亲、尊尊，这是分配内部权力的准则；周人治官的准则是贤贤，这是处理君臣关系的外部准则。王国维云："卿、大夫、士者，图事之臣也，不任贤，无以治天下之事。"② 亲亲、尊尊作为周人宗法政治的立足点，构成了西周义观念的核心内涵；贤贤则主要建立在亲亲、尊尊的基础上，还要受到它们的限约。尽管这些准则实为周公所创制，但是为了使其神圣化，取得通行天下的效果，必须借助配天的文王，将这些"义"归于文王之"德"。所以，《诗经·大雅·文王》《诗经·周颂·我将》中才分

---

① 黄怀信：《逸周书校补注译》，第368页。
② 王国维：《观堂集林》（外二种），第240页。

别出现了"仪刑文王""仪式刑文王之典"的说法。

王国维认为,尊尊、亲亲、贤贤三者是周人所以治天下之通义。① 这些义皆有目的地附之于文王之德。义在前面发挥作用,德在后面提供支撑。因此,西周早期文献中,义或威仪一般在前,德在后;而在西周晚期文献中,主要又表现为德在前、义在后了;发展到春秋时期,"德义"甚至成为一个固定概念。② 这又是为什么呢?笔者认为,义在德前突出了义的准则地位,德为义提供某种神圣基础或依据,目的是使义的准则地位得以最终确立。当义由亲亲、尊尊的精神内核生发出宗法礼制,宗法礼制又通过各种礼器固定下来之后,我们就可以认为义的准则作用已经得到确立。不过,义的准则作用确立之后,它必然会反过来对德形成某种规范和约束,起到某种准则指导作用,德需要合于义的要求。德前义后或者德义成词的现象表明,义又成为德成立的依据。这并非说义观念已完成了它的历史任务,就此止步不再发展了,相反,义的准则地位确立之后,义观念不但没有消失,而且又抽象出了许多新的内涵。仅就德、义关系而言,就形成了新的延伸。晁福林指出:

> 如果说,商代"德"的观念是在说明人们的生活稳固和幸福得之于天命和先祖、以天命神灵为主的话,那么,周代"德"观念的一个重要发展在于它指出人们的生活稳固和幸福固然有得之于天命神灵和先祖的因素,但更主要是强调得之于宗法和分封……从注目于天神和先祖转变到注目于制度人事。

---

① 王国维:《观堂集林》(外二种),第240页。
② 前述引文中,《叔向父禹簋》属西周晚期器,其中"恭明德,秉威仪"的说法是德前义后;而《尚书·康王之诰》尽管晚出,但其中把"惟德惟义"称为古训的说法需要引起重视。春秋文献中,"德义"一词在《国语》中9见,在《左传》中5见,而"义德"的说法则消失不见。

090

这毕竟是思想史上的一个了不起的进步。①

其实，周代德观念尽管有所发展，但是宗法和分封的制度人事本质上却不是德，而是义。《尚书·毕命》云："惟德惟义，时乃大训。不由古训，于何其训？"把德与义称为大训和古训。德以配天，主要表现为周人制度的神圣性和合法性依据；义以封地，才是周人具体的制度人事。周人认识到，先祖配天只是获得了天命神权的合法性，要想周人的基业永固，还需要一种现实的、可靠的政治制度，这种制度最好也要有宗教的神圣性和权威性。正是基于这样的背景，义在周人的视野中多与"地"相连："礼以地制……仁近于乐，义近于礼。乐者敦和，率神而从天；礼者别宜，居鬼而从地。故圣人作乐以应天，制礼以配地。礼乐明备，天地官矣；天尊地卑，君臣定矣"②"天道曰祥，地道曰义。"③

侯外庐认为，周人把德孝并称，德以对天，孝以对祖。④ 德与孝是相对的范畴，这固然不错。但是，这只是关注到了天人关系，而忽略了另外一个重要的关系，那就是天地关系。笔者以为，西周的德义关系就是天地关系的代表。在天与地之间，周人似乎更重视地。周人凡起大事，动大众，必先宜社。《礼记·郊特牲》云："社所以神地之道也"，说明周人很重视郊社之礼。所谓禘祭，即指郊社之礼，在孔子看来，掌握了禘祭的道理，治国就很简单了，这正如《礼记》所云：

　　古者于禘也，发爵赐服，顺阳义也。于尝也，出田邑，发秋政，顺阴义也。故《记》曰："尝之日，发公室。"示赏也。

---

① 晁福林：《先秦社会思想研究》，商务印书馆，2007，第107~108页。
② 《礼记·乐记》，《礼记正义》，第1531页。
③ 黄怀信：《逸周书校补注译》，第163页。
④ 侯外庐、赵纪彬、杜国庠：《中国思想通史》第1卷，第92页。

草艾则墨。未发秋政，则民弗敢草也。故曰禘、尝之义大矣，治国之本也，不可不知也。①

可见，禘、尝之祭的本质是宗法分封，而分爵、封邑本身就是义观念的主要内涵。

殷人的宗教与政治是混沌不清的，而周人则将宗教与政治区别开来。天命高高在上，有无限的神秘权威，人们似乎只有顺从它才可以得到福佑。然而，人世的政治却是顺从天命的基本要件，这样，德以配天的逻辑就建立起来了，这是周人宗教改革的第一步；周人又以文王配天，对文王的神化既树立了天帝"改厥元子"②的新宗教神权，又使文王之德与天帝之威同样可畏、可敬，具有不容置疑的神圣性和权威性，这是周人宗教改革的第二步；第三步更为关键，就是重视"地"的作用。所谓"胙之土而命之氏"，③宗法分封制度最重要的落脚点就是裂土。前引《逸周书》资料中有在国中建大社以裂土的详细记载。社是土地神的象征，地之义自然是周人最为重视的部分。文王之德以配天，文王之义以封地，这就象征着周人具备了天命神权，并且"溥天之下，莫非王土"④。宗教的天德在上，宗法的分封在下，宗教与政治一高一低，一上一下，结束了殷人重宗教的一边倒状态。《礼记·表记》云："殷人尊神，率民以事神，先鬼而后礼，先罚而后赏，尊而不亲，其民之敝，荡而不静，胜而无耻；周人尊礼尚施，事鬼敬神而远之，近人而忠焉，其赏罚用爵列，亲而不尊。"殷人的政治以宗教神性的狞厉为出发点，使人们臣服于商王设定的天命权威，自然形成尊而不亲的时代特征。而周人以"小邦周"胜"大邑商"，总是显得小心翼

---

① 《礼记·祭统》，《礼记正义》，第1606页。
② 《尚书·召诰》，《尚书正义》，第212页。
③ 《左传·隐公八年》，《春秋左传正义》，第1733页。
④ 《诗经·小雅·北山》，《毛诗正义》，第463页。

翼，很难任用殷士这样的"外人"。他们必须以亲亲为出发点，依靠族群的亲缘关系形成政治合力，因此，西周初期，周王室就有系统地将殷商天命神权之义转向自身宗法分封之义，从而有效地加强了王权。

（三）义与西周王权

义观念的生成具有强化西周王权的重要作用，并突出表现在以下三个方面：一是以亲亲之义确立宗法嫡庶之制；二是以"义刑义杀"加强对殷遗民的管理；三是通过"遵王之义"加强对方国的控制。有关王族的嫡庶之制，前贤之论备矣，这里重点研究后面的两个问题。

周人翦商经历了一个长期的过程，周人自称"小邦"，而把殷商称为"大邑"，可见殷族在当时是很强大的。武王伐纣尽管出奇地顺利，但《尚书·武成》中所言的"一戎衣，天下大定"却未必是事实。侯外庐指出：

> 直到武王伐纣，据史册所载，武王还是那样小心翼翼，不敢轻举。周之胜殷，主要是依靠殷人的前徒倒戈。周人进入殷地，最初并没有把殷人完全征服，仍然让一部分殷族自存，使管、蔡监督，后来管、蔡与殷人勾结叛周，周公在"大艰"的紧急关头，重伐殷人，才没有让殷人"反鄙我周邦"，最后才把殷族消化了，即所谓迁殷民于洛邑，把他们作为"啬夫"来统治。[1]

可见，能否对殷遗民进行有效的管理，是事关周王朝长治久安的重大政治问题。据《史记·卫世家》记载："卫康叔名封，周武

---

[1] 侯外庐、赵纪彬、杜国庠：《中国思想通史》第1卷，第71页。

在观念与思想之间

王同母少弟也……周公旦以成王命兴师伐殷,杀武庚禄父、管叔,放蔡叔。以武庚殷馀民封康叔为卫君,居河、淇间故商墟。"[1] 在《尚书·康诰》中,周公旦曾根据成王的命令告诫康叔,强调要在"明德慎罚"的政治纲领下"作新民",即教化革新殷民,以巩固周王朝的统治。所谓的殷遗民,自然包括了不少殷商贵族,他们的生活本来是奢华的,特别是酗酒成风,积习难改。一旦成为亡国之余,不少人就要从事底层的生产劳动和商业贸易:"嗣尔股肱,纯其艺黍稷,奔走事厥考厥长。肇牵车牛,远服贾用,孝养厥父母。"[2] 生活前后反差的巨大,给周人的统治带来了相当大的困难;对社会下层劳动者的管理也很困难,这就是周公在《康诰》中提到的"民情大可见,小人难保"。可见,要想革新殷民,仅靠德政是不够的,必须德刑并用才能奏效。在《康诰》《酒诰》《梓材》三篇诰词中,周公虽然强调德政,但是诰命的重心在于刑罚。义与刑结合形成"义刑",突出表现为刑罚的适用准则。

义作为刑罚适用的准则,主要分为两种不同的情况:一是针对所谓的殷遗民;二是针对一般的社会成员。两种情况具有明显的差异性。对于殷遗民的用刑准则,周公在《康诰》中以成王口吻谆谆告诫康叔曰:

> 王曰:呜呼!封,有叙,时乃大明服,惟民其勑懋和。若有疾,惟民其毕弃咎。若保赤子,惟民其康乂。非汝封刑人杀人,无或刑人杀人。非汝封又曰劓刵人,无或劓刵人。王曰:外事,汝陈时臬,司师兹殷罚有伦。又曰:要囚,服念五、六日,至于旬时,丕蔽要囚。王曰:汝陈时臬事,罚蔽殷彝,用其义刑义杀,勿庸以次汝封。乃汝尽逊曰时叙,惟曰未有逊

---

[1] 司马迁:《史记》,中华书局,1959,第1589页。
[2] 《尚书·酒诰》,《尚书正义》,第206页。

事。已！汝惟小子，未其有若汝封之心。朕心朕德，惟乃知。①

这段话表达了三层意思：一是周公既强调要"敬明乃罚"，又强调要"若保赤子"，即对殷遗民的刑罚既要谨慎、严明，同时又要亲民、保民，体现出恩威并施的统治思想；二是树立康叔的政治权威，将刑杀大权收归康叔一人，在卫国范围内突出君权的至上性；三是用殷商的法则，特别强调"罚蔽殷彝，用其义刑义杀"，不能以康叔自己的意志断案。关于"义刑义杀"，传统解释以为："义，宜也。用旧法典刑，宜于时世者以刑杀，勿用以就汝封之心所安。"正义曰："其刑法断狱，用殷家所行常法故事，其陈法殷彝，皆用其合宜者以刑杀，勿用以就汝封意之所安而自行也，以用心不如依法故耳。"② 将义释为应该之宜，自然不能反映西周义观念的内涵，这在稍早一些文献中也有佐证。《逸周书·商誓》云："予则上帝之明命。予尔拜拜□百姓，越尔庶义、庶刑。子维及西土，我乃其来即刑。乃敬之哉！庶听朕言，罔胥告。"这段话是周武王灭商后对殷商旧贵族的诰命，其中义、刑并立，义非宜甚明。③ 朱右曾云：

---

① 《尚书正义》，第204页。
② 《尚书正义》，第204页。
③ 就先秦时期的义、宜关系而言，并非如传统认识中的"义者，宜也"那么简单，二者在不同时期的关系存在明显差异。西周时期，"宜"是祭祀名称，"义"是与宜祭有密切关联的宗法政治准则。春秋时期，"宜"仅是一个判断副词，"义"却是社会行为的共识性价值尺度，二者在概念属性上还存在明显差异。笔者统计，《左传》中共出现9次"义也"，均为对特定社会行为公正性、正当性和正义性的道德评价，如"近不失亲，远不失举，可谓义矣"（《左传·昭公二十八年》）。《左传》中共出现11次"不亦宜乎"、6次"宜哉"，均强调某种行为所导致特定结果的合理性，突出的是一种因果关系，如"己弗能有而以与人，人之不至，不亦宜乎"（《左传·隐公十一年》），"楚昭王知大道矣！其不失国也，宜哉"（《左传·哀公六年》）。战国时期，诸子多以"宜"释"义"，二者始相融相通。

095

"庶义、庶刑，言义所常刑。"① 这个解释也不甚明了。

周初文献中义、刑并举绝非偶然现象，二者之间必然有着某种内在联系。只是，这种联系很难由直接文献证明之，而只能依靠间接文献进行推理。《尚书·甘誓》中有这样的记载："左不攻于左，汝不恭命；右不攻于右，汝不恭命；御非其马之正，汝不恭命。用命，赏于祖；弗用命，戮于社，予则孥戮汝。"这段话细品起来很有意思："赏于祖"，是王室家族的特殊私有权力；"戮于社"，是以族群共同神灵的名义、突出公众意志的神圣惩罚。以私赏，以公罚，这种"高明"的政治手段实际上潜藏在"义"的宗教程序中。祭社为宜，义又是宜祭中的重要程序，这样"戮于社"不也间接表现了义的杀牲程序吗？只是，"弗用命"者的血作为献给神灵的祭品，是从反面角度对群体成员的警示，既是为了维系族群的共同利益，又是为了突出王者的权威。

结合上面几段文献资料，我们可以发现这样一个共同点，就是无论是夏启也好，还是武王和周公也好，他们均借助以义为准则的刑杀，作为威吓那些不听命者的冠冕堂皇的理由。这也使义表现出明显的宗教特质和官方色彩，具有公众、群体意志为义的显著特点。它暗示被申诫的对象：对你们进行惩罚，非关王者的私人感情，而是出于公众和共同神灵的意志。更为重要的是，公众和群体意志得以表达的唯一途径，有且只有这些自称"予一人""予小子"的王者本身，这就形成了一个不可思议又势所必然的结果——以"极私"取代"大公"，王权既寓于"义刑义杀"的天然合理性之中，又在不断上演的"义刑义杀"中日渐强化。因此，所谓"义刑义杀""庶义庶刑"，就是指由王者制定、具有官方色彩的刑杀准则。一言以概之，"罚蔽殷彝，用其义刑义杀"，指的

---

① 黄怀信、张懋镕、田旭东：《逸周书汇校集注》，上海古籍出版社，2007，第464页。

第一章 从祭祀程序到政治准则

就是运用殷先哲王制定的官方法典去断案、刑杀。

对殷遗民的统治毕竟是对特殊群体的统治，不具有普遍意义，那么，周人必然也会确立一般意义上的刑杀准则，并要求社会成员共同遵奉。周公曾明确指示卫康叔，对那些罪大恶极的内部败类，要"速由兹义率杀"，[①] 不像对待殷遗民那样，要慎重考虑五六天，甚至十天时间，体现出从快、从严的特点。前面已述，此处之义指的是借文王名义制定的刑杀准则。在西周金文中，义的官方色彩更为浓厚，义的刑罚准则意义更为突出。与西周初期义、刑的抽象并举不同，西周中晚期，义已经与具体刑罚名称并举，显示出义已经具备了更细致的准则指导作用。师旂鼎是西周中期器，其铭文涉及当时法律制度中的军法制度。其中有这样的记述："懋父令曰：'义（宜）播……其又纳于师旂。'"[②] 学者们一般将"播"释为西周时期的流刑，而将义释为"宜"，[③] "义播"整体上就被释为"应该判处你流放之刑"。无独有偶，西周晚期器训匜铭云："义鞭汝千。"唐兰认为，义就是应该的意思。[④] 李学勤认为，"义鞭汝千"，义字读为宜。[⑤] 《尚书·舜典》有"鞭作官刑"的记载，传云："以作为治官事之刑。"正义曰：

> 此有鞭刑，则用鞭久矣。《周礼·条狼氏》："誓大夫曰：敢不关，鞭五百。"《左传》有鞭徒人费、围人荦是也，子玉使鞭七人，卫侯鞭师曹三百……治官事之刑者，言若于官事不

[①] 《尚书·康诰》，《尚书正义》，第205页。
[②] 郭沫若：《两周金文辞大系考释》（增订本），香港龙门书店，1957，第26页。
[③] 龚军：《〈师旂鼎〉所反映西周的军法制度》，《华夏考古》2008年第1期。
[④] 唐兰：《陕西省岐山县董家村新出西周重要铜器铭辞的译文和注释》，《文物》1976年第5期。
[⑤] 李学勤：《岐山董家村训匜考释》，吉林大学古文字研究室编《古文字研究》第1辑，第153页。

治则鞭之，盖量状加之，未必有定数也。①

尽管没有规定的鞭打数量，但可以根据罪行的实际轻重当机立断，这也是一种动态的官方准则。可见，义与具体刑名并用并非"应该"的意思，而是官方刑律准则的代称。这样，所谓"义播"，应释为"按照官方刑律准则，判处你流放之刑"；所谓"义鞭汝千"，应释为"按照官方刑律准则，对你施千鞭之刑"。义与具体的刑名相连，实则反映了义的准则作用更加具体化。

周人语境下的殷商之"义刑义杀"显然具有殷商的官方色彩，周人也必须树立自己的"义刑"，这就需要确立义的新来源，区分不同的适用对象。在周人看来，殷商之"义刑"来源于其"先哲王"，仅适用于殷遗民；周人自己的"义刑"则来源于先祖文王，具有至上权威性和普遍适用性，成为落实和强化西周王权的具体准则。甚至这种准则又引申出新的取法意义："仪刑文王，万邦作孚。"② 义观念之所以对强化西周王权有着不可忽视的重要作用，就在于周人以王权代表公众，实现了公众之义向官方准则之义的嬗变。也正是基于此种嬗变，义的社会准则作用才日益凸显。③

周人灭殷的同时，也灭掉了众多殷商的属国，并征服了大量方

---

① 《尚书正义》，第129页。
② 《诗经·大雅·文王》，《毛诗正义》，第505页。
③ 本部分似可解释文首庞朴与周桂钿两位先生的一段学术公案。庞朴先生其实并未对义字进行详细的考证，而是在训宜为杀的基础上，根据"义者，宜也"的解释，直接把义等同于杀了。周桂钿先生以为甲骨文字意并不代表儒家的思想，所以训义为杀是不正确的。实际上，义的原始意义确有杀牲和分肉的意思，只是杀牲和祭祀神灵相关，因而又是"善"的，这点不可思议，但是杀和善作为相对立的概念的确同时体现在义字上。从义观念在西周整体发展的角度看，它既是与德并行的、具有冷峻色彩的刑杀准则，更突出地表现为宗法分封和政治统治的核心准则，已经不能用义的原始意义来解释了。义具有匡正祛邪的准则意义，总是对那些出格行为形成制约，违背义必然遭受刑罚和祸患，形成各种可怕后果，无形中就使我们觉得义具有肃杀之气，从而对义形成误解。

第一章 从祭祀程序到政治准则

国。《逸周书·世俘》中有武王命伐"来方""戏方""宣方""磨""蜀"等方国及"靡""陈""卫"等邑的记载,大概这些方国距离统治中心较近,所以首先攻灭。其后,武王"遂征四方,凡憝国九十有九国……凡服国六百五十有二"。对于这些形形色色的众方国,如何统治它们并把它们纳入统一王朝强有力的控制之中,也是周初统治者迫切需要解决的重大政治问题。

与殷人将方伯纳入宗教之义进行统治不同,周人主要是将方国纳入宗法体系中进行统治,通过分封宗子到不同的方国,形成"宗子维城"的局面,并强调"溥天之下,莫非王土;率土之滨,莫非王臣",要求各诸侯国君共同秉承和遵守"王之义"。① 相比较而言,宗法与封建实为西周国家管理的巨大进步,它使中央王朝与方国由传统的外部友邦关系演变为天子与诸侯的内部关系,"天子之尊,非复诸侯之长而为诸侯之君"。② 这对西周社会局势稳定提供了强大的制度保障。周天子根据各诸侯国地理位置的不同,分别确定其应承担的不同义务,并在宜祭之中以宗教形式神圣化,以义的形式概念化,以礼的形式法典化。最终,这些"郁郁乎文哉"的统治准则被宣称出自文王,并由现世的周天子掌握,这就相当于把周天子抬上了至尊地位,所谓"王土""王臣"的宣教,自然日渐深入人心。达成这样的目标需要经历长期的过程,我们试从不同时期对方国首领的不同称谓上找到线索。

如果按照《尚书》中的时间顺序进行排列,那么,对方国首领的称呼的确显示出了明显变迁。"夏书"称四方诸侯之长为"四岳",这在《尧典》和《舜典》中都有记载;"商书"中称邦伯(前已述);《泰誓上》和《牧誓》中称"友邦冢君";《泰誓下》中

---

① 当然,并非所有的诸侯国都是王室宗亲,也有异姓功臣受封的特例,如姜尚就被分封到齐营丘就国。
② 王国维:《观堂集林》(外二种),第238页。

称"多方"。以上阶段的称谓，说明王室和方国处于"友邦"状态，并没有非常明显的统属关系。这种情况在成王时期的文献中有了明显变化：《大诰》中已经有了"友邦君"和"庶邦君"（各诸侯国君长）的不同称谓，明显地传递出周公嫡庶之制改革的信息，说明其时已经有宗子到方国就国；《康诰》中称"侯甸男邦"，《酒诰》中称"侯、甸、男、卫邦伯"，《召诰》中称"甸男邦伯"，说明各诸侯已经区分为身份和爵位不同的侯、甸、男、卫。按照《禹贡》的说法，"五百里甸服"，即国都以外五百里是甸服；"五百里侯服"，即甸服之外五百里是侯服。据《尚书·洛诰》载，成王即位七年的时候曾言于周公曰："四方迪乱未定，于宗礼亦未克敉。"传递出来的意思是还没有对四方方国真正实现有效统治，宗礼虽然已经施行，但还没有确立和完备。《洛诰》中还传递出宜祭时诸侯皆来助祭的事实："王在新邑烝，祭岁，文王骍牛一，武王骍牛一。王命作册逸祝册，惟告周公其后。王宾杀禋咸格。"在成王祭祀先祖的仪式上，助祭诸侯们在杀牲祭祀先王的时候都来到了，说明其时已有宗礼，并在禋祀先祖的仪式上有所体现。那么，在更为隆重的祭社仪式上，诸侯更是必然要参与的了。《顾命》中则直接称其为"诸侯"；《康王之诰》中已有"西方诸侯"和"东方诸侯"之分。康王云："皇天用训厥道，付畀四方。乃命建侯权屏，在我后之人。"盖成王之末岁，宗法之制已经完备。及至《吕刑》，周穆王已以"有邦有土"喻称诸侯，可见，其时分封之制已璨然大备。

经过西周前期的数代经营，重要的方国基本上纳入王室的势力范围，被置于王室宗子的直接统治之下，并根据不同的亲亲之义确定了公、侯、伯、子、男等不同的爵位，而这一切又最终统一到"遵王之义"的旗帜之下，使西周王权得以不断强化。

不过，"王之义"是建立在有土可封的基础上的，当周王手中的土地日渐不足、诸侯力量日渐强大的时候，分封之义也就走到了尽头。德国社会学家诺贝特·埃利亚斯（Nobert Elias）曾经指出：

> 在这个社会里土地总是实际占有者的"财产"，他真正行使占有的权利，并有足够的力量来保卫其一旦到手的土地……"领主"对被分封出去的土地拥有"权利"，然而受封者却实际占有着土地。一旦占有土地的受封者惟一仰仗于领主的只有广义的保护。可保护并非总是必须的。封建时代的国王只有当其封臣面临外敌的威胁而需要保护和统帅时，当其征服新的土地并将其分封时，他才强大；而当封臣没有受到威胁，没有什么新的土地进行分封时，国王就会弱小。另外级别的领主一旦将土地分封出去，而受封者并不需要其保护，那他们也会衰微。[1]

这段话尽管描述的是西欧封建领主，但是，西周王室的衰微，又何尝不是因为这样的原因呢？

三 义的观念化及其属性

以上对殷商西周义观念生成的历史现象做了初步论证，然而，不论是威仪、义德还是义刑，都只是义观念化进程中的标志性概念，仅能表明义由宗教祭祀程序转化为宗法政治准则，却不能说明这个转化何以发生。也就是说，义的观念化何以可能的问题仍待解决。再者，义之所以是一种观念，从学理上讲，还需要有明确的判断标准，需要说明是什么样的属性决定它成为一种"观念"。

（一）义观念化之动因

卡西尔指出："祖先崇拜应当被看成是宗教的第一源泉和开

---

[1] 诺贝特·埃利亚斯：《文明的进程》，王佩莉、袁志英译，上海译文出版社，2009，第290页。

端,至少是最普遍的宗教主题之一……在很多情况下祖宗崇拜具有渗透于一切的特征,这种特征充分地反映并规定了全部的宗教和社会生活。在中国,被国家宗教所认可和控制的对祖宗的这种崇拜,被看成是人民可以有的惟一宗教。"[1] 侯外庐认为:"最初的知识是和宗教分不开的。"[2] 可见,解决义的观念化动因问题仍需从义的宗教本底谈起。

义作为宜祭这种宗教仪式上的重要程序,本身就是在某种观念力量的支配下产生的。毋庸置疑,义之程序必然要面对一系列的问题。例如,什么人负责主祭?谁有资格参与祭祀仪式?祭肉如何分割?分配不同部位依据什么标准?不同部位的祭肉象征什么样的身份等级?不同的身份等级需要承担什么样的义务?等等。这些都是祭祀活动中必须面对的重大问题,需要慎重考虑、合理分配,以使不同的族群成员各安其分,秩序井然。祭祀又是长期以来不断重复的过程,在这样一个过程中,问题得到了解决,并形成了一定的惯例,这些惯例逐渐深入人心,成为心照不宣的默认准则。在殷周之际社会大变革的历史背景下,周人对义的宗教祭祀程序进行了维新和改造,义之宗教祭祀程序所蕴含的世俗政治功能不断析出,从最初分配祭肉的惯例演变为分配权力和分封诸侯的准则,有了宗法与政治的特定指涉。

西周宗法制度确立和完备之后,又会反向影响到义的观念化进程,成为促动这个进程的有力推手。宗法政治制度需要一系列宗教活动和礼仪活动来固化,而义的政治准则功能必然在日复一日的礼仪活动中得以强化。《礼记·檀弓下》云:"社稷宗庙之中,未施敬于民而民敬。"在社稷宗庙之中,不施敬于民而民自然生起恭敬之心、肃穆之感,冥冥之中的上帝起到了重要作用。不过,"上天

---

[1] 恩斯特·卡西尔:《人论》,第143~144页。
[2] 侯外庐、赵纪彬、杜国庠:《中国思想通史》第1卷,第69页。

之载，无声无臭"，① 上帝毕竟是虚幻的、难以捉摸的，这就需要人为创造一些物化和仪式化的综合表现形式，强化上帝的神圣权威。在社稷宗庙这样的宗教场所内，祭祀杀伐的血腥、牺牲垂死的挣扎、祭祀礼器的神秘、祭祀过程的庄严，无一不使人们感到震慑；而鼎俎上的饕餮、斧钺上的猛虎、兵戈上的夔龙，又向人们展示着一个不为人知的神秘世界。场所的庄严使人不由得不肃穆，仪式的神秘使人不由得不敬畏，二者交互作用，必然产生超越世俗生活的神圣感。"义"作为从中派生出的观念，自然可以深深植根于参与者的心灵深处，其所潜藏着的区分贵贱等级、身份地位和责任义务的准则，也随之具有了无可置疑的神圣性，形成无与伦比的约束力，为越来越多的群体所认同和接受，成为一种在潜移默化中普遍接受的观念。这即是义走向观念化的原始动因。

（二）义观念的基本属性

西周义观念之所以为一种"观念"，就在于它不仅是某一个层面的，或者说是某一个人的或群体的，而且表现出了鲜明的社会性、共识性和普遍性，正是这三大属性决定着义观念的成立。通过对比殷商之义与西周之义，西周之义的观念属性可以清晰地显现出来。

其一，殷商之义是宗教祭祀程序，具有神秘性；西周之义是宗法政治观念，具有社会性。殷商之义作为祭祀程序，带有强烈的宗教神秘色彩，祖己所谓的"天监下民，典厥义"，即是这种神秘性的集中表达。殷商时期，义的尊尊内核主要在于"尊帝"，尊王只是"尊帝"的副产品，商王只有依靠着和上帝的神秘关系才能树立自己的尊贵地位。因此，殷商之义的宗教神秘性突出，其观念属性还只能处于萌芽状态，难以在其他社会层面进行内涵式扩充。

---

① 《诗经·大雅·文王》，《毛诗正义》，第505页。

《诗经·大雅·文王》云:"周虽旧邦,其命维新。"周人对殷商之义进行了一番维新工作,他们有针对性地褪去了义的宗教神性,放大了义所本具的政治理性,突出了义的亲亲尊尊原则,使亲亲尊尊成为天下之"通义"。例如,《周礼·太宰》中,太宰有"以八统诏王驭万民"的职责,"亲亲"和"尊贵"位列其中;①《礼记·中庸》中,孔子将亲亲列为天下国家的"九经"之一。《礼记》描述周代社会,多次将亲亲尊尊称为人道。如《礼记·丧服小记》云:"亲亲、尊尊、长长,男女之有别,人道之大者也";《礼记·大传》云:"上治祖祢,尊尊也。下治子孙,亲亲也……别之以礼义,人道竭矣……是故人道亲亲也";《礼记·丧服四制》云:"贵贵尊尊,义之大者也"。义被提升到治国之经和人伦之道的高度,表明其脱离了宗教母体,开始在更广阔的社会层面发挥准则作用。

其二,殷商之义主要是商族内部的宗教观念,具有族群性;西周之义是通行天下的政治准则,具有共识性。殷商之义尽管对"邦伯"也有一定影响,但主要还是商族特有的宗教观念,用以维系族群的共同情感,稳定族群的内部关系,使整体族群产生强大的内聚力,保证殷人在相当长的时期内占据社会竞争的优势地位。这样,义自然成为商族内部掌握的秘密武器,不可能轻易示人。周人则把义改造为公开的官方政治准则,使义成为尽人皆知的共识性观念。《诗经·大雅·文王》云:"仪刑文王,万邦作孚。"《诗经·曹风·鸤鸠》云:"淑人君子,其仪不忒。其仪不忒,正是四国。"《诗经·周颂·我将》亦云:"仪式刑文王之典,日靖四方。"以上诗句均传递出同样的信息,即只要遵行文王之"义",就能信服万邦,安定天下。"敬慎威仪",可以"维民之则";②"威仪不类",

---

① 《周礼注疏》,阮元十三经注疏本,中华书局,1980,第646页。
② 《诗经·大雅·抑》,《毛诗正义》,第554页。

必将"邦国殄瘁"。① 这表明义已经成为西周社会的共识性观念。在义观念的统属下，周王室这一新得天命的贵族群体成为社会支柱，西周社会也在此基础上形成一个大的共同体。

其三，殷商之义局限于特定阶层，具有特殊性；西周之义则通行天下，具有普遍性。从本原意义上讲，殷商之义既然是祭祀程序，这个程序操作者就理应具有某种特殊身份：一种可能是世守此项职业之官，另一种可能就是族群的首脑，或者两者本来就是一体的。陈梦家指出，在执行祭祀之时，祝宗、祝史一定握有极大的权力，他的职业就是维持这种繁重的祭祀仪式，而祭祀实际上反映了不同亲属关系的不同待遇。我们在"旧臣"之中见到只有巫和保最重要且最受尊敬，他们是宗教的与王室的负责人。② 这就决定了殷商之义只能成为少数人所掌握的隐密，具有明显的特殊性。西周之义则具有普遍适用性。周公言"兹乃三宅无义民"，③ 说明普通民众已经受到义的约束；"义尔邦君，越尔多士、尹氏御事"，④ 说明四方属国亦应遵行"王义"；殷人有"义刑义杀"，周人有文王之义，两种义虽然内涵不同，但受到同一个"义"概念的统领。这样，不论是殷遗民还是周人自身，义都成为其共同秉持的观念，表现出明显的普遍性特征。《诗经》中出现的观念词中，义（仪）出现的次数仅次于德，排名第二，⑤ 很能说明义观念流布的普遍；此外，西周金文中义也大量用作人名，⑥ 亦可作为义观念普遍流行

---

① 《诗经·大雅·瞻卬》，《毛诗正义》，第 578 页。
② 陈梦家：《殷虚卜辞综述》，第 500~501 页。
③ 《尚书·立政》，《尚书正义》，第 230 页。
④ 《尚书·大诰》，《尚书正义》，第 199 页。
⑤ 笔者统计的观念出现次数为：德 71 次，义（仪）42 次，威 27 次，信 22 次，礼 10 次，仁 2 次，利 2 次。
⑥ 西周金文中多有"中义""中义父""仲义""义仲""义公""义姒""义友""郑义伯""仲义父""郑义羌父""仲姞义母"等族名或人名（张亚初：《殷周金文集成引得》，第 870~871 页）。

的佐证。

西周之义在影响层面上具有社会性,在认同度上具有共识性,在流行范围上具有普遍性,这些大异于殷商的特征构成了西周义观念的基本属性。

小　结

义在殷周时期的起源与生成,实际上表现为一个宗教神性向政治理性不断让渡的进程。

甲骨文资料显示出,殷人尊神,宜祭是国之大事,而祭祀仪式又是一个经过了精心设计的过程,祭祀场所的建筑和布置庄严肃穆,义之程序充满了神秘和血腥,这使每个亲临现场的人都不由自主地感到敬畏。主祭者一般为商王,他通过主持祭祀,在"义"之程序中杀牲祭神,分肉飨众,树立了一种基于上帝的神圣权威,参与者无不对其臣服,无不把自己在仪式上领受到的义务视为上帝的命令而认真履行。自然,商王因为主祭者身份的唯一性和沟通上帝的神圣性而获得独尊地位,成为所有与祭者尊尊的对象。从公众的角度看,能够亲历祭祀现场者必然是统治集团中的重要人物,他们或是王室成员,或是深受商王信赖与倚重的贵族勋旧。这些人绝大多数与商王具有血缘关系,本质上属于亲亲的族群范畴。商王通过义之程序,既树立了尊尊之义,明确了不同成员的地位和义务,又彰显了亲亲之义,使分得祭肉者强化了自身非同寻常的自我意识。这样,义之程序就具有了特殊重要的意义,尤其是其中所固有的亲亲、尊尊本质沉淀为后世义观念的基本精神内核。从中国古代政治观念何以发生的角度看,义似乎就是最初的源头。

宗教之义的程序中还内生出贵贱、等级之别,包含有公、善和分的特质。这些最初的人与人之间的区别具有社会规则意义,而公、善和分的特质又构成义的观念萌芽,对殷商社会的成立具有特殊的重要意义，抑或说，殷商社会就是建构在宗教之义的基础之上。义构成了殷商各种社会规则的准则，许多重要的条例和规则由它来生发，并在它的支撑下产生作用。尽管殷人宣称义出自上帝，但商王作为上帝旨意的领受者和传达者，实际上是掌握"义"的核心人物，是神圣光环笼罩下的最大受益者，受到全体殷人顶礼膜拜。

陈梦家指出，"殷代的宗教，还是相当原始的。但是社会向前发展，改进了生产方式和生产工具，社会制度也因之而变，经验产生了对自然规律的认识。于是原始的宗教仪式虽依然存在，却逐渐僵化形式化了"。[1] 也许殷商王室对上帝的过分依赖，导致祭祀仪式日益繁多和复杂，物极必反，纣王不堪重负并进行了变革。侯外庐就认为："纣王在殷末是有一番革新的可能的，他在战争中失败，也可能是由于守旧派的族人反对他。史称伯夷、叔齐就曾向周人上过太平策，也有的向周人供奉自己祖先的典册，去献媚周人。"[2] 可能纣王的改革措施过于激进，遭到守旧派的反对，又缺乏制度设计，导致旧的失去了，新的却没有建构起来，缺乏了制度约束的商王朝走向分崩离析也与之不无关联。的确，宗教是殷商王族统治的观念武器，王权的神圣性、威严性与合法性都与之密不可分，放弃宗教就等于掏空了自身赖以统治的根本基础，割裂了殷人心理上的共同情感，消解了社会的整体凝聚力，抽掉了殷商社会得以维系的支柱；同时，宗教之义所蕴含的族群成员义务也必然随之失去规则，在没有形成新规则的情况下，殷商社会也就失去了赖以存在的根本。

殷鉴不远，在革除殷人的天命后，周初统治者念念不忘殷商败亡的历史教训，自然对殷末统治基础丧失而导致败亡的问题产

---

[1] 陈梦家：《殷虚卜辞综述》，第561页。
[2] 侯外庐、赵纪彬、杜国庠：《中国思想通史》第1卷，第71页。

生强烈的自觉意识。召公云:"皇天上帝改厥元子,兹大国殷之命。惟王受命,无疆惟休,亦无疆惟恤。呜呼!曷其奈何弗敬?"① 这种忧患意识必然会促使周人从制度层面出发,思考并寻找解决问题的办法。王国维云:"殷、周间之大变革,自其表言之,不过一姓一家之兴亡与都邑之移转;自其里言之,则旧制度废而新制度兴、旧文化废而新文化兴。"② 这种认识无疑是深刻的,但表述似有失武断。侯外庐认为,周人走的是基于殷商旧制的维新路径:

周人战胜殷人,以其社会的物质生产的水准来说,实在还没有具备消化一个庞大族人的条件,军事的成功,并不能保证统治战败者的政治上的成功,因此,周人必然要向殷代制度低头,尤其在胜利者的文明程度不如失败者的文明程度时,胜利者反而要在文化上向失败者学习。于是周人也就不能不假设一些理由来接受殷人的宗教制度。③

这种认识似乎更为科学。周人自己也认为"周虽旧邦,其命维新",从逻辑上讲,"小邦周"的文明发展程度应该低于"大邑商",殷先哲王因为"有册有典",还曾让周初统治者极为艳羡。他们非但没有对殷商旧制全面否定,反而认识到殷先哲王的所谓典册包含有历代商王惨淡经营的宝贵经验,需要从中汲取有益的成分。从文明传承和发展的角度看,周人无疑是有着重大历史贡献的。

殷鉴不远,周初统治者认识到,纣王放弃宗教祭祀是导致殷人离心离德的内在原因。正是因为失去了宗教神性的光辉,殷商社会

---

① 《尚书·召诰》,《尚书正义》,第212页。
② 王国维:《观堂集林》(外二种),第232页。
③ 侯外庐、赵纪彬、杜国庠:《中国思想通史》第1卷,第72页。

的上层建筑才轰然倒塌。所以,对宗教制度的继承是理所应当的事情,对义这种宗教制度中最为精华的部分自然更为关注。不过,周人并非全盘拿来、简单照搬了事,而是进行了适合政治现实的革新,做出了符合自身统治特点的调整,使宗教之义嬗变为宗法政治准则,具备了更加鲜明的世俗意义。

既然义已经被观念化为西周社会的准则,那么殷人"义出于帝"的传统认识也就需要进行适当的调整。"天监下民,典厥义"是殷商天命神权的基石,周人既然革了殷人的天命,就需要为自己统治的神圣性与合法性寻找新的依据。周人的办法是把义的来源由天帝更换为先祖文王。从义出于天帝到义出于文王,实则是尊神与亲民的并重,宗教神性与政治理性的共生。王和指出,胜利的周人从双方的经验中总结出天命不可恃的教训,可恃者唯有自己的努力。人心的向背对事之成败具有至关重要的决定作用。这种认识使神灵在周人心目中的地位下降,而人文主义精神则有长足发展。[①]笔者则认为,在周人心目中,神灵的地位并没有下降,而是与殷商时期同样高高在上,只是神灵已由上帝变更为文王了。周人在降下殷人天帝的同时,却抬升了自己的先祖文王,可见殷商天命神权的丧失,并不妨碍周人神灵地位的上升。

在西周的政治实践中,为政以德尽管受到空前重视,宗教神性却仍然高高在上,神性的光辉并没有随政治理性的生成而远去,相反,它对现实政治所起到的不可替代的神圣化作用,使宗教与政治始终如影随形,密不可分。神道设教、敬天法祖作为周人的统治法宝仍然不可或缺,只是重心由尊神逐渐过渡为亲民。可以认为,正是在殷商宗教神性的废墟上,崛起了西周政治理性的新构建。二者尽管有着很大不同,但却有着宗教之义的共同来源。

---

① 王和:《商周人际关系思想的发展与演变》,《历史研究》1991年第5期。

第二章 义以出礼 义以生利 允义明德
——春秋时期义观念统领地位之确立

如果说殷周是义观念的生成期,春秋则是义观念得以凸显和丰富的重要时期。"义"被视为众多德目的准则,在社会诸多领域有着丰富的价值表现,是这一时期最居核心地位的思想观念,对其他诸多社会观念都有统摄性意义,甚至"大义"成为最高层次的时代价值取向,在春秋新兴观念中显得格外醒目。

不过,以往学界的认识却并不如此。春秋社会的核心观念究竟是什么,主要形成了两种看法。一种认为是"礼",晁福林指出,春秋时期,传统的礼不断被更新和扬弃,人们对礼的重视和娴熟,较之以往,有过之而无不及。[1] 刘泽华指出,春秋时期,礼被认为是治国的根本。[2] 徐复观直言春秋是礼的世纪。[3] 杨文胜认为,春秋社会如果没有了礼就有"崩盘"的危险。[4] 另一种认为春秋后期,礼在社会中的作用降低了,但孔子以"仁"代"礼",使"仁"又成为春秋后期的核心观念。李泽厚指出,孔子以"仁"释"礼",将社会外在规范化为个体的内在自觉。[5] 吴光认为,在孔子的仁学中,道德之"仁"与伦理之"礼"是一种"仁本礼用"关

---

[1] 晁福林:《春秋时期礼的发展与社会观念的变迁》,《北京师范大学学报》(社会科学版) 1994年第5期。
[2] 刘泽华:《中国政治思想史》,第142页。
[3] 徐复观:《中国人性论史·先秦篇》,三联书店,2001,第41页。
[4] 杨文胜:《春秋时代"礼崩乐坏"了吗?》,《史学月刊》2003年第9期。
[5] 李泽厚:《中国古代政治思想史论》,人民出版社,1985,第1页。

第二章　义以出礼　义以生利　允义明德

系。① 杨庆中认为，孔子把礼与仁结合在一起，实现了礼与仁的价值统一。② 这样，有关春秋观念的研究就沿着先"礼"后"仁"的线索展开了。

严格说来，春秋时期的礼虽然多少带有社会观念的色彩，但它主要还是一种刚性的社会制度规范，制度性仍然是礼的突出特性。孔子的"仁"主要指个体所能达到的道德境界，心性修养又是"仁"的突出特性。不能否认，制度之"礼"与心性修养之"仁"都可以在社会观念层面有所反映，但是它们对春秋社会所产生的影响不主要基于自身的"观念"属性。那么，观念究竟是什么？它又有着怎样的属性呢？金观涛认为，观念是指人用某一个（或几个）关键词所表达的思想。人们使其社会化，形成公认的普遍意义，并建立复杂的言说和思想体系。③ 按照金观涛的说法，观念至少具有社会性、共识性和普遍性特征，需要同时具备这三种属性，"观念"才能够确立起来。"礼"尽管符合这三种属性，但它主要还是一种制度性存在，"观念"并非其主要存在方式；"仁"的凸显又在春秋后期，从春秋时代的整体而言，明显缺乏社会性和共识性。可见，"礼"与"仁"都因为自身的某种不足而难以成为春秋社会的核心观念。

因此，研究春秋时期的核心观念，需要关注一个被严重忽视的关键词——"义"。晁福林曾敏锐地指出，孔子提到过"义"，孟子特别强调"义"，"义"实际上是宗法制观念的延伸，其所产生的影响不仅是制度上的、政治上的，而且是社会观念文化上的。④ 沿着晁福林的思路，可否认为，在"礼"的刚性制约功能渐趋失灵的情况下，"义"发挥出软性制约功能，成为维系春秋社会良性

---

① 吴光：《仁本礼用——儒家人学的核心观念》，《文史哲》1999年第3期。
② 杨庆中：《论孔子与春秋时期的礼学》，《孔子研究》1996年第4期。
③ 金观涛、刘青峰：《观念史研究：中国现代重要政治术语的形成》，第3页。
④ 晁福林等：《周代宗法制问题研究展望》，《历史教学问题》2007年第3期。

在观念与思想之间

运转的核心观念呢？

长期以来，学界多把春秋之义视为孔子作《春秋》的主导思想而一笔带过。例如，吕思勉指出，盖孔子之修《春秋》，本以明义；①侯外庐认为，儒家主要从政治观点以推崇《春秋》的微言大义；②童书业认为，孔子伦理思想中义利相对，开了孟子和董仲舒思想的先河；③冯友兰指出，孔子认为"使民"不能随便，并且要合乎义这种道德原则；④张岱年、马振铎、韩石萍、劳思光、陈晨捷、黄建跃等学者则把"义"当作哲学范畴和道德伦理范畴开展研究，重点论述了义在孔子思想中的作用和地位，或者辨析了义与仁、礼的关系问题。⑤理性思辨与伦理判断成为研究的主要范式，而春秋之义作为一个社会核心观念的事实则没有引起应有的重视。究其原因，主要在于孔子以"仁"代"礼"，"仁"上升为儒学研究的核心命题，原本占有重要地位的"义"则因为与"利"对立，陷入了"道义论"与"功利论"的纠结之中，从而使"义"萎缩成与"利"对立的概念。当"义利之辨"成为研

---

① 吕思勉：《先秦史》，上海古籍出版社，2005，第10页。
② 侯外庐、赵纪彬、杜国庠、邱汉生：《中国思想通史》第2卷，人民出版社，1957，第90页。
③ 童书业：《孔子思想研究》，《山东大学学报》1960年第1期。
④ 冯友兰：《关于论孔子"仁"的思想的补充论证》，《学术月刊》1963年第8期。
⑤ 参见张岱年《儒家"仁义"观念的演变》，《衡阳师专学报》（社会科学版）1987年第4期；马振铎《孔子的尚义思想和义务论伦理学说》，《哲学研究》1991年第6期；韩石萍《孔子之道"义"以贯之》，《史学月刊》1996年第1期；劳思光《中国哲学史》（一），第56页；陈晨捷《论先秦儒家"仁义礼"三位一体的思想体系》，《孔子研究》2010年第2期；黄建跃《"好勇过义"试释——兼论〈论语〉中的"勇"及其限度》，《孔子研究》2011年第5期；仝晰纲等《中华伦理范畴——义》，中国社会科学出版社，2006；薛毅《义观念的演进》，冯天瑜主编《人文论丛》（2007年卷），中国社会科学出版社，2008；魏勇《先秦义思想研究》，博士学位论文，中山大学哲学系，2009；刘义《论〈左传〉中仁义信三德目》，硕士学位论文，上海师范大学哲学系，2010；林红《春秋左传中"义"概念的使用及其分类问题研究》，硕士学位论文，河南大学哲学与公共管理学院，2011。

第二章　义以出礼　义以生利　允义明德

究焦点,也就意味着义观念的其他社会属性进入了学术研究的盲区。其次,在"仁义"和"礼义"两大学术研究热点中,"仁义"和"礼义"均被视为偏义副词,研究的重心是"仁"和"礼","义"仅被视为缺乏独特内涵的垫词,忽略了其独立性意义。复次,在《左传》和《国语》这两部最为重要的春秋文献中,"仁义"还没有成词,"礼义"亦少有提及。① 这样,春秋义观念自然就被排除在研究边界之外。

综观前贤的研究,似应改变视"义"为依附性概念的传统认识,需要重新审视其在春秋社会观念中应有的核心地位。那么,春秋义观念的统领性落脚在哪些方面?它在不同社会领域又有着怎样的表现?春秋大义的思想内核是什么?究竟是什么样的历史原因导致了春秋义观念的勃兴?本章要解决的就是这一系列问题。

一　义对礼、利、德的统摄

春秋义观念具有统领性地位,主要表现为"义"从"礼"的准则层面被提取出来,强调为社会的软性规范,彰显为各种利益的根本立足点,提升为众多德目成立的准则。"义"对"礼""利""德"的统摄,决定了其成为春秋社会具有统领性的观念。

(一) 义以出礼

有关礼在春秋时期的发展状况问题,学术界形成了几种截然不同的观点。童书业认为,春秋礼制已然崩溃,士大夫学问浅陋,不

---

① "礼义"一词在《左传》和《国语》中仅出现6次:《左传》中分别出现在《僖公七年》、《成公十三年》和《昭公四年》中;《国语》中出现在《周语上》、《齐语》和《晋语一》中。

学无术。① 张岂之认为，春秋时期政治家和思想家主张以礼治世，礼是重建社会秩序的根本，"以礼治国"在当时各国政治活动中起着主导作用。② 刘泽华指出，春秋时期的礼崩乐坏只表明礼的实行范围发生了变化，礼的形式有改变，礼本身并没有被废弃；相反，在礼的改造中，礼又获得了新生。③ 陈来则认为，春秋时代，人们特别重视"礼"作为合理性原则的实践和表现。④

对于礼的作用，过于轻视或重视都有失客观。春秋时期，诸侯僭越礼制的行为确实极为频繁，据笔者统计，《左传》有526次提到礼，其中记载的"非礼""不礼"事件有66次，被评价为"礼也"的循礼之事则有96次之多；"非礼"与"循礼"并存共生，相比之下，循礼之事还要多一些。实际上，不管是"非礼"还是"循礼"，均说明礼在春秋时期具有不可或缺的重要作用，说它已经崩溃显然不太合适。而认为礼在春秋政治活动中发挥着主导作用，又有点夸大了它的作用。这是因为春秋时期的社会关系较为复杂，新旧势力交织，新旧观念也在碰撞、冲突和融汇中共生。礼在很大程度上主要解决特定范围内的问题，对于新出现的一系列新问题，它则显得有些鞭长莫及。实际上，礼的作用呈逐渐降低的趋势。孔子曾指出，殷礼和周礼都是在前代基础上有所损益后形成的。因此，每一个新的时代都不会断然抛弃前代所有的文明，都会对前代有所继承，由于中国农业社会的稳定性特征，这种继承性有时还显得特别突出，绝非短时间内就轰然崩溃那么简单。

对于刘泽华的"礼又获得了新生"之说，笔者也不敢苟同。因为礼毕竟是成文法典，具有固定性和规范性，其基本内容是难以轻易改造的。鲁昭公十七年（公元前525年）六月初一，鲁国发

---

① 童书业：《春秋史》，山东大学出版社，1987，第88~89页。
② 张岂之：《中国思想学说史·先秦卷》（上），第191页。
③ 刘泽华：《中国政治思想史》，第78页。
④ 陈来：《春秋礼乐文化的解体和转型》，《中国文化研究》2002年第3期。

第二章　义以出礼　义以生利　允义明德

生了日食,对于如何做才算是"礼",昭子与季平子两位执政表达了不同的认识:

> 夏,六月,甲戌,朔,日有食之。祝史请所用币。昭子曰:"日有食之,天子不举,伐鼓于社;诸侯用币于社,伐鼓于朝,礼也。"平子御之,曰:"止也。唯正月朔,慝未作,日有食之,于是乎有伐鼓用币,礼也。其余则否。"大史曰:"在此月也。日过分而未至,三辰有灾。于是乎百官降物,君不举辟移时,乐奏鼓,祝用币,史用辞……"平子弗从。昭子退曰:"夫子将有异志,不君君矣。"①

太史认为昭子所言合礼,然而,季平子并不以太史的意见为然,坚持不搞什么"伐鼓用币"的仪式。这被昭子认为是不"君君"的非礼之举,甚至是季平子将有"异志"的象征。可见,礼作为一种维护传统宗法权力的政治制度,其核心价值具有刚性特征,不可能轻易改动,这必然导致它逐渐不合时宜而走向衰落。

客观而言,礼是一个庞大的制度体系,它结构复杂、侧面众多、作用广泛、影响多维,其中有些方面可能因为不适合时代需要而显得陈旧,趋于衰朽;有些方面却仍在发挥着重要作用。不过,从整体上看,礼还是出现了明显的不足,正是为了弥补礼的不足,义才得以凸显,并被阐释为一种极具准则意义的核心观念。

春秋文献中,义经常被认为是礼的基础,是礼之所以为礼的前提或准则。晋大夫师服云:"名以制义,义以出礼,礼以体政,政以正民。是以政成而民听,易则生乱。"② 在师服看来,名、义、礼、政四者是相互关联的范畴,在逻辑上具有严格的承接关系,之

---

① 《左传·昭公十七年》,《春秋左传正义》,第 2082 页。
② 《左传·桓公二年》,《春秋左传正义》,第 1743 页。

间的先后次序不能随意变更,不然就会导致统治秩序的混乱。勾承益认为:"名与义的关系如同形式逻辑中名词与概念的关系。"① 我们也可以这样认为,名相当于角色或职位的名称,义相当于与不同名称相对应的责任和义务,礼就是将这些责任和义务固化起来的各种具体法规或典章制度。这样说来,义是礼的基础所在,是礼的合理性与正当性依据。《左传·文公七年》载:"正德、利用、厚生,谓之三事。义而行之,谓之德、礼。"正德、利用、厚生三件大事,都需要"义而行之",方以"德""礼"相称,显然,义仍被置于礼的准则地位。《礼记·效特牲》云:"礼之所尊,尊其义也。失其义,陈其数,祝史之事也。故其数可陈也,其义难知也。知其义而敬守之,天子之所以治天下也。"可见,制礼的终极目的在于体现、实践义的要求,至于那些外在的礼仪形式,只是祝史的事情罢了,仍然强调义对礼的决定性作用。《礼记·礼运》明确提出:"故礼也者,义之实也。协诸义而协,则礼虽先王未之有,可以义起也……故治国不以礼,犹无耜而耕也;为礼不本于义,犹耕而弗种也。"正义曰:"礼既与义合,若应行礼,而先王未之有旧礼之制,则便可以义作之……先无其礼,临时以义断之,是其以义作礼也。"② 实际上,这里所要强调的是礼不必全出自先王,而是可以依据义来确定礼、生发礼。义被称为礼之实、礼之本,礼必须合于义的要求。

《礼记·郊特牲》云:"义生然后礼作,礼作然后万物安。"《礼记·祭义》云:"天下之礼……致义也……致义,则上下不悖逆矣。"这些文献资料均表明,"义"是"礼"的根本或曰观念基础,是"礼"的精神内核;"礼"是"义"的规范性呈现,是"义"的制度化形式。形式的东西易变,而观念性的东西更持久,更具惰性。在礼崩乐坏的时代,"义"则在支撑和维系着这个社会。

---

① 勾承益:《先秦礼学》,巴蜀书社,2002,第174页。
② 《礼记·礼运》,《礼记正义》,第1426页。

第二章 义以出礼 义以生利 允义明德

《国语·周语中》载:"奉义顺则谓之礼。""义"对礼具有准则作用,它可以生发礼、解释礼,也可以否定礼、取代礼。这就形成了一个有意思的现象:春秋时期,凡是符合礼的言行一定符合义,而合于义的言行却不一定合于礼。如卫国石碏灭亲之举就不宜用礼来解释,却可以用"大义"来下结论。甚至有些行为是违礼的,但是,只要合于义,同样也得到褒扬。郑国执政祭仲被宋国扣压,宋庄公胁迫祭仲驱逐公子忽,另立宋国外甥公子突为君。如果祭仲不听从宋庄公的要求,则会导致君死国亡的后果;若听从,则必须以臣逐君,这属于以下犯上的非礼之举。祭仲最终选择了后者,立公子突,出公子忽,保护了郑国的利益。《公羊传》高度赞扬了祭仲,认为祭仲之举有似于古代伊尹放逐太甲之权变:"古人之有权者,祭仲之权是也。权者何?权者反于经,然后有善者也。"[①]"权者,反经合义。"[②] 祭仲逐君虽然非礼,但有安定国家的功绩,是合于义的行为,义在这种情况下又否定了礼。

更多的情况下,在礼的框架内出现两难选择,形成不可调和的矛盾,显示出礼的不足和局限性,这通常就需要义取代礼发挥主导作用。《左传》开篇的隐公元年发生了"郑伯克段于鄢"事件。共叔段是郑庄公的弟弟,他在其母亲的帮助下发动叛乱,最终为郑庄公所败。这件事情如果按礼的原则去分析就很复杂:共叔段作为弟弟发动叛乱,当然是既"不弟"又不"君君"的非礼之举;共叔段固然"不弟",但郑庄公作为兄长去讨伐弟弟,又将其母流放到城颍,这同样是"不友""不孝"的非礼之举。如果以礼而论,郑庄公就面临着两难选择问题,因此,即使共叔段确实是"非礼",郑庄公也由于自己同样"非礼"而只能用"多行不义必自毙""不义不昵"来谴责其弟。

---

① 《春秋公羊传注疏》,阮元十三经注疏本,中华书局,1980,第2220页。
② 焦循著,沈文倬点校《孟子正义》,中华书局,1987,第167页。

无论是"义以出礼",还是义否定礼、取代礼,均说明义从礼的精神准则层面彰显出来,已然处于超越于礼的观念地位了。

(二) 义以生利

义、利关系问题是中国延续了几千年的问题,但是从春秋义观念的事实来考察,则呈现出明显的特点:义在很多情况下被认为是利的来源,义、利"本是同根生",根本不存在后来的"相煎何太急"。

自西周开始,一直到春秋末期,利民、利公、利国、利王等均属于义的内容,反之为害。利与害是一对范畴,而利与义则不是相对立的范畴,二者不仅不相矛盾,而且,利还是义的合理结果。《尚书·盘庚中》云:"殷降大虐,先王不怀。厥攸作视民利,用迁。"可见,商代先王行事是以百姓得利为标准的。《诗经·大雅·桑柔》是一首反映西周晚期至春秋史事的诗篇,其中提到"为民不利,如云不克",讽刺周王的为民做事不利,还说条件不具备。西周穆王时期,祭公谋父谈到了利害关系问题:"先王之于民也,懋正其德而厚其性,阜其财求而利其器用,明利害之乡,以文修之,使务利而避害,怀德而畏威,故能保世以滋大……是先王非务武也,勤恤民隐而除其害也。"① 避害、除害为利,利、害呈典型的对立关系。西周厉王时期,芮良夫论述了以专利为害的道理,提到公众之利问题:"夫利,百物之所生也,天地之所载也,而或专之,其害多矣……今王学专利,其可乎?匹夫专利,犹谓之盗,王而行之,其归鲜矣。"② 可见,利的本源意义是公众之利,具有公共性和综合性特点,并不单指经济意义上的利。个人或家族图谋"私利""专利"被认为是令人不齿的盗贼,利益要布之于公众,即使贵为周天子,也不能专公众之利,不然就会带来多种危

---

① 徐元诰撰,王树民、沈长云点校《国语集解》,第 2~6 页。
② 徐元诰撰,王树民、沈长云点校《国语集解》,第 13 页。

第二章 义以出礼 义以生利 允义明德

害。一直到春秋末期,利与害都是一对矛盾。

从现有资料看,义与利建立明确联系是在春秋中期。周襄王十三年,周大夫富辰劝谏襄王不要借狄人的军队来攻打郑国,他指出:"兄弟之怨,不征于他,征于他,利乃外矣。章怨外利,不义……内利亲亲。"[①] 富辰认为借狄人之力将导致国家和民族的利益丧失在外,是为不义。这是文献中首次出现的义、利关系论。这个事件发生在鲁僖公二十一年(公元前639年),之后不久的鲁僖公二十七年,赵衰又提出"德义,利之本也"。[②] 这表明春秋时期义、利之间首先呈一体关系,相关文献资料也提供了有力的佐证:

《国语·周语中》:"夫义所以生利也。"

《左传·成公二年》:"义以生利,利以平民。"

《左传·襄公九年》:"利,义之和也……利物足以和义。"

《左传·昭公十年》:"故利不可强,思义为愈。义,利之本也,蕴利生孽。"

《国语·周语下》:"言义必及利;利制能义。"

《国语·晋语四》:"义以生利,利以丰民。"

《国语·晋语八》:"夫义者,利之足也;贪者,怨之本也。废义则利不立。"

义可以"生利""建利",义还是"利之本""利之足",义成为利的来源和基础;利也被认为是"义之和","废义则利不立",说明利也是义的综合和结果。

不过,通过深入考虑,我们发现义、利关系也隐含着潜在的对立性。尽管"义以生利"使人们自然地产生二者就像母子一样亲

[①] 徐元诰撰,王树民、沈长云点校:《国语集解》,第46~47页。
[②] 《左传·僖公二十七年》,《春秋左传正义》,第1822页。

密的联想,但是,义的行为正当性准则却无形中同时成为利的制约因素,这就导致义利之间既存在一体关系,也存在义对利的规定和制约关系。义成为一种准则或制约,利成为依据这种准则或制约而取得的合理结果:

《左传·昭公二十八年》:"居利思义,在约思纯。"
《左传·昭公三十一年》:"是故君子动则思礼,行则思义,不为利回,不为义疚。"
《左传·哀公十五年》:"多飨大利,犹思不义。利不可得,而丧宗国,将焉用之?"
《国语·周语下》:"长翟之人利而不义,其利淫矣。"
《国语·晋语九》:"义以导利,利以阜姓。"
《国语·吴语》:"秉利度义。"

无论是"居利思义""行则思义",还是"义以导利""秉利度义",都暗示了义既是利的母体,也是利的监督者和裁决者,具备"引导利"和"制约利"的观念意义。这实际上就形成了义、利之间的对立统一关系,尽管这种对立关系是模糊而隐晦的,但这终究还是提供了义利关系多种走向的可能性。只是,义利对立作为其中的一种选择被特别强调,是后世的事情。在义观念凸显的春秋时期,"义以生利"无疑是二者关系的主导形态。

(三)允义明德

侯外庐指出,西周时期,德为周王克配上帝而受民受土的根据,德在道德上的规范是与郊天之制的宗教相结合的。[①] 程平源认为,"德"在西周尚未去宗教化成为德行,依然充满了神秘的

---

① 侯外庐、赵纪彬、杜国庠:《中国思想通史》第1卷,第91~93页。

第二章　义以出礼　义以生利　允义明德

内蕴。① 的确，西周"德以配天""德以受民受土"的天人合一伦理思想都显示了德的神圣性和崇高性地位。逮至春秋，德的词性却由西周时期纯粹的褒义词演变为中性词，有了正反两方面的区别。综合《左传》和《国语》中有关德的词汇，可以发现其大体上分为褒义和贬义两大类。

褒义之德有"政德""男德""女德""地德""懿德""旧德""明德""休德""孝德""恭德""武德""温德""纯德""元德""令德""文德""嘉德""刚德""盛德"。②

贬义之德有"昏德""爽德""豺狼之德""凉德""淫德""逆德""私德"。③

可见，春秋之德具有两面性，它必须与一种特定的准则相联结，只有受到这种准则的规范和制约方能具有正面意义，否则就会走向反面。这个准则就是义。

德合于义才算是明德、积德。春秋早期的秦公钟铭曰："赫赫

---

① 参见程平源《对殷周之变的再探讨——以殷周"德"义变迁为线索》，《江苏社会科学》2005 年第 3 期。
② "政德"，见《国语·周语上》《国语·晋语六》《左传·襄公二十八年》；"男德""女德"，见《国语·晋语八》；"地德"，见《国语·周语下》《国语·鲁语下》《国语·郑语》；"懿德"，见《左传·僖公十二年》《左传·僖公二十四年》《左传·襄公十三年》；"旧德"，见《国语·周语上》《国语·周语中》《左传·成公十三年》；"明德"，见《左传·隐公八年》《左传·文公十八年》《国语·周语下》；"休德"，见《国语·齐语》；"孝德""恭德""武德""温德"，见《国语·晋语九》；"纯德"，见《国语·郑语》；"元德"，见《国语·楚语上》；"令德"，见《左传·隐公三年》《左传·襄公二十四年》《国语·周语下》；"文德"，见《左传·襄公八年》《左传·襄公二十七年》《国语·周语下》；"嘉德"，见《左传·桓公六年》《左传·襄公九年》；"刚德"，见《左传·文公五年》；"盛德"，见《左传·僖公七年》《左传·文公十八年》《左传·襄公二十九年》。
③ "昏德"，见《左传·宣公三年》《左传·襄公十三年》；"爽德"，见《国语·周语上》；"豺狼之德"，见《国语·周语中》；"凉德"，见《国语·周语中》；"淫德"，见《国语·郑语》；"逆德"，见《国语·越语下》；"私德"，见《左传·庄公三十二年》。

允义，翼受明德。"① 正因为"允义"，所以才能"翼受明德"，义在这里成为德的前提。《左传·文公七年》载，晋国的郤缺对赵简子说："正德、利用、厚生，谓之三事。义而行之，谓之德、礼。"端正德行、利于使用、富裕民生这三件事，要在合于义的基础上去推行，这样才叫作德、礼，义在这里成为德的准则。《国语·周语下》载，周灵王二十二年，谷水与洛水争流，水位暴涨，将要淹毁王宫，周灵王想要堵截水流。太子晋反对说："度之天神，则非祥也。比之地物，则非义也。类之民则，则非仁也……上非天刑，下非地德，中非民则。"他将"非义"解释为"下非地德"，义与德在这里意义相合。"德义"有时还作为合成词使用，主要指德合于义，强调德与义相联结才具有正面意义。周大夫富辰云"心不则德义之经为顽"，② 把不以德合于义为行事准则者评价为固陋；晋大夫赵衰云"德义，利之本也"，③ 把合于义之德当作利的基础；叔向之母曰"苟非德义，则必有祸"，④ 认为德不合义必然会带来祸患。晋国大夫司马侯这样阐释"德义"："诸侯之为，日在君侧，以其善行，以其恶戒，可谓德义矣。"⑤ 在司马侯看来，劝善戒恶，使国君之德行合于义的约束就是"德义"。

　　德不合于义则为昏德、凶德。鲁桓公六年（公元前 706 年），郑国太子忽两次辞让齐侯的求亲要求，自以为有德，坐失得到强大外援的机会，最终因势单力孤而被废黜，落得个身亡国败的下场，是为不义之昏德。所以，《左传·桓公六年》中，君子评价其"善自为谋"，讽刺他只知道独善其身，谋不及国，忘记了国家大义。楚国令尹子西认为流亡在外的王孙胜"信而勇"，有德有才，想要

---

① 伍仕谦：《秦公钟考释》，《四川大学学报》（哲学社会科学版）1980 年第 2 期。
② 《左传·僖公二十四年》，《春秋左传正义》，第 1818 页。
③ 《左传·僖公二十七年》，《春秋左传正义》，第 1822 页。
④ 《左传·昭公二十八年》，《春秋左传正义》，第 2118 页。
⑤ 徐元诰撰，王树民、沈长云点校《国语集解》，第 415 页。

第二章　义以出礼　义以生利　允义明德

召回他并委以镇守边境的重任，子高则认为不可，他对王孙胜的德进行了一番系统分析：

> 子高曰："不可。其为人也，展而不信，爱而不仁，诈而不智，毅而不勇，直而不衷，周而不淑。复言而不谋身，展也；爱而不谋长，不仁也；以辩盖人，诈也；强忍犯义，毅也；直而不顾，不衷也；周言弃德，不淑也。是六德者，皆有其华而不实者也，将焉用之？"①

在子高看来，信、仁、知、勇、衷、淑是名副其实的正德；而展、爱、诈、毅、直、周虽与前述之德相似，实则华而不实、偏而不正，只能算是与正德背道而驰的非德。

陈来说："美德的德目可以有许许多多，但美德之为美德，在于任何一个美德的德目都必须在一个特定方面与'善'、'正义'联结着，没有这种联结的德目，就不能成为美德。"② 的确，王孙胜的"六德"之所以被子高归为凶德，主要在于它们缺乏义的约束，不合于义的要求，义正是陈来所言的"善"与"正义"。而仁、敬、忠、信、贞、让、勇等众多德目之所以成为美德，是因为它们本身已经内在地与善和正义联结着，能够践行这些德目即被视为义。更多情况下，义成为各种美德的通用准则，对各种德目形成了明确的外在制约。《国语·周语中》云"以义死用谓之勇，奉义顺则谓之礼，畜义丰功谓之仁"，义成为勇、礼、仁成立的依据；春秋时期以能"让"为至德，但是"让"并非无原则的推脱和退让，必须做到"让不失义"，这样才算是正德。《国语·晋语四》

---

① 徐元诰撰，王树民、沈长云点校《国语集解》，第528~529页。
② 陈来：《古代思想文化的世界——春秋时代的宗教、伦理与社会思想》，三联书店，2009，第335~336页。

载,晋国的赵衰三次辞让晋文公给他的官位,每次都推荐了更合适的人选。晋文公因此对赵衰极为赞赏,评价他"三让不失义"。义在这里又成为裁夺"让"德是否成立的准则。

与义相比较而言,仁、敬、忠、信、贞、让、勇等具体德目基本上是针对某一特殊领域、具有特定指向的一般观念,这就决定了它们只能作用于春秋社会的某些方面,不具有涵盖性意义。义却是众多德目成立的依据和准则,它如同春秋观念大网的总纲,起到了统领具体德目的作用。

"义以出礼",体现了义对社会行为规范的准则性;"义以生利",显示出义对物质利益层面的规定性;"允义明德",表现了义对社会道德文明的统领性。春秋社会的行为文明、物质文明和道德文明皆本于"义","义"之"时义"大矣哉!说春秋之义具有统领性的观念地位,是一个确然的事实性判断。

二 义:社会行为的价值尺度

通过以上分析,我们可以感觉到义观念中隐含着一种裁夺力、约束力,抑或说义就是社会行为的价值尺度。春秋时期,义与度之间确实存在密不可分的关系。《国语·鲁语下》云:"咨义为度。"《国语·楚语上》云:"明度量以导之义。"《左传·昭公二十八年》载:"心能制义曰度。"如此等等,都显示出义具有社会行为价值尺度的作用。

(一) 义的具体标准

如果把义比作一把多功能的标尺,那么这把标尺上有公、正、善、节、分等具体的刻度,正是这些具体的刻度把人的社会行为从不同层面细分为"义"与"不义"两大部分。

"公"主要指人的社会行为是为了群体利益而非一己之私,

第二章 义以出礼 义以生利 允义明德

包括公正、公平、公利等含义,是义最典型、最突出的具体标准之一。晋国大夫叔向的弟弟叔鱼因徇私而被杀,叔向并没有偏袒弟弟,表达了公正处理案件的意见,最终使案件得到圆满解决。孔子评价说:"叔向,古之遗直也。治国制刑,不隐于亲,三数叔鱼之恶,不为末减。曰义也夫,可谓直矣……三言而除三恶,加三利,杀亲益荣,犹义也夫!"① 叔向的行为公正无私,起到了除恶兴利的效果,在此,公正无私就是义。孔子还曾评价晋国魏绛:"近不失亲,远不失举,可谓义矣。"② 同样将魏绛举荐人才的公正、公平视为义,认为国家、民族的利益是最大的公利,个人能够效忠国家,勇于献身,是为大义。"冉有用矛于齐师,故能入其军。孔子曰:'义也。'"③ 冉有能够在国难当头之时为国家利益而奋勇作战,这属于一切义行中之最高尚者。犯上作乱、以私害公则为不义。晋国勇士狼瞫无故被主帅先轸解职,朋友认为这是对他的侮辱,想要和狼瞫一起杀了主帅出气,狼瞫说:"勇则害上,不登于明堂。死而不义,非勇也。"④ 他认为犯上作乱而损害国家利益,是不义之举。《左传》特别记载了邾庶其、莒牟夷、邾黑肱三个携地叛国者的名字,强调"以地叛,虽贱必书,地以名其人,终为不义,弗可灭已",⑤ 将叛国求荣、危害国家社稷者作为不义的典型。

"正"主要表现为社会行为的正当性和正义性。《礼记·丧服四制》云:"义以正之。"可见,义本身就具有"正"的内涵。"正"包括"正当"和"正义"两个方面:"正当"指行为本身的合理性,是对行为的一般性判断;"正义"则是对行为的价值性判

---

① 《左传·昭公十四年》,《春秋左传正义》,第 2076 页。
② 《左传·昭公二十八年》,《春秋左传正义》,第 2119 页。
③ 《左传·哀公十一年》,《春秋左传正义》,第 2166 页。
④ 《左传·文公二年》,《春秋左传正义》,第 1838 页。
⑤ 《左传·昭公三十一年》,《春秋左传正义》,第 2126 页。

断，属于较高层次的道德评价。行为正当、正义是为义，反之为不义。晋国三卿范宣子、赵文子、韩宣子都想占据州县，三个人分别表达了对州县归属问题的意见：

> 文子曰："温，吾县也。"二宣子曰："自郤称以别，三传矣。晋之别县不唯州，谁获治之？"文子病之，乃舍之。二子曰："吾不可以正议而自与也。"皆舍之。及文子为政，赵获曰："可以取州矣。"文子曰："退！二子之言，义也。违义，祸也。"①

赵文子认为范宣子和韩宣子所言正当，自己如果强占州县就是违义之举，必将带来祸患，从而放弃了占取州县的打算。周大夫叔服云："欺大国，不义。"② 晋大夫叔向云："强以克弱而安之，强不义也。"③ 晋大夫庆郑云："怒邻不义。"④ 以上语境中所出现的义，均指正义。

"善"是义的原始意义之一。段玉裁关注到毛传将《文王》、《我将》中的义释为"善"，进而指出义"与美、善同义"。⑤ 春秋时期，义在不少情况下可以直接训为"善"。《左传·文公十四年》载："宋高哀为萧封人，以为卿，不义宋公而出。"高哀不以宋公为"善"，所以出奔别国。《左传·襄公十四年》载："曹宣公之卒也，诸侯与曹人不义曹君……君义嗣也，谁敢奸君。"《国语·楚语下》载："人好之则偪，恶之则怨，高之则骄，下之则惧……有一不义，犹败国家。"以上三处出现的义字也都是"善"的意思。"善"是伦理的本源，也是义这把价值标尺上的原点，从根本上

---

① 《左传·昭公三年》，《春秋左传正义》，第2032页。
② 《左传·成公元年》，《春秋左传正义》，第1892页。
③ 《左传·昭公元年》，《春秋左传正义》，第2021页。
④ 《左传·僖公十四年》，《春秋左传正义》，第1803页。
⑤ 段玉裁：《说文解字注》，第633页。

讲，义与不义的不同就是"善"与"不善"的分野。

"节"就是节制、节度，"节"具有行为约束力，它能够将行为控制在一定的合理的范围内。"节"强调对行为主体的限禁要求，也强调行为本身的合理限度，还强调行为结果能达至理想状态，行为有"节"就是义。《国语·周语上》载周内史叔兴语："义所以节也……义节则度。"叔兴认为义是用来节制的，用义来节制才能适度；荀子也曾明确指出："夫义者，内节于人，而外节于万物者也……内外上下节者，义之情也。"① 鲁庄公二十二年，陈完招待齐桓公到家中饮酒，君臣很是高兴。天晚时分，齐桓公提出点上烛继续喝，陈完借口没有占卜而予以婉拒。《左传》对此高度评价："酒以成礼，不继以淫，义也。"② 酒是用来完成礼仪的，不能滥饮无度，这是义。《国语·晋语一》载，晋大夫郭偃曾评论骊姬"不度而迁求，不可谓义"，即不知道节制而求取无度，不能称为义。以上所称之义都是指行为的节制和适度。

"分"指身份以及与身份相应的贵贱和等差。春秋社会的一个特点是宗法性，这种社会有等差，有秩序，而等差和秩序主要通过"分"来体现，各安其分是保证社会正常运行的基础。荀子曾指出："尚贤使能，等贵贱，分亲疏，序长幼，此先王之道也……义者，分此者也。"③ 尚贤使能、贵贱有等、亲疏有别、长幼有序就是"分"。《礼记·祭义》云："致义，则上下不悖逆矣。"能合理确定不同的"分"就是义。《国语·楚语上》载，楚国的椒举惧罪而逃亡到晋国，蔡声子给楚令尹子木提出了假手东阳之盗以除掉椒举的方案，子木反对说："我为楚卿，而赂盗以贼一夫于晋，非义也。"他认为自己作为楚国的正卿，以盗行刺是不符合身份的非义

---

① 王先谦撰，沈啸寰、王星贤点校《荀子集解》，第305页。
② 《左传·庄公二十二年》，《春秋左传正义》，第1775页。
③ 王先谦撰，沈啸寰、王星贤点校《荀子集解》，第453页。

之举。《国语·晋语八》载,晋国执政赵武建造宫室,砍削房檐后并加以磨光,在建筑规制上超越了自己的身份。大夫张老说:"天子之室,斫其椽而砻之,加密石焉;诸侯砻之;大夫斫之;士首之。备其物,义也。"提醒赵武在这件事上要注意身份等级,不能"贵而忘义"。

作为义的具体价值标准,"公""正""善"等既是社会行为的价值导向,也是社会行为的价值归属;而"节""分"则是社会行为的规则制约。这样,义可以规范社会行为的动机,使特定的社会行为在没有开始之前就受到"公""正""善"的引导;义也可以左右社会行为的进程,使社会行为在进程中受到"节""分"的特定制约;义还可以判定行为结果,做出义或不义的最终价值判断。可见,对不同的社会行为,义都可以通过这些具体价值标准自始至终发挥其应有的作用。也正是义的裁夺对象具有不确定性,人的社会行为是如此多样和复杂,所以公、正、善、节、分都成为义标尺上的刻度。从某种程度上讲,义就是所有善的原则的抽象表达,或者说是最合适的代表。

(二) 义与宜的区别

春秋时期,宜是与义同时出现的行为判断概念,我们经常在《左传》和《国语》中发现"不亦宜乎""宜哉"的判断。《礼记·中庸》云:"义者,宜也。"这个早期儒家对义的解释,几乎成为千古不易的定理,鲜有学者对此释义表示过怀疑。[①] 那么,义

---

① 庞朴先生训义为杀,是基于"义者,宜也"的前提而生发开去的(见庞朴《儒家辩证法研究》,中华书局,1984,第20~30页)。周桂钿先生指出:"义者,宜也"是儒家对义历代相传的解释,是通义(见周桂钿《儒家之义是杀吗——与庞朴同志商榷》,《孔子研究》1987年第2期)。林红对《左传》中的义概念进行了全面梳理,认为"义者,宜也"这一语义是义范畴的本质内涵,其他含义都由此而出(见林红《春秋左传中"义"概念的使用及其分类问题研究》,第51页)。

与宜作为判断词,二者之间如果真的就像传统认识那样不存在任何区别,为什么文献中还会有义与宜的不同用法呢?带着这个问题,笔者以《左传》为样本,对其中作为判断词出现的义与宜进行了归纳对比,竟然发现二者存在明显区别。

表 2-1 《左传》中"义"判断的用法和出处

出处	用法
隐公三年	宋宣公可谓知人矣。立穆公,其子飨之,命以义夫。
庄公二十年	酒以成礼,不继以淫,义也。
昭公元年	临患不忘国,忠也。思难不越官,信也;图国忘死,贞也;谋主三者,义也。
昭公三年	二子之言,义也。
昭公十四年	治国制刑,不隐于亲,三数叔鱼之恶,不为末减。曰义也夫,可谓直矣。三言而除三恶,加三利,杀亲益荣,犹义也夫!
昭公二十八年	近不失亲,远不失举,可谓义矣。
定公十四年	民保于信。吾以信义也。
哀公十一年	冉有用矛于齐师,故能入其军。孔子曰:"义也。"

以上材料可以使我们做出两方面的明确判断:一方面,义作为社会行为的价值尺度,超越了合理或应该的一般性评价,而是具有公正性、正当性和正义性的道德评价;另一方面,义所判断的对象不存在什么前因后果关系,义并非对由于某种原因而形成的必然结果的因果判断,而是就行为引致理想结果的结论性判断。

《左传》中共有 11 处使用了"不亦宜乎",共有 6 处使用了"宜哉"。具体见表 2-2。

表 2-2 《左传》中"宜"判断的用法和出处

出处	用法
隐公十一年	己弗能有而以与人,人之不至,不亦宜乎?
隐公十一年	不度德,不量力,不亲亲,不征辞,不察有罪,犯五不韪而以伐人,其丧师也,不亦宜乎!

续表

出处	用法
庄公二十八年	狄之广莫,于晋为都。晋之启土,不亦宜乎?
僖公二十二年	子,晋大子,而辱于秦,子之欲归,不亦宜乎?
昭公七年	其族又大,所冯厚矣。而强死,能为鬼,不亦宜乎?
昭公八年	今宫室崇侈,民力凋尽,怨讟并作,莫保其性。石言,不亦宜乎?
昭公九年	自文以来,世有衰德而暴灭宗周,以宣示其侈,诸侯之贰,不亦宜乎?
昭公十三年	从善如流,下善齐肃,不藏贿,不从欲,施舍不倦,求善不厌,是以有国,不亦宜乎?
昭公二十五年	甚哉,礼之大也!对曰:"礼,上下之纪,天地之经纬也,民之所以生也,是以先王尚之。故人之能自曲直以赴礼者,谓之成人。大,不亦宜乎?"
昭公三十二年	天生季氏,以贰鲁侯,为日久矣。民之服焉,不亦宜乎?
文公四年	贵聘而贱逆之,君而卑之,立而废之,弃信而坏其主,在国必乱,在家必亡。不允宜哉?
僖公十二年	管氏之世祀也宜哉!让不忘其上。
文公六年	秦穆之不为盟主也,宜哉。死而弃民。
成公八年	晋侵沈,获沈子揖初,从知、范、韩也。君子曰:"从善如流,宜哉!"
襄公二十七年	蓮氏之有后于楚国也,宜哉!承君命,不忘敏。
哀公六年	楚昭王知大道矣!其不失国也,宜哉!
哀公二十年	王曰:"溺人必笑,吾将有问也,史黯何以得为君子?"对曰:"黯也进不见恶,退无谤言。"王曰:"宜哉。"

对照表2-1、表2-2中义与宜的用法,我们可以发现二者之间存在明显区别:宜重在强调某种行为所导致特定结果的合理性,类似于种瓜得瓜、种豆得豆,突出的是原因和结果之间的因果关系,只是一个判断词,而不是判断标准,不含有道德评价的意味;义则是对某种行为所做出的道德高度的结论,突出行为本身的正当性,并不表明特定的因果关系。因此,在春秋时代,宜仅仅是一个判断副词,义却是社会行为的价值尺度,二者在概念属性上存在明显差异。义、宜相通相融是在战国时期,需要另文探讨。

（三）义的作用及限度

通过对《左传》和《国语》中义字出现情况的归纳整理，笔者发现，义观念涉及民神关系、诸侯关系、君臣关系、君民关系、人际关系等诸多社会领域，充分显示了义观念作用范围的广泛，也说明义观念深受各诸侯国卿大夫的重视，是他们处理诸侯国间关系、国内和社会各方面问题的主导观念。

春秋政治家和贤哲们对行义得福、违义取祸的道理深信不疑。《国语·周语中》载："五义纪宜，饮食可飨，和同可观，财用可嘉，则顺而德建。"《国语·周语下》载："上得民心，以殖义方，是以作无不济，求无不获，然则能乐。"可见，落实义的要求可以得到诸多利益，甚至做事没有不成功的，所求没有不如愿的，义几乎成为万善之本。《左传·隐公元年》载："多行不义必自毙……不义不昵，厚将崩。"《国语·周语中》载："不义则民叛之。"《国语·周语下》载："不度民神之义，不仪生物之则，以殄灭无胤，至于今不祀。"《国语·楚语下》载："有一不义，犹败国家。"《左传·昭公三年》载："违义，祸也。"如此等等，都显示不义必然导致毙、崩、叛、灭、败、祸等各种可怕的后果，不义成为万恶之源。春秋的政治家们为义设置了"作无不济，求无不获"的美妙天堂，也为不义设置了"死而不义，不登于明堂"[①]的黑暗地狱，这就使义具备了无可比拟的行为约束力。春秋中晚期的（素命）镈铭云："肃肃义政，保吾子姓。"[②] 意思是说，以义行政可以"保吾子姓"，说明义已经成为维系社会正常运转的软性规范和准则保障。

义作为价值判断尺度也是有限制性的，这是因为价值本身就有

[①] 《左传·文公二年》，《春秋左传正义》，第1838页。
[②] 华东师范大学中国文字研究与应用中心编《金文引得·青铜器铭文释文》，广西教育出版社，2001，第25页。

主体归属的限定，所以作为价值判断标准，义的适用是有边缘的，义与不义总是以国家和民族之利为基础。因此，我们看到特定言语和行为在特定群体中是义，在另一个群体中则为不义。如"攘夷"对于各诸侯国是大义，而从"夷狄"自身的角度来看则是不义。又如，鲁僖公十三年，晋国发生饥荒，派人到秦国寻求救济，秦穆公深谋远虑，发动"泛舟之役"以救济晋国，鲁僖公十四年，秦国也发生了饥荒，派人到晋国寻求救济，晋国竟然坐视不顾。晋国大夫庆郑以为晋惠公的做法是"背德忘善"，不符合道义原则。在次年秦晋韩原之战中，晋惠公的战车陷于泥中，"公号庆郑。庆郑曰：'愎谏违卜，固败是求，又何逃焉？'遂去之"。① 他认为晋惠公落难是咎由自取，竟然没有施以援手，直接导致晋惠公被秦国俘虏，庆郑也因此被放归的晋惠公诛杀。庆郑的悲剧就在于他放弃了作为晋国臣子的应有之义，忘记了义与不义的标准是相对的，并不是绝对的。不过，这并不妨碍春秋义观念也有一些通行的最高准则，义的"美善"含义就是如此。

三 义观念在不同社会关系中的价值表现

义观念作为社会行为的价值尺度，在不同的社会关系中产生了重要影响。而社会关系的复杂性，也决定了义观念的价值表现具有多样性和丰富性。

（一）民神关系中的义

周灵王二十二年，太子晋在总结前代亡国之君的历史教训时说："夫亡者岂繄无宠？皆黄、炎之后也。唯不帅天地之度，不顺

---

① 《左传·僖公十五年》，《春秋左传正义》，第 1806 页。

第二章　义以出礼　义以生利　允义明德

四时之序，不度民神之义，不仪生物之则，以殄灭无胤，至于今不祀。"① 将"不度民神之义"作为覆宗绝祀的四大原因之一。在太子晋看来，民神问题既是一般的宗教问题，又是事关国家兴亡的重大政治问题。尽管太子晋并没有明言什么是"民神之义"，但是我们仍然可以判断出，太子晋所谓的"民神之义"，就是在国家政治视野中，民、神二者谁更有决定性和主导性，以谁为重心的问题。所谓"度民神之义"，实质上就是要正确认识、处理民神关系，也就是政治与宗教的关系，使其能在义的约束下达至理想状态，从而有利于国家长治久安。那么，如何才算是民神关系的理想状态呢？春秋政治家们给出的答案是先民后神，以民为本，这就是民神关系之"义"。

1. 先民后神，注重政德

西周时期，民神关系的表述形式多为"神在前，民在后"，《国语·周语上》中就有多处此类表述，如"事神保民""使神人百物无不得其极""媚于神而和于民"等。这说明"保民"固然是重要的，而"事神"却是首要的和基本的，神性的光辉依然笼罩着下民，隐含着神性高于人性的观念。春秋时期，社会剧变引发了政治家们对民神关系问题的思考和重新定位，公元前706年，随国大夫季梁就系统阐述了对民神关系问题的新认识：

> 夫民，神之主也。是以圣王先成民而后致力于神。故奉牲以告曰"博硕肥腯"，谓民力之普存也，谓其畜之硕大蕃滋也，谓其不疾瘯蠡也，谓其备腯咸有也。奉盛以告曰"洁粢丰盛"，谓其三时不害而民和年丰也。奉酒醴以告曰"嘉栗旨酒"，谓其上下皆有嘉德而无违心也。所谓馨香，无谗慝也。故务其三时，修其五教，亲其九族，以致其禋祀。于是乎民和

---

① 徐元诰撰，王树民、沈长云点校《国语集解》，第98页。

而神降之福，故动则有成。今民各有心，而鬼神乏主，君虽独丰，其何福之有！①

季梁的这段话有几个方面的含义：一是提出"先成民而后致力于神"，将西周时期"先神后民"的表述形式转变为"先民后神"，强调在政治和宗教祭祀之间以现实政治为先的观念，并借助"圣王"名号使这种表述具备无可辩驳的正当性；二是提出"民，神之主也"的光辉命题，民众成为神灵的主人，使人性超越神性而得以凸显；三是以"牺牷肥腯，粢盛丰备"献祭神灵本身并不能带来好处，它的全部意义仅在于"汇报"或"昭告"政绩，"民和"才是获得神灵福佑的关键所在，献祭神灵也就由核心内容变成了辅助形式，由目的转化为方法。这标志着春秋民神关系的重心由"重神"变为"重民"，"国之大事，在祀与戎"的宗教领先让位于"为政以德"的政治理性，"听于民"成为"信于神"的前提。虞国大夫宫之奇指出："鬼神非人实亲，惟德是依……神所冯依，将在德矣。"② 楚国大夫观射父也指出："夫神以精明临民者也，故求备物，不求丰大……明德以昭之，和声以听之，以告遍至，则无不受休。"③ "王孙遗者钟"和"王子午鼎"是春秋中晚期楚器，其铭文中均出现了"惠于政德"④ 的说法。可见，人们已经普遍认识到，靠祭祀时奉献祭品的丰大已经不能得到神灵眷顾，必须靠实实在在的政德。

2. 以民为本，敬奉德义

如果说"先民后神"是人们对民神关系在认识层面上的"义"，

---

① 《左传·桓公六年》，《春秋左传正义》，第1750页。
② 《左传·僖公五年》，《春秋左传正义》，第1795页。
③ 徐元诰撰，王树民、沈长云点校《国语集解》，第516~517页。
④ 华东师范大学中国文字研究与应用中心编《金文引得·青铜器铭文释文》，第23、53页。

第二章　义以出礼　义以生利　允义明德

那么,"以民为本"也就人们成为处理民神关系的"义"。在民本观念的观照下,人的地位受到前所未有的重视。鲁僖公十九年,宋襄公将被俘的鄫国国君作为牺牲献祭神灵,司马子鱼极力反对这种做法:"古者六畜不相为用,小事不用大牲,而况敢用人乎?祭祀以为人也。民,神之主也。用人,其谁飨之?"① 他认为祭祀就是为了人,人是神的主人,杀人祭祀,谁会来享用,强烈反对以人祭祀神灵的非理性之举。无独有偶,楚国的申无宇也曾反对过楚灵王以人祭神的做法:"楚子灭蔡,用隐太子于冈山。申无宇曰:'不祥。五牲不相为用,况用诸侯乎?王必悔之。'"② 以上两例仅隐含着对不义的谴责,鲁大夫臧武仲则对这种以人为牺牲的做法明确以"无义"责之。鲁国执政季平子讨伐莒国,攻取了郠地,在亳社举行的献祭仪式上以俘虏为牺牲,臧武仲愤慨地说:"周公其不飨鲁祭乎!周公飨义,鲁无义。"③ 臧武仲所言的"鲁无义",就是指责季平子以人为牺牲而献媚于神,不符合人道主义原则,颠倒了民神关系,当然是不义之举。陈来指出:"祭祀文化中不仅有'民'的因素参与其中,也有'义'的因素参与其中。而反对祭祀以人为牺牲,表明'义'是包括人道主义在内的道德原则。"④

在"以民为本"的原则指导下,神的神圣性地位动摇,而君权作为神权在地上的代表,自然也会随之出现危机。所以,不少国君还固守祭品精洁、事神虔诚为义,试图维持其名义上的最高地位;而那些有着现实眼光的政治家们却提出"国将兴,听于民;

---

① 《左传·僖公十九年》,《春秋左传正义》,第1810页。
② 《左传·昭公十一年》,《春秋左传正义》,第2060页。
③ 《左传·昭公十年》,《春秋左传正义》,第2059页。
④ 陈来:《古代思想文化的世界——春秋时代的宗教、伦理与社会思想》,第151页。

将亡，听于神。神，聪明正直而一者也，依人而行"①"国之将兴，其君齐明、衷正、精洁、惠和……故明神降之，观其政德而均布福焉"，②强调要在政治上"敬奉德义，以事神人"。③国家兴亡的保障由"神佑"转化为"德义"，民心向背成为政治得失的关键，从而使"王权神授"转变为"君权民授"，神灵不再是主宰者，而成为民众心愿的执行者。这正如童书业所指出的那样，春秋的思想是由神本的宗教进化到人本的哲学。④不过，神并非就可以抛弃不管，信于神仍然是相当重要的事情。当楚昭王问到观射父是否可以停止祭祀神灵时，观射父肯定地回答说："祀所以昭孝息民、抚国家、定百姓也，不可以已。"⑤可见，信于神仍然是维护统治所必不可少的手段。

质言之，从"以神为本"转变为"以民为本"，就是以政治理性取代宗教神性，这是春秋民、神之义的要点，也是后来中国从未陷入全民族宗教狂热的历史原因之一。

（二）诸侯关系中的义

据范文澜统计，春秋时代，列国间军事行动凡483次，朝聘盟会凡450次，总计933次。⑥在如此频繁的交往活动中，义始终保持着公认价值尺度的地位：诸侯争霸，突出"尊王大义"；诸侯会盟，奉行"信以行义"；诸侯朝聘，崇尚"敬让明义"。

1. 尊王大义，树德立威

春秋初期的郑庄公说："王室既而卑矣，周之子孙日失其序。"⑦

---

① 《左传·庄公三十二年》，《春秋左传正义》，第1783页。
② 徐元诰撰，王树民、沈长云点校《国语集解》，第28~29页。
③ 《左传·宣公十五年》，《春秋左传正义》，第1887页。
④ 童书业：《春秋史》，第97页。
⑤ 徐元诰撰，王树民、沈长云点校《国语集解》，第518页。
⑥ 范文澜：《中国通史简编》（上），河北教育出版社，2000，第52页。
⑦ 《左传·隐公十一年》，《春秋左传正义》，第1736页。

第二章 义以出礼 义以生利 允义明德

王室衰微,使周天子与各诸侯国君之间原有的宗法关系不断疏落;属于"周之子孙"系列的各姬姓诸侯国日渐丧失了重要地位,它们之间的亲缘纽带也日益松弛。这是西周末期至春秋初期社会政治历史变迁的显著特点。失去王权约束的诸侯国之间战争不断,各诸侯国内也篡弑频仍,这导致整体社会从上到下失去了根本性的凝聚力,能够保证社会正常运行的基本规则失去了效能,华夏文明进程面临空前危机。在这样的时代背景下,一些有远见的政治家开始提倡"尊王",并"挟王室之义,以讨伐为会盟主",① 试图重建理想中的社会秩序,从而使"尊王"成为诸侯争霸的大义所在。

齐桓公、晋文公等霸主也确实在言语、礼仪和行动上有过不少尊王之举:鲁僖公四年,齐桓公率领诸侯讨伐楚国,首要原因是楚国"贡包茅不入,王祭不共,无以缩酒";② 鲁僖公九年,齐桓公又在葵丘会盟中下拜受胙;鲁僖公二十五年,晋文公听从狐偃的建议,出兵平定了周王室的内乱,使周襄王重新获得执政地位;鲁定公元年,晋国的魏舒在狄泉会合诸侯为周王室筑城。正如狐偃向晋文公建议的那样:"求诸侯,莫如勤王。诸侯信之,且大义也。"③ 尊王是大义,能深得诸侯的信任,自然成为树立霸权的有效手段,《国语·晋语四》载:

> 冬,襄王避昭叔之难,居于郑地氾。使来告难,亦使告于秦。子犯曰:"民亲而未知义也,君盍纳王以教之义。若不纳,秦将纳之,则失周矣,何以求诸侯?不能修身,而又不能宗人,人将焉依?继文之业,定武之功,启土安疆,于此乎在

---

① 司马迁:《史记》,第509页。
② 《左传·僖公四年》,《春秋左传正义》,第1792页。
③ 《左传·僖公二十五年》,《春秋左传正义》,第1820页。

矣,君其务之。"公说,乃行赂于草中之戎与丽土之狄,以启东道。①

子犯的一句"盍纳王以示之义"无意中道出了尊王大义的天机:如果晋国不送周襄王回国,就会失去"奉天子以霸诸侯"的天赐良机,还怎么指望别人依附自己呢?如能送周襄王回国,晋文公就可以示义于天下,从而继承晋文侯和晋武公的功德,开拓国土而安定疆界,称霸于诸侯。可见,晋国"尊王"之举的主要目的在于显扬晋文公的"君义",树立他的政治威信,最终确立晋国的霸主地位。的确,晋文公在完成了他的各项准备后就展开了一系列军事行动。据《国语·晋语四》记载,晋文公"伐曹、卫,出谷戍,释宋围,败楚师于城濮,于是乎遂伯"。《国语·鲁语上》载,晋文公在灭亡曹国之后报复性地"解曹地以分诸侯",以树立他在诸侯中的君威。孔子曾经评价晋文公"谲而不正",② 看来也不无道理。

从另外一种角度讲,春秋霸主们也试图在"尊王"的引领下重建一个以"义"为核心准则的社会,从而增强诸夏政治集团的凝聚力,恢复理想社会秩序,抵抗夷狄入侵,最终使华夏文明得以延续。童书业指出:"自从春秋时代王纲解纽,篡弑频仍,兼并盛起,夷狄横行,一般盟主用了'尊王'、'攘夷'的口号联合诸夏成为一个集团,禁抑篡弑,裁制兼并,中国的雏形在那时方才出现。"③ 正是因为"大义"观念的影响,春秋社会才能够在观念层面上形成一种影响深远的向心力。

严格说来,尊王只是一种名义,要想称霸诸侯,还需要树德立

---

① 徐元诰撰,王树民、沈长云点校《国语集解》,第350~351页。
② 《论语·宪问》,《论语注疏》,第2511页。
③ 童书业:《春秋史》,第239页。

第二章　义以出礼　义以生利　允义明德

威,通过履行"存亡继绝,卫弱禁暴"的天下道义来获得诸侯的信任和拥戴。"存亡继绝,卫弱禁暴"是一种带有强制意味的道义责任,因其具有正义性而得到普遍认同和接受,成为诸侯争霸的原则。郑国是春秋初期的唯一强国,郑庄公屡次"以王命讨不庭,不贪其土以劳王爵",① 实际上成为当时黄河下游东方诸国的霸主。据《左传·隐公十一年》载,许国国君没有按规定向周王室纳贡,这在当时被认为是缺乏法度。于是,郑庄公会合齐国和鲁国讨伐许国,并在当年的七月初三攻陷了许国都城,许国实际上成了郑、齐、鲁三国的战利品。不过,郑庄公并没有把许国瓜分掉,而是"服而舍之,度德而处之,量力而行之,相时而动,无累后人"。他甚至还扶持许国国君的弟弟代理国政,延续了许国国祚。《左传·僖公十五年》载,秦国在韩原之战中俘虏了晋惠公,晋大夫阴饴甥前去拜会秦穆公,劝秦穆公要以德服人:"贰而执之,服而舍之,德莫厚焉,刑莫威焉。服者怀德,贰者畏刑。此一役也,秦可以霸。纳而不定,废而不立,以德为怨,秦不其然。"这番话正中秦穆公的心意,他最终以礼相待晋惠公,并将其放回晋国。可见,争霸讲究以德服人,树德方能立威。

正所谓"诸侯之患,诸侯恤之",② 由于各诸侯国之间都有或远或近的宗亲关系,姻亲更是普遍存在,所以,一方有难,八方支持的道义之举较为常见。鲁闵公二年冬,狄人侵袭卫国。卫懿公荒淫无道,狄人轻易就灭亡了卫国。次年,狄人继续侵袭邢国,齐桓公率领诸侯军队击败狄人,装载了邢国的器物财货而让他们迁走,军队没有私自占取,其后又在夷仪为邢国筑城,延续了邢国的国祚;鲁僖公二年,齐桓公又率领诸侯把卫国安置在楚丘。由于措施

---

① 《左传·隐公十年》,《春秋左传正义》,第1735页。
② 徐元诰撰,王树民、沈长云点校《国语集解》,第153页。

得当，以至于"邢迁如归，卫国忘亡"。① 齐桓公也因此成为奉行"存亡继绝"原则的典范。鲁宣公十一年，楚庄王伐陈，杀死了夏征舒，平定了陈国内乱。不过，楚庄王没有让陈国复国，而是乘机将其兼并为楚国的县。此举遭到楚大夫申叔时的反对，他劝谏楚庄王说："夏征舒弑其君，其罪大矣，讨而戮之，君之义也……今县陈，贪其富也。以讨召诸侯，而以贪归之，无乃不可乎？"② 申叔时明确指出楚庄王讨罪是卫弱禁暴的道义之举，而吞并陈国则不符合存亡继绝的原则，不是霸主的应有之义。鲁国执政季文子指出："大国制义以为盟主。"③ 大国要成为道义尺度的掌握者，能够为诸侯伸张正义，这样才可以成为霸主。荀子对诸侯争霸的原则也有过一段精辟论述：

> 存亡继绝，卫弱禁暴，而无兼并之心，则诸侯亲之矣；修友敌之道以敬接诸侯，则诸侯说之矣。所以亲之者，以不并也，并之见则诸侯疏矣；所以说之者，以友敌也，臣之见则诸侯离矣。故明其不并之行，信其友敌之道，天下无王霸主，则常胜矣。是知霸道者也。④

在荀子看来，要想成为公认的霸主，依靠的不是武力征服与兼并，而是存亡继绝、卫弱禁暴的道义之举。

2. 信以行义，义以成命

"会"是诸侯国君或卿大夫们相约聚集在某地会见；"盟"则是对会见中所约定的事项订立盟约并以神为誓，以示信守不渝。一般而言，有"会"必有"盟"，合称会盟。会盟是春秋各诸侯国外

---

① 《左传·闵公二年》，《春秋左传正义》，第1789页。
② 《左传·宣公十一年》，《春秋左传正义》，第1876页。
③ 《左传·成公八年》，《春秋左传正义》，第1904页。
④ 王先谦撰，沈啸寰、王星贤点校《荀子集解》，第157页。

第二章 义以出礼 义以生利 允义明德

交的重头戏,是强国求霸、弱国图存、友国继好、敌国弭兵的重要途径。盟约得以履行的保障是信义,正所谓"信以行义,义以成命"。① 信义成为诸侯会盟的公认准则,在春秋前期和中期有着特别突出的表现。

春秋前期,诸侯会盟的目的主要在于建立或巩固诸侯国间的和平友好关系,或者是共同讨伐那些有违周天子命令的国家,在信义引领下"继好息民""讨违王命",只是好景不长,各诸侯之间就因为"君子屡盟"而"乱是用长"。② 鲁隐公、鲁桓公之世,诸侯之间经常有会盟修好的记载。《左传·隐公元年》:"公摄位而欲求好于邾,故为蔑之盟。"《左传·隐公二年》:"秋,盟于唐,复修戎好也。"《左传·隐公七年》:"凡诸侯同盟,于是称名,故薨则赴以名,告终嗣也,以继好息民。"《左传·隐公八年》:"公及莒人盟于浮来,以成纪好也。"《左传·桓公二年》:"公及戎盟于唐,修旧好也。"与此同时,轻视会盟作用的现象也出现了。《左传·隐公七年》载,陈国大夫五父到郑莅盟时心不在焉,以至于"歃如忘""不赖盟";《左传·桓公十二年》载,宋国屡次与别国结盟,却并不信守盟约。订立了盟约而不信守,必然会对会盟准则形成不利影响。

春秋中期,霸主们力挺信义,使得信义观念普遍通行于各诸侯国之间。鲁僖公七年,齐桓公召开"宁母之会",谋划讨伐郑国。郑国的太子华到会听取命令,却主动提出愿意充当齐国的内应,试图卖国求荣。齐桓公准备答应,管仲反对说:"君以礼与信属诸侯,而以奸终之,无乃不可乎……夫诸侯之会,其德刑礼义,无国不记。记奸之位,君盟替矣。"③ 他促使齐桓公拒绝了太子华的请

---

① 《左传·成公八年》,《春秋左传正义》,第 1904 页。
② 《诗经·小雅·巧言》,《毛诗正义》,第 454 页。
③ 《左传·僖公七年》,《春秋左传正义》,第 1799 页。

求,坚持了信义原则。鲁成公八年,晋侯派韩穿到鲁国,想让鲁国把汶阳的土地归还齐国。季文子私下里对韩穿说:"信以行义,义以成命,小国所望而怀也。"① 可见,大国有信,能够伸张正义,小国才能望怀而归附听命,信义宣昭于诸侯是成为霸主的决定因素。荀子曰:"齐桓、晋文、楚庄、吴阖闾、越句践,是皆僻陋之国也,威动天下,强殆中国,无它故焉,略信也。是所谓信立而霸也。"②

阎步克指出,春秋列国之间主要表现为信义外交,信成为崇高的政治外交道德。③ 徐难于认为,春秋时期以盟会致信和巩固信,反映了当时列国关系中信的重要和发达。④ 春秋时期信观念极其重要这一结论固然正确,但我们也应认识到,信并不是孤立存在的,而是与义有着密切关系。信与义的关系至少应包括两个方面:一是"守信为义",二是"信合于义"。其中,"守信为义"是春秋义观念的主体,而"信合于义"在观念层面上也有初步反映。前引鲁国季文子的"信以行义,义以成命",强调信约的目的在于行义,含有"信合于义"观念;卫国戏阳速说:"'谚曰:民保于信。'吾以信义也。"⑤ 也认为信约得以履行的前提是符合义的要求。所谓"小信未孚,神弗福也"⑥ "制义庶孚,信也",⑦ 均隐含有"信合于义"的观念。义使信由对盟约无差别的信守演变为在义的准则制约下有所选择的信义。

---

① 《左传·成公八年》,《春秋左传正义》,第 1904 页。
② 王先谦撰,沈啸寰、王星贤点校《荀子集解》,第 205 页。
③ 阎步克:《春秋战国时"信"观念的演变及其社会原因》,《历史研究》1981 年第 6 期。
④ 徐难于:《试论春秋时期的信观念》,《中国史研究》1995 年第 4 期。
⑤ 《左传·定公十四年》,《春秋左传正义》,第 2151 页。
⑥ 《左传·庄公十年》,《春秋左传正义》,第 1767 页。
⑦ 徐元诰撰,王树民、沈长云点校《国语集解》,第 32 页。

第二章 义以出礼 义以生利 允义明德

3. 礼敬卑让,思义为愈

相对于会盟而言,朝聘是春秋时期诸侯经常性的外交行为。在春秋近 300 年的历史当中,诸侯往来朝聘极为频繁,前述春秋时期 450 次盟会中,绝大多数是朝聘。《左传·文公元年》载:"凡君即位,卿出并聘,践修旧好,要结外授,好事邻国,以卫社稷,忠信卑让之道也。"《左传·襄公元年》载:"凡诸侯即位,小国朝之,大国聘焉,以继好结信,谋事补阙。"《左传·昭公十三年》载:"明王之制,使诸侯岁聘以志业,间朝以讲礼,再朝而会以示威……存亡之道,恒由是兴。"可见,朝聘本来是诸侯新君继位时的交往活动,后来又演化为"岁聘"、"间朝"和"再朝"等相对固定性的交往活动,目的都是建立和巩固双方的友好关系,从而保卫国家社稷的平安。叔向指出诸侯朝聘有关存亡之道,斯言不谬。由于朝聘是诸侯之间互通友好的手段,这就需要在朝聘仪式上言行适当,给对方留下良好印象,从而获得认同感。《礼记·聘义》云:"敬让也者,君子之所以相接也。故诸侯相接以敬让,则不相侵陵……所以明宾客之义也。"可见,在朝聘活动中讲究"敬""让",能够做到礼敬、卑让就是义。

诸侯朝聘中,当事双方相互礼敬为义。从一般交往心理的角度看,以对方为尊长而加以礼敬,自然可以使对方获得一种满足感,从而有利于融洽关系。《国语·周语下》载:"晋羊舌肸聘于周,发币于大夫及单靖公。靖公享之,俭而敬;宾礼赠饯,视其上而从之;燕无私,送不过郊,语说《昊天有成命》。"[①] 叔向凭借单靖公这种俭而敬的举动,就认为单子将成为周天子的中兴之臣。如果有人在朝聘仪式上表现出不敬,则会被认为是覆亡之兆。《国语·周语上》载:"襄王使邵公过及内史过赐晋惠公命,吕甥、郤芮相晋侯不敬,晋侯执玉卑,拜不稽首。内史过归,以告王曰:'晋不

---

① 徐元诰撰,王树民、沈长云点校《国语集解》,第 102 页。

亡，其君必无后。且吕、郤将不免。'"① 《左传·文公九年》载："楚子越椒来聘，执币傲。叔仲惠伯曰：'是必灭若敖氏之宗。傲其先君，神弗福也。'"可见，在朝聘中表现出"不敬"就是不义，会被视为亡宗绝祀的先兆。齐顷公不礼敬来聘的晋大夫郤克，甚至导致两国交恶："郤献子聘于齐，齐顷公使妇人观而笑之。郤献子怒，归，请伐齐。"②

敬人者，人恒敬之。在朝聘仪式中，礼敬对方可以得到相应回报，面对对方的礼遇，能够做到卑让是更进一步礼敬对方的表现，同样被视为义。这样，卑让与礼敬有来有往、相辅相成，达到了朝聘仪式中示好于对方的双重效果。《左传·昭公二年》载，鲁国大夫叔弓到晋国聘问，晋侯很重视，设置了郊劳的大礼。叔弓谦让说："寡君使弓来继旧好，固曰：'女无敢为宾！'彻命于执事，敝邑弘矣。敢辱郊使？请辞。"到了下榻的宾馆，叔弓又辞让曰："寡君命下臣来继旧好，好合使成，臣之禄也。敢辱大馆？"因为叔弓能够做到卑让，所以晋国大夫叔向才评价他有德行："夫子近德矣。"齐大夫晏子指出："让，德之主也，谓懿德。凡有血气，皆有争心，故利不可强，思义为愈。"③ 让在这里被提高到"德之主"的地位，而让德的确立就是靠义的节制功能来实现的。

（三）诸侯国内政治关系中的义

春秋时期，各诸侯国国内政治关系处于不断发展和变迁之中，存在较大的差异性和不均衡性。有些国家的君主中央集权较为稳定，如秦国和楚国；有些国家则出现了卿大夫专政甚至"政由陪臣"的局面，如晋国政出多门，鲁国民众甚至忽略了国君的存在，

---

① 徐元诰撰，王树民、沈长云点校《国语集解》，第31~32页。
② 徐元诰撰，王树民、沈长云点校《国语集解》，第381页。
③ 《左传·昭公十年》，《春秋左传正义》，第2058~2059页。

政治权力的更迭较为频繁,政治关系也复杂多变。在这样的背景下,各诸侯国都需要一种准则来规范君臣关系、君民关系和同僚关系,义也成为处理以上诸多政治关系的基本准则。

1. 君义臣行,君明臣忠

春秋时期的君臣关系显示了不同于后代的特点,就是并非"君叫臣死,臣不得不死"的单方面的臣对君忠。君臣关系有一种准则,这种准则具有较强的双向制约作用,君与臣两者都要受到这种准则的约束,双方互为前提和基础。如果国君单方面破坏了这种准则,臣可以弃其君、出其君;如果臣子单方面违背这种准则,则身死族灭,为天下所不容。君臣关系的这种准则就是义,二者只有服从于义的规范和制约,才能保证君臣关系处于良性状态。

《左传·隐公三年》载,卫国大夫石碏劝谏卫庄公不要过度宠爱公子州吁,他说:"君义、臣行、父慈、子孝、兄爱、弟敬,所谓六顺也。"排在"六顺"首位的就是"君义"。那么,义对国君到底形成了哪些要求呢?

义要求国君具备忠的道德品质,这是"君义"的构成之一。笔者发现,在《国语·晋语》之前,忠字凡16见,《左传》鲁庄公十年之前,忠字凡4见,这些忠的含义都不是后来意义上的臣对君忠,而是指国君自身应具有之品质。如《国语·周语上》云"考中度衷,忠也",要求国君将心比心;《国语·周语上》又云"中能应外,忠也",要求国君表里如一;《左传·桓公六年》载"上思利民,忠也",要求国君忠于民众。《国语·周语上》载,周内史叔兴赞扬晋文公"施三服义",贾逵解释说:"三,谓忠、信、仁也。"[1] 可见,叔兴是将晋文公忠、信、仁这三种行为评价为义。

"为政以德"是义对国君的又一规定,文献中经常出现对国君

---

[1] 徐元诰撰,王树民、沈长云点校《国语集解》,第37页。

为政以德的具体要求。周大夫富辰将义、祥、仁当作君王的三德，并要求君王内心应时刻"则德义之经"。①《左传·隐公六年》载："为国家者，见恶如农夫之务去草焉，芟夷蕴崇之，绝其本根，勿使能殖，则善者信矣。"此处的德指除恶扬善。《左传·成公十八年》载："施舍已责，逮鳏寡，振废滞，匡乏困，救灾患，禁淫慝，薄赋敛，宥罪戾，节器用，时用民，欲无犯时。"此处的德指行善政。《左传·襄公九年》载："类能而使之，举不失选，官不易方。"此处的德指选贤使能。《左传·襄公二十年》载："外内不废，上下无怨，动无违事。"此处的德指政治通达。可见，为政以德有非常具体的行事原则，而这些都可以纳入义的尺度中去。

国君不参与具体行政事务，重在处理国家大事，给百官树立榜样和建立准则，这也是国君应有之义。所谓"君能制命为义"②"民之有君，以治义也"，③表示的就是对国君行事的身份要求。《左传·成公十三年》载"国之大事，在祀与戎"。显然，国君行事主要在于祭祀与军事。鲁国臧僖伯劝谏鲁隐公的一段话很有代表意义：

> 凡物不足以讲大事，其材不足以备器用，则君不举焉。君将纳民于轨物者也。故讲事以度轨量谓之轨，取材以章物采谓之物，不轨不物谓之乱政。乱政亟行，所以败也。故春搜夏苗，秋狝冬狩，皆于农隙以讲事也。三年而治兵，入而振旅，归而饮至，以数军实。昭文章，明贵贱，辨等列，顺少长，习威仪也。鸟兽之肉不登于俎，皮革齿牙、骨角毛羽不登于器，则公不射，古之制也。若夫山林川泽之实，器用之资，皂隶之

---

① 《左传·僖公二十四年》，《春秋左传正义》，第1818页。
② 《左传·宣公十五年》，《春秋左传正义》，第1887页。
③ 徐元诰撰，王树民、沈长云点校《国语集解》，第256页。

第二章 义以出礼 义以生利 允义明德

事，官司之守，非君所及也。①

"君将纳民于轨物者也"，而实现的途径就是所谓"讲事"和"祭祀"，讲事就是戎事，轨物就是祭祀。祀与戎就是国君的大事，国君处理不好这两件事就是乱政，这是败亡的根源所在。至于一般的行政事务，那是各级官吏的职责所在，不是国君所应涉及的。因此，"君义"就是国君的职分，其具体内容是由国君的特殊身份和地位所决定的，国君只有安于其分，国家政治才会保持稳定。

君有"君义"，臣有"臣义"，臣子之义突出表现为"忠"，忠于国君或社稷即为义。晋国执政赵武曾评价鲁大夫叔孙豹说："临患不忘国，忠也。思难不越官，信也；图国忘死，贞也；谋主三者，义也。"② 可见，臣子忠于国君、忠于社稷就是义。忠于国君和社稷毕竟是笼统的，义还对"忠"形成了很多具体要求。

臣子"事君不贰"，能够不惧以死完成国君授予的使命，做到"义无二信"，这是义对臣子之忠的早期规定。晋大夫狐突云："子之能仕，父教之忠，古之制也。策名委质，贰乃辟也。今臣之子，名在重耳，有年数矣。若又召之，教之贰也。父教子贰，何以事君？"③ 臣子一旦策名委质，三心二意就是有罪，将不能在朝廷上立足，没有资格做国君的臣子了。郑大夫原繁云："臣无二心，天之制也。"④ 将臣"事君不贰"称为上天的规定。晋大夫解扬说："君能制命为义，臣能承命为信……义无二信，信无二命。"⑤ 解扬强调"信无二命"，既然接受了国君的命令，就宁死也不背叛。鲁

---

① 《左传·隐公五年》，《春秋左传正义》，第1726页。
② 《左传·昭公元年》，《春秋左传正义》，第2020页。
③ 《左传·僖公二十三年》，《春秋左传正义》，第1814页。
④ 《左传·庄公十四年》，《春秋左传正义》，第1771页。
⑤ 《左传·宣公十五年》，《春秋左传正义》，第1887页。

成公八年，晋大夫士燮到鲁国聘问，会商讨伐郯国。鲁成公想贿赂他，请求暂缓出兵，士燮拒绝，说"君命无贰，失信不立"，[①] 坚持不背叛国君的命令，最终迫使鲁国按时出兵。

童书业指出："春秋中年以后，封建组织渐渐向统一国家转移，因之宗族观念的一部便被国家观念所取代。"[②] 在这种时代背景下，臣子可以不死昏君之难，但是一旦国家社稷有难，臣子则愿意慷慨赴死，在忠于国君与忠于国家之间，忠于国家社稷为义的观念日渐突出。《左传·昭公五年》载，吴蹶由出使楚国，忠于国家而不惧衅鼓；《左传·宣公十三年》载卫大夫孔达语："苟利社稷，请以我说。"孔达将国罪归己，身死以赎国；《左传·定公四年》载，楚左司马沈尹戌裹伤力战，三战至死而以首归国；《左传·昭公四年》载，郑子产为救世不改其义，言"苟利社稷，死生以之"；《左传·哀公十一年》载，鲁冉有能执干戈以卫社稷，孔子誉之以义。而背叛祖国、卖地求荣的臣子则被钉在了"不义"的耻辱柱上，《左传》特别记载了邾庶其、莒牟夷、邾黑肱等携地叛国者的名字，并强调："以地叛，虽贱必书，地以名其人，终为不义，弗可灭已。是故君子动则思礼，行则思义，不为利回，不为义疚。或求名而不得，或欲盖而名章，惩不义也……作而不义，其书为'盗'……是以《春秋》书齐豹曰'盗'，三叛人名，以惩不义，数恶无礼，其善志也。"[③]

相比而言，齐国的晏子较早地将忠于国君与忠于国家社稷区分开来。鲁襄公二十五年，齐国的崔杼杀死了荒淫的齐庄公，朝中大臣对"君难"的做法截然不同，《左传》中的一段记载相当耐人寻味：

---

① 《左传·成公八年》，《春秋左传正义》，第1905页。
② 童书业：《春秋史》，第208页。
③ 《左传·昭公三十一年》，《春秋左传正义》，第2126页。

第二章 义以出礼 义以生利 允义明德

贾举、州绰、邴师、公孙敖、封具、铎父、襄伊、偻堙皆死。祝佗父祭于高唐，至，复命。不说弁而死于崔氏。申蒯侍渔者，退，谓其宰曰："尔以帑免，我将死。"其宰曰："免，是反子之义也。"与之皆死。崔氏杀融蔑于平阴。晏子立于崔氏之门外，其人曰："死乎？"曰："独吾君也乎哉？吾死也。"曰："行乎？"曰："吾罪也乎哉？吾亡也。""归乎？"曰："君死，安归？君民者，岂以陵民？社稷是主。臣君者，岂为其口实，社稷是养。故君为社稷死，则死之；为社稷亡，则亡之。若为己死而为己亡，非其私昵，谁敢任之？且人有君而弑之，吾焉得死之，而焉得亡之？"①

在不少大臣秉持传统观念，"事君以死，事主以勤"，② 前赴后继地死于君难时，晏子却徘徊在崔杼门外。手下人的三次询问分别提供了死难、逃亡和回家躲避三种选择，晏子却以三次反问分别予以否定，决定不死、不亡也不躲避，只是礼节性地枕尸号哭一通，向上跳三次就出去了。在国君利益和国家利益之间，晏子选择了为国不为君。在晏子看来，做臣子并非为了国君给予的俸禄，而应当保养国家，国家社稷的利益要高于国君，君死社稷则臣死之，国君因为自己淫乱而被杀死，除了他所私自宠爱的人，别人为什么要为他而死，为什么要为他而逃亡呢？从义观念层面上看，晏子之举具有划时代的意义。至少，国君在晏子眼中成为国君家族中的普通一员，君明则辅君，君昏则从国，单个国君的神圣地位降低了，只要忠于社稷，保持了王族的祭祀，就具备忠臣之义。

臣子在国家政治活动中不以私害公，不因私废公，这是义对臣子之忠的又一要求。作为臣子应"奉君命无私，谋国家不贰，图

---

① 《左传·襄公二十五年》，《春秋左传正义》，第1983页。
② 徐元诰撰，王树民、沈长云点校《国语集解》，第422页。

其身不忘其君",① 始终坚持以国君和国家利益为核心。《左传·文公六年》载"以私害公,非忠也",明确反对公报私仇的做法;《左传·哀公五年》载:"私仇不及公,好不废过,恶不去善,义之经也。"在私人感情与国家利益之间,能够做到以国家利益为重,此乃"义之经"。个人能为了国家利益而不顾一家之亲,这在春秋时期被称为"大义"。前述卫国的石碏杀死作乱的儿子石厚就是大义灭亲的典范。

臣子为国君举贤使能也是忠的表现,只是举贤使能要做到"唯善所在,亲疏一也"。② 善与义同,善的就是义的。因此,举贤使能也要受到义的约束,臣子能够做到"唯善所在"就是义。晋国大夫祁奚在这方面堪称典范:

祁奚请老,晋侯问嗣焉。称解狐,其仇也,将立之而卒。又问焉,对曰:"午也可。"于是羊舌职死矣,晋侯曰:"孰可以代之?"对曰:"赤也可。"于是使祁午为中军尉,羊舌赤佐之。君子谓:"祁奚于是能举善矣。称其仇,不为谄。立其子,不为比。举其偏,不为党……解狐得举,祁午得位,伯华得官,建一官而三物成,能举善也夫!唯善,故能举其类。"③

《国语·晋语七》载,晋平公让祁午担任军尉之职,"殁平公,军无秕政"。叔向因此评价祁奚"外举不弃仇,内举不失亲"。④ 鲁昭公二十八年,晋国执政魏舒同时任命魏戊和贾辛等十人担任县大夫之职,因为魏戊是其庶子,所以担心别人说他任人唯亲,结党营私。大约贾辛相貌比较丑陋,自己有点不自信。魏舒并不以貌取

---

① 《左传·成公十六年》,《春秋左传正义》,第 1920 页。
② 《左传·昭公二十八年》,《春秋左传正义》,第 2119 页。
③ 《左传·襄公三年》,《春秋左传正义》,第 1930 页。
④ 《左传·襄公二十一年》,《春秋左传正义》,第 1971 页。

第二章　义以出礼　义以生利　允义明德

人,而是专门给他讲了郇蔑貌丑,叔向闻其一言善而举荐其为官的故事,鼓励贾辛以恭敬之心前去赴任。魏舒之举同样做到了举人唯善,孔子评价魏舒说:"近不失亲,远不失举,可谓义矣。"①

可见,春秋时期的君臣之间存在一种普遍性的行事准则,其具体内容又是由对象的特殊身份和地位决定的,君臣都有自己的"分",只有君臣各安其分,国家政治才能保持稳定,义在这里表现为两类不同的规范。不过,"君义"和"臣义"仅仅构成对国君和臣子的单方面规范,在春秋时期诸侯国内金字塔式的君主专制体系中,国君是位于塔尖处的最高首脑,臣子是各种政事的决策者和执行者,他们之间存在着千丝万缕的复杂关系。义在规范和限约君臣关系方面发挥着主导作用,成为维系或变更二者关系的准则。

前述卫国石碏曾提到"君义""臣行",对于"君义"与"臣行"之间的逻辑关系,有两种不同的解释:《春秋左传正义》释为"臣行君之义",② 意为国君之义需要臣子去执行,重在强调臣子对国君的责任;沈玉成则释为"君主行事得宜,臣下受命奉行",③ 倾向于君主首先有义,然后臣下才受命奉行,"君义"是"臣行"的前提条件。笔者认为,沈玉成的解释比较符合春秋时期君臣关系的客观实际。"君义,臣行"的表述中隐含着一种君臣关系的准则,那就是只有国君行事得义,臣子才能受命奉行。在君臣关系当中,国君负担着更多的主动性责任,也就是说,在君臣关系当中,义更多地对国君行为形成规定。《左传·桓公二年》载:"君人者将昭德塞违,以临照百官……今灭德立违,而置其赂器于大庙,以明示百官,百官象之,其又何诛焉?国家之败,由官邪也。官之失

---

① 《左传·昭公二十八年》,《春秋左传正义》,第2119页。
② 《春秋左传正义》,第1724页。
③ 沈玉成:《左传译文》,中华书局,1981,第7页。

德,宠赂章也。"强调国君行事不义是导致官邪国败的根本。《国语·周语中》载:"夫政自上下者也,上作政,而下行之不逆,故上下无怨。"强调君臣关系的上行下效。《国语·周语中》又载:"为臣必臣,为君必君……上任事而彻,下能堪其任,所以为令闻长世也。"强调国君贤德通达,知人善任,臣子才能各得其宜,国家才能长治久安。可见,尽管国君高高在上,与臣子之间是统治被统治关系,但是国君要想"令闻长世",得到臣子的拥戴,依靠的是"为君必君"这种符合自己特殊身份的"规范性"行为,即必须履行国君的责任,遵循国君的行为规范,而非必须无条件服从的"强制性"命令。也就是说,国君必须"以义制事",① 在义的准则下维系正常的君臣关系。

"君明臣忠"的表述同样隐含着一种因果关系:因为"君明",所以"臣忠","君明"既是"臣忠"的前提条件,"君明臣忠"整体上又构成了君臣关系之义。在义的框架下,国君的地位不再固定不变,它必须接受义尺度的衡量,君义方可为君,从而具备合法性地位;如果国君不义,臣子就可以背叛逃亡,也可以另立新君,甚至可以取而代之。《左传·文公十四年》载:"宋高哀为萧封人,以为卿,不义宋公而出,遂来奔。书曰:'宋子哀来奔。'贵之也。"高哀认为宋君不义,于是放弃了卿的职位逃奔鲁国,《春秋》记载这件事对他表示尊重。可见,君不义而臣去之被认为是正当的事情。《国语·晋语一》载,晋献公宠爱骊姬,骊姬生了奚齐,献公想废掉太子申生而立奚齐。大夫荀息对此事持认同态度:"吾闻事君者,竭力以役事,不闻违命。君立臣从,何贰之有?"强调对国君命令的无条件服从。大夫丕郑则有不同的认识:"吾闻事君者,从其义,不阿其惑。惑则误民,民误失德,是弃民也。民之有君,以治义也。义以生利,利以丰民,若之何其民之与处而弃之也?必

---

① 《尚书·仲虺之诰》,《尚书正义》,第161页。

第二章 义以出礼 义以生利 允义明德

立大子。"① 刘泽华指出,丕郑在这里"把君的地位降到义之下了,君也要在义的前面接受衡量"。② 不过,丕郑并没有从根本上否定国君的神圣地位。鲁成公十八年,晋国发生了晋厉公被栾书、中行偃杀死的事件。事件迅速传到了鲁国,鲁成公在朝堂上询问到底是谁之过,大夫都不敢回答。鲁大夫里革说:"君之过也。夫君人者,其威大矣。失威而至于杀,其过多矣。且夫君也者,将牧民而正其邪者也,若君纵私回而弃民事,民旁有慝,无由省之,益邪多矣。若以邪临民,陷而不振,用善不肯专,则不能使,至于殄灭而莫之恤也,将安用之?"③ 里革敢于直陈晋厉公被杀是君的过错,隐含着君不义而臣弑之,责任在君不在臣的观念。而到了鲁襄公十四年,师旷则明确提出了"君位可易"的观念:

> 夫君,神之主而民之望也。若困民之主,匮神乏祀,百姓绝望,社稷无主,将安用之?弗去何为?天生民而立之君,使司牧之,勿使失性……天之爱民甚矣。岂其使一人肆于民上,以从其淫,而弃天地之性?必不然矣。④

师旷将匮神乏祀、百姓绝望的君主视为不义之君,认为对这种人神共愤的国君,不废掉还留着干什么。他将昏君的被废解释为天的意志,实际上是在为其"君位可易"论寻求理论支撑,证明君不义而臣废之是正当合理的。《左传·昭公三十二年》载,晋国的赵简子询问史墨说:"季氏出其君,而民服焉,诸侯与之,君死于外,而莫之或罪也。"对鲁国发生这样的事情感到不可思议。史墨回答说:"社稷无常奉,君臣无常位,自古以然。"言外之意就是,

---

① 徐元诰撰,王树民、沈长云点校《国语集解》,第 256 页。
② 刘泽华:《中国政治思想史》,第 65 页。
③ 徐元诰撰,王树民、沈长云点校《国语集解》,第 172 页。
④ 《左传·襄公十四年》,《春秋左传正义》,第 1958 页。

在观念与思想之间

国君与臣下在地位上的高下之分并非恒久不变，国君如果因所行不义而失去民心，就会沦为庶民；臣下如能行义而使民众服从，自然也具有做国君的合法资格。

2. 闲民以义，抚民以信

君民关系不像君臣关系那样具有双向性。国君始终处于主导性和支配性地位，民众是国君统治的对象，处于被动性和选择性地位。国君的所作所为可以影响民众的选择，民众会因为"君义"而拥护国君，也可以因为国君所为不义而有"远志"，选择逃亡别国，甚至还会奋起反抗而"出其君"。因此，君民之义的核心在于国君如何取得民众的拥戴，以维护其政治统治的长治久安。

《左传·昭公六年》载，叔向不满子产的法制主张，写给子产一封信，阐述了自己理想中的治民之术："闲之以义，纠之以政，行之以礼，守之以信，奉之以仁，制为禄位以劝其从，严断刑罚以威其淫。""闲"意为"防卫""防备"，"闲之以义"按照孔颖达的解释，就是"卫之使合于事宜者也"。① 在这一系列措施中，"闲之以义"之所以排在首位，是因为义作为一种社会行为的尺度，可以有效地对民众形成一种潜在约束力，使其在做出某种行为之前事先考虑自身的行为是否合于义的规范，从而构成社会秩序稳定的心理基础。当然，要想"闲民以义"，还得有一个前提条件，那就是需要使民众知道义是什么。下面的材料颇能说明问题：

> 晋侯始入而教其民，二年，欲用之。子犯曰："民未知义，未安其居。"于是乎出定襄王，入务利民，民怀生矣，将用之。子犯曰："民未知信，未宣其用。"于是乎伐原以示之信。民易资者不求丰焉，明征其辞。公曰："可矣乎？"子犯

---

① 《春秋左传正义》，第 2043 页。

曰："民未知礼，未生其共。"于是乎大蒐以示之礼，作执秩以正其官，民听不惑而后用之。出谷戍，释宋围，一战而霸，文之教也。①

晋文公想要役使民众，启动他的争霸事业，子犯却认为时机不成熟，首要原因就在于"民未知义"。《国语·晋语四》载"民亲而未知义也"，意思是民众已经亲附，但还不知道义。而使民众知义的措施就在于"出定襄王""纳王以教之义"。② 前面已述，春秋时期尊王为大义，从君民关系的角度看，尊王的目的就在于弘扬既定的尊尊原则，从而使民众知晓、认同并自觉维护这种原则，进而造就尊卑有等，上下有序的君民关系。这样，义在君民关系中主要表现为一种传统宗法基础上的等级规则，这种规则可以使民众知道尊卑，不以下犯上，从而保证君民关系在义的框架下处于理想状态。以义"教民""闲民"也就成为不可或缺的政治统治手段和宗法伦理教化。

国君要想得民心、役使民力，必须借助于义的准则力量，那么，国君能否确立义、践行义就决定着民心所向，也决定着国君政治统治的成功与否。国君作为社会统治阶层的代表，起着"德风"的作用，"上之所为，民之归也"。③ 其政治示范在很大程度上决定着义的正当性和正义性准则能否深入人心，因此国君需要以某种具体行为确立"君义"并垂范天下，从而取得民众的认可和拥戴。这种行为就是"抚小民以信"。④ 此处的信不是指一般社会关系中的诚信，而是指政治层面的忠信、可信。"信以行义"，"信"可以使义的正当性和正义性准则深入人心。国君想要得到民众的拥戴，

---

① 《左传·僖公二十七年》，《春秋左传正义》，第 1823 页。
② 徐元诰撰，王树民、沈长云点校《国语集解》，第 351 页。
③ 《左传·襄公二十一年》，《春秋左传正义》，第 1970 页。
④ 《左传·桓公十三年》，《春秋左传正义》，第 1757 页。

必须取信于民，君抚民以信为义。《国语·周语上》云"制义庶孚，信也。然则长众使民之道……非信不行"；《左传·昭公十一年》载蔡灵侯"贪而无信"，楚子诱而杀之；《左传·昭公二十年》载"宋元公无信多私"，臣民叛之；《国语·吴语》载"越王好信以爱民，四方归之"。信与不信，成为国君能否确立义的原则进而维持其统治的关键因素。因此，春秋政治层面取信于民的观念极为突出，统治者视其为一种行之有效的统治手段加以重视和强调。《国语·晋语四》载：

  晋饥，公问于箕郑曰："救饥何以？"对曰："信。"公曰："安信？"对曰："信于君心，信于名，信于令，信于事。"公曰："然则若何？"对曰："信于君心，则美恶不逾。信于名，则上下不干。信于令，则时无废功。信于事，则民从事有业。于是民知君心，贫而不惧，藏出如入，何匮之有？"①

在箕郑看来，救助饥荒最大的政治保障就是信义，要让民众知道国君的信义，从而对国君和国政产生信心，这样饥荒问题也就容易解决了。②

取信于民需要以国君为首的统治阶层发挥示范作用，国君首先要身体力行，以守信义的具体行动取信于民众，而不是仅仅停留在口头承诺上。鲁僖公二十五年冬天，晋文公讨伐原国，命令军队只携带三天的粮食，到了第三天，原国不投降，晋文公就命令撤军。他指出："信，国之宝也，民之所庇也，得原失信，何以庇之？所亡滋多。"③晋文公标榜信用，既取得了晋国民众的信任，又使原

---

① 徐元诰撰，王树民、沈长云点校《国语集解》，第357页。
② 需要指出的是，《国语》中箕郑所言的"信于君心、信于名、信于令、信于事"，在《韩非子·外储说左上》则记载为"信名、信事、信义"。
③ 《左传·僖公二十五年》，《春秋左传正义》，第1821页。

国认为晋君有信而乐意归附，可谓一举两得。鲁昭公十六年，晋国执政韩起到郑国聘问，想从郑国商人那里强买玉环。子产不同意，他说："昔我先君桓公，与商人皆出自周，庸次比耦，以艾杀此地，斩之蓬蒿藜藋，而共处之。世有盟誓，以相信也……故能相保以至于今。"① 子产认为郑国能够延续国运，靠的就是商人对国君的信任。

鲁大夫季文子指出："信不可知，义无所立。"② 从封建统治的角度看，国君有信，才能确立义的政治准则，民众才会产生政治上的依靠感，行为才能有所遵循，国家才会因此具备凝聚力。如果国君经常无信、失信或不信，义原则的确立也就是一句空话，君民关系的良性状态自然也难以得到保障。

3. 让不失义，周以举义

同僚作为在朝廷共事的官员群体，有着不同的出身、迥异的思想和利益诉求，这就导致同僚之间在很多情况下会产生问题。这些问题涉及官员的任职与提升、国家事务的处理、对功劳和荣誉的态度等方面，如何正确看待和处理这些问题，构成了同僚之义的核心。春秋时期，各诸侯国内部均存在着同僚之间的明争暗斗，政治斗争的残酷性和激烈性往往导致你死我活的结果，为了生存而不择手段的情况并不少见。不过，我们还应该认识到，无论是在观念层面还是在实践层面，春秋同僚关系也存在着一种准则，能够使同僚在群体上保持相对稳定的关系，从而形成了国家机构正常运转的有力保障，这种准则就是义。义对同僚关系的规范和约束主要体现在两大方面：一是让不失义，二是周以举义。

同僚之间既然不可避免地存在着斗争和竞争关系，那么要平抑这种紧张关系，就需要一种公认的为官之德——让，贵让、尚让成

---

① 《左传·昭公十六年》，《春秋左传正义》，第 2080 页。
② 《左传·成公八年》，《春秋左传正义》，第 1904 页。

为春秋时期处理同僚关系的突出观念。《国语·周语中》云"圣人贵让";《国语·周语下》云"德莫若让"。臣子如果能实践让的美德,这本身就被视为义;更多情况下,让作为德还要受到义的约束,做到"让合于义"或"让不失义",义成为让的尺度。

一般而言,国家战争的胜利、重大问题的解决往往得益于官员群体的努力,在功劳的最后归属问题上,同僚之间如果能做到谦让和退让,就会被认为是懿德,是合于义的表现。《国语·晋语五》载:

> 靡笄之役,郤献子见,公曰:"子之力也夫!"对曰:"克也以君命命三军之士,三军之士用命,克也何力之有焉?"范文子见,公曰:"子之力也夫!"对曰:"燮也受命于中军,以命上军之士,上军之士用命,燮也何力之有焉?"栾武子见,公曰:"子之力也夫!"对曰:"书也受命于上军,以命下军之士,下军之士用命,书也何力之有焉?"①

面对晋景公的慰劳,郤克将功劳归于君王的教导和三军之士的努力;范燮将功劳归于上军之士;栾书将功劳归于下军之士。三人相互退让,都认为功劳应归于别人。据《国语·晋语五》记载,靡笄之役以晋国大胜而结束,晋军班师回国,范燮主动后入,把荣誉让给主帅郤克,得到其父范武子的赞扬:

> 郤献子师胜而返,范文子后入。武子曰:"燮乎!女亦知吾望尔也乎?"对曰:"夫师,郤子之师也,其事臧。若先,则恐国人之属耳目于我也,故不敢。"武子曰:"吾知免

---

① 徐元诰撰,王树民、沈长云点校《国语集解》,第383页。

第二章　义以出礼　义以生利　允义明德

矣。"①

臣子能让功，是关系和睦的表现；大臣和睦，是国家强盛的标志。所以，能让功是为同僚之义。同僚之间如果争功贪赏，就会被认为是不义之举。《左传·僖公二十四年》载，介之推有功于晋文公而不言禄，并批评同僚"贪天之功""下义其罪"，把争功贪赏这种不义之行当成义行。

春秋中后期，不但诸侯国之间更加重视利益问题，各诸侯国执政的卿大夫之间也多有争利现象出现，导致春秋诸侯国间和诸侯国内政治关系的诸多不安定因素。也就是从此时开始，同僚之间开始出现以让利为义的导向，提倡同僚之间理性看待利益冲突问题。齐大夫晏子曰："夫民生厚而用利，于是乎正德以幅之，使无黜嫚，谓之幅利，利过则为败。"② 他提出了"幅利"的观念，提倡在利益问题上要有节制，而节制正是义的基本尺度。《国语·周语上》载："义所以节也""义节则度。"齐大夫晏子曾建议陈桓子将其在内乱中得到的封邑财产尽数出让，以收买人心：

> 晏子谓陈桓子："必致诸公。让，德之主也，谓懿德。凡有血气，皆有争心，故利不可强，思义为愈。义，利之本也，蕴利生孽。姑使无蕴乎！可以滋长。"③

早在鲁昭公三年，晏子在出使晋国时就对叔向说："齐其为陈氏矣！公弃其民，而归于陈氏。"④ 鲁昭公二十六年，齐景公提到对齐国政权旁落的担心，晏子仍认为陈氏最有可能得到齐国政权，

---

① 徐元诰撰，王树民、沈长云点校《国语集解》，第382~383页。
② 《左传·襄公二十八年》，《春秋左传正义》，第2001页。
③ 《左传·昭公十年》，《春秋左传正义》，第2059页。
④ 《左传·昭公三年》，《春秋左传正义》，第2031页。

在观念与思想之间

历史的发展也最终印证了晏子的推测，鲁哀公十四年，陈成子终弑齐简公而自立。陈氏能够得到齐国政权固然有多方面的原因，但是他听从晏子的建议，在利益面前能够辞让，将好处归于国君、同僚和民众，做到了"思义为愈"，以"义"为利之本，从而形成"陈氏始大"的政治态势，无疑是其成功的关键因素之一。

秦穆公云："人之有技，若己有之。人之彦圣，其心好之，不啻若自其口出。"① 提倡同僚之间不要嫉贤妒能，而要让贤举能。同僚之间在面对官职利禄时不贪图位高权重，而是根据自身实际能力，能够胜任则接受；如果自己不能胜任，或者有更合适的人选，就要勇于辞让，举荐更适合的人选，这在春秋时期被视为官德的基本内容，也是官员行义的典范。晋文公时，赵衰"三让不失义"的事件成为春秋政治史上的美谈：

> 文公问元帅于赵衰，对曰："郤縠可，行年五十矣，守学弥惇。夫先王之法志，德义之府也。夫德义，生民之本也。能惇笃者，不忘百姓也。请使郤縠。"公从之。公使赵衰为卿，辞曰："栾枝贞慎，先轸有谋，胥臣多闻，皆可以为辅，臣弗若也。"乃使栾枝将下军，先轸佐之……狐毛卒，使赵衰代之，辞曰："城濮之役，先且居之佐军也善，军伐有赏，善君有赏，能其官有赏。且居有三赏，不可废也。且臣之伦，箕郑、胥婴、先都在。"乃使先且居将上军。公曰："赵衰三让。其所让，皆社稷之卫也。废让，是废德也。"以赵衰之故，搜于清原，作五军。使赵衰将新上军，箕郑佐之；胥婴将新下军，先都佐之。子犯卒，蒲城伯请佐，公曰："夫赵衰三让不失义。让，推贤也。义，广德也。德广贤至，又何患矣。请令

---

① 《尚书·秦誓》，《尚书正义》，第256页。

第二章 义以出礼 义以生利 允义明德

衰也从子。"乃使赵衰佐新上军。①

赵衰三次辞让晋文公给他的官位,每次辞让都推荐了更合适的人选,被推荐者也都很胜任职位,确为国家社稷的栋梁之材。所以,晋文公高度评介了赵衰的让贤之举,称赞他"三让不失义",起到了推举贤才、光大道德的作用。"赵衰三让"显然不是出于一己之私,也不是虚伪、做作的假让,更不是乡愿式的一味退让,而是以有利于国家社稷为出发点,以最适合者任职为准则的德让。实际上,赵衰并非没有能力的平庸之辈,他曾跟从晋文公逃亡,可以说是晋文公的股肱之臣和得力干将,是深受晋文公信任的臣子之一。在跟随晋文公逃亡期间,赵衰受到了各国卿大夫的高度关注,《国语·晋语四》数次间接或直接提到赵衰的文德和才能:"晋公子贤人也,其从者皆国相也";"晋公子生十七年而亡,卿才三人从之";"赵衰其先君之戎御,赵夙之弟也,而文以忠贞";"重耳日载其德,狐、赵谋之";"晋公子敏而有文,约而不谄,三材侍之,天祚之矣";"吾不如衰之文也,请使衰从"。赵衰尽管为晋文公的君位和霸业立下了汗马功劳,但他没有居功自傲、目空一切,在官职和地位方面坚持以国家社稷利益为重,以推举贤人为己任,堪称春秋时期"让不失义"的典范。

《左传》曾经以"君子曰"的形式指出:"世之治也,君子尚能而让其下,小人农力以事其上,是以上下有礼,而谗慝黜远,由不争也,谓之懿德。"② 将同僚尚让称为懿德,是国家大治的象征。不过,我们还要避免一个认识误区,那就是认为同僚遇到提升机会一定要退让,不管让的对象到底适合不适合,只是为了让而让,一味将机会让给别人,这就成为一种无原则的退让,是为不义之让。

---

① 徐元诰撰,王树民、沈长云点校《国语集解》,第 357~359 页。
② 《左传·襄公十三年》,《春秋左传正义》,第 1954 页。

让是有原则的,要做到"让不失义"。所谓"让不失义",就是受让者的确贤于己,比自己更适合,更能够发挥作用,而且确实产生了更好的效果。如果明知对方不如己,只是害怕惹是生非,害怕出风头而退让,将责任和能力抛在一边,这种让不但不会得到赞扬,还会被认为是逃避责任、缺乏原则和不敢担当,自然是不义之让。所以,春秋义观念提倡德让,也提倡"当事不避难""当仁不让""举贤不避亲"等。因此,让与不让都有可能是善德或凶德,问题的关键在于其是否合于义。

同僚作为共事的官员群体,他们之间的关系或亲或疏,或近或远,或喜或憎,处理这些复杂关系的原则是"周以举义",即要求同僚之间团结而不勾结、不结党营私,以国家社稷利益为重。这构成了同僚关系之义的另一方面。

"周"与"比"经常连用,二者均存在褒贬两重含义。周有亲密、契合的意思,之所以有褒有贬,关键看其是否合义,义成为判断同僚关系是否出于公心、团结忠信的尺度。《国语·晋语五》载:"事君者比而不党。夫周以举义,比也举以其私,党也。"也就是说,同僚之间紧密团结,共同以忠信之心事上,就是义;出于个人私心拉帮结派,维护团伙利益,危害国家社稷,就是不义之举。《国语·晋语五》载,赵盾推举韩厥做晋国司马,并故意指使人以他的乘车干扰军队行列,以此试探韩厥的反应,结果韩厥并没有徇私情,而是按照军法处置了驾车人。赵盾这才放心地告诉韩厥说:"吾言女于君,惧女不能也。举而不能,党孰大焉!事君而党,吾何以从政?"他还高兴地告诉其他晋国大夫说,你们可以向我祝贺了,我推举的韩厥非常称职,大概不会有人认为我结党营私了。

比也有亲密的意思。《左传·昭公元年》载"吾兄弟比以安",《左传·昭公二十八年》载"择善而从之曰比"。如果同僚之间能够出于公心而关系亲密、团结一致,则也被视为义。晋大夫叔向论"比而不别"就很有代表性:

第二章 义以出礼 义以生利 允义明德

叔向见司马侯之子，抚而泣之，曰："自此其父之死，吾蔑与比而事君矣！昔者其父始之，我终之；我始之，夫子终之，无不可。"籍偃在侧，曰："君子有比乎？"叔向曰："君子比而不别。比德以赞事，比也。引党以封己，利己而忘君，别也。"①

同德同心，在政事上互相帮助，是为比；结党营私，祸国危君，是为别。叔向明确指出，君子之间也可以关系亲近、亲密，只是这种亲近和亲密是出于公心的并肩合作，是"比义"，②而不是党同伐异、朋党比奸。

"比周"作为一个词，其贬义的一面也有出现。《左传·文公十八年》载："掩义隐贼，好行凶德，丑类恶物，顽嚚不友，是与比周，天下之民谓之浑敦。"因此，出于不可告人的阴谋，为着个人或小团伙的私利而相互勾结、沆瀣一气、结党营私，这种"比周"关系自然不是同僚之间应有之义。

（四）人际关系中的义

通过前文可知，春秋时期的义主要表现为一种政治观念，这是确定的事实。除了政治层面丰富的义观念外，一般人际关系也受到义观念的作用和影响。由于我们所能利用的春秋文献主要是官方正史，对一般人际关系只有一些附带性的零星记载，而且其中不少也带有浓厚的政治色彩，这就给我们的研究带来诸多障碍。不过，通过这些零星记载我们还是能够发现，春秋人际关系之义主要体现在信守承诺和崇尚礼让两个方面。

1. 朋友之交，信义为重

信义观念除了在春秋政治层面受到充分重视外，一般人际关系

---

① 徐元诰撰，王树民、沈长云点校《国语集解》，第427~428页。
② 徐元诰撰，王树民、沈长云点校《国语集解》，第486页。

中,守信为义的观念也极为突出,《左传》记载了一则晋大夫荀䓨信守承诺的事情:

> 荀䓨之在楚也,郑贾人有将置诸褚中以出。既谋之,未行,而楚人归之。贾人如晋,荀䓨善视之,如实出己。贾人曰:"吾无其功,敢有其实乎?吾小人,不可以厚诬君子。"遂适齐。①

大概荀䓨与郑国商人有约在先,由郑国商人将其藏在大口袋里带出楚国。不料,计划还没有实施,自己就被楚国放回了。这位商人到了晋国,荀䓨待他很好,就如同确实是由商人将其解救回来的一样。在荀䓨看来,既然有了约定,就一定要信守,商人确实是信守约定的,只是这个约定由于自己被提前释放而没有来得及履行,所以他善待郑国商人以示自己信守承诺。可是,这位不知名的郑国商人表现更出色,他认为荀䓨的获救并非出于己力,自然无功不受禄,接受人家的回报就是玷污了自己的信义,于是远走齐国。作为普通民众,这位郑国商人的行为颇具代表性,从中可以窥见义观念在普通社会大众中的影响力。子夏曰:"与朋友交,言而有信。"②他倡导朋友之间要以信义为重。因此,背叛与朋友的诺言就是不义,背信弃义者在春秋观念中受到唾弃。鲁僖公四年,在齐桓公主导的召陵之会上,陈国大夫辕涛涂私下与郑国大夫申侯约定,两人共同劝说齐桓公大军改道东夷,以减轻陈国和郑国的负担。辕涛涂把二人共同商量好的说辞报告给齐桓公,齐桓公同意了。不料,申侯却并未信守承诺,而是出卖了辕涛涂。他对齐桓公说:"师老矣,若出于东方而遇敌,惧不可用也。若出于陈、郑之间,共其资

---

① 《左传·成公三年》,《春秋左传正义》,第1901页。
② 《论语·学而》,《论语注疏》,第2458页。

第二章 义以出礼 义以生利 允义明德

粮悱屡,其可也。"① 齐桓公一高兴,赐给他虎牢之地,并把辕涛涂抓了起来。辕涛涂把申侯当朋友,申侯却出尔反尔,背信弃义,最终也中了辕涛涂的计谋,落得个被国君诛杀的下场。

卫国大夫戏阳速说:"'谚曰:民保于信。'吾以信义也。"② 可见,春秋信观念已经广泛流行于社会层面,甚至成为当时一般民众的谚语。戏阳速却自称"信义",这从侧面表明,在一般的人际关系中,人们也有了"信合于义"的观念,强调信要受到义的约束。如果所立信誓不义,那么背信也无可厚非,甚至也是一种义。司马迁在《史记·孔子世家》中记载了孔子周游列国时的一段经历:

> 过蒲,会公叔氏以蒲畔,蒲人止孔子。弟子有公良孺者,以私车五乘从孔子。共为人长,贤,有勇力,谓曰:"吾昔从夫子遇难于匡,今又遇难于此,命也已。吾与夫子再罹难,宁斗而死。"斗甚疾。蒲人惧,谓孔子曰:"苟毋适卫,吾出子。"与之盟,出孔子东门。孔子遂适卫。子贡曰:"盟可负邪?"孔子曰:"要盟也,神不听。"③

子贡显然不理解孔子背叛盟约的举动,他认为既然盟誓过了,就应该信守,不然会受到神灵的处罚。孔子却认为,他与蒲人的盟约并非出于自愿,而是在受到胁迫的情况下订立的,神也不会听从,所以置之不理,照样去了卫国,"背信"却未"弃义"。可见,在春秋人际交往中,"言而有信"固然正当,"信以行义"的观念也非常突出。

---

① 《左传·僖公四年》,《春秋左传正义》,第1793页。
② 《左传·定公十四年》,《春秋左传正义》,第1767页。
③ 司马迁:《史记》,第1923页。

2. 崇尚谦让，乘人不义

除信义观念之外，春秋人际关系还讲究以义相待，以相互谦让、不自伐、不凌人为义。自伐是自我夸耀、凌驾别人的意思。《国语·周语中》载周大夫单襄公语曰："乘人不义。"自伐形成的自我优越感自然会对他人造成压力，容易引起人际交往中对方心理上的不愉快情绪，激发不必要的矛盾，导致人际关系的不和谐。在春秋时期各种类型的社会交往中，自伐行为受到普遍反对，是人格上不成熟的表现，也是不义之举。凡喜欢自伐者，基本没有好下场。《左传·昭公元年》载："无礼而好陵人，怙富而卑其上，弗能久矣。"《左传·哀公二十七年》载："多陵人者皆不在。"因此，在人际交往中不自伐，能够谦让待人被称为君子之德，是义的表现。晋国的壮驰兹甚至认为，"国家之将兴也，君子自以为不足；其亡也，若有余"，[①] 把君子之间能否相互谦让作为国家兴亡的标志。文献中多有贵谦让、贬自伐的案例。《国语·晋语五》载：

> 范文子暮退于朝。武子曰："何暮也?"对曰："有秦客廋辞于朝，大夫莫之能对也，吾知三焉。"武子怒曰："大夫非不能也，让父兄也。尔童子，而三掩人于朝。吾不在晋国，亡无日矣。"击之以杖，折其委笄。[②]

范文子大概年轻气盛，没有考虑到谦让问题，抢答了秦国使者的三个问题，自己有点沾沾自喜。范武子认识到儿子这种爱出风头、不知谦让、不懂礼节的危险，狠狠杖责了范文子。孔子也讲过鲁大夫孟之反不自伐的事情："孟之反不伐，奔而殿，将入门，策

[①] 徐元诰撰，王树民、沈长云点校《国语集解》，第 452 页。
[②] 徐元诰撰，王树民、沈长云点校《国语集解》，第 381 页。

其马曰：'非敢后也，马不进也。'"① 孟之反将自己殿后的勇敢之举归于马不愿意前进，也是春秋时期注重谦让的典型案例。

在春秋人际关系中，人们坚信谦让可以给自己带来特别的好处。《国语·周语中》载："夫人性，陵上者也。"自伐凌人会招来或明或暗的嫉恨，而谦让则不存在这方面的危险。人们明智地认为，谦让可以帮助自己赢得别人的尊重和信任，使别人在不知不觉中对自己产生好感并乐意回报，谦让为义也就顺理成章。客观而言，谦让的影响是具有双重性的：它一方面形成了中华民族的礼让传统；另一方面也对中国人的个性形成了一种道德重压，导致国人重表面礼仪、轻具体事功的倾向。

四 春秋义观念凸显的历史原因

以上主要分析了春秋义观念勃兴的观念史现象，从不同角度论证了义观念所具有的核心地位。那么，究竟是怎样的历史原因使义能脱颖而出，成为春秋社会的核心观念呢？细绎起来，主要有两大方面。

（一）义是维系春秋社会不可或缺的观念纽带

晁福林指出："支撑周代社会结构有两大支柱，一是分封，一是宗法。分封在西周后期已不再发生重大影响，而宗法却在春秋时期下移，成为春秋社会的主要支柱。"② 陈来也认为："春秋社会的基本特点是宗法性社会，是以亲属关系为其结构、以亲属关系的原理和准则调节社会的一种社会类型。在这种关系的社会中，主导的

---

① 《论语·雍也》，《论语注疏》，第 2478 页。
② 晁福林：《春秋战国的社会变迁》上册，商务印书馆，2011，第 21 页。

原则不是法律而是情义。"① 按照晁福林先生和陈来先生的论断，春秋社会是一种伦理本位的宗法社会，这种社会得以维系的主导原则有等差、秩序、情义和情分等，概括起来就是亲亲尊尊，而亲亲尊尊原本就是义观念的基本内核。

《国语·周语中》载周定王语曰："五义纪宜，饮食可飨，和同可观，财用可嘉，则顺而德建。"徐元诰云："五义，谓父义、母慈、兄友、弟恭、子孝。"② 可见，五义是伦理道德的纲纪，构成了宗法制度的亲亲原则。郑庄公之所以评价其弟共叔段"多行不义必自毙"，③ 是因为"段不弟"；周大夫富辰所云"章怨外利，不义……内利亲亲"，④ 是批评周襄王"弃亲即狄"之举不符合亲亲原则；申叔时言于楚庄王曰"教之《训典》，使知族类，行比义焉"，⑤ 认为知道族类才能使行为合义，同样强调亲亲原则。可见，亲亲包含着宗族内部的尊尊，从而构成了社会政治层面尊尊的保障。

尊尊在《左传》和《国语》中一般表述为尊贵，是保证不同等级、贵贱的社会阶层上下相维、各安其位的原则，这种原则本身也是义。鲁隐公三年，卫国大夫石碏曾劝谏卫庄公应教子以"义方"。而他所谓的"义方"，就是去逆效顺的尊尊、亲亲："且夫贱妨贵，少陵长，远间亲，新间旧，小加大，淫破义，所谓六逆也；君义，臣行，父慈，子孝，兄爱，弟敬，所谓六顺也。"⑥ 不难看出，石碏所谓的"六顺"就是混合起来的尊尊和亲亲。可见，亲亲尊尊的原则都由义来统摄，义就是这种政治形态和传统内生的基本准则，抑或说，宗法原则就是义的思想内核。

---

① 陈来：《古代思想文化的世界——春秋时代的宗教、伦理与社会思想》，第 4 页。
② 徐元诰撰，王树民、沈长云点校《国语集解》，第 61 页。
③ 《左传·隐公元年》，《春秋左传正义》，第 1716 页。
④ 徐元诰撰，王树民、沈长云点校《国语集解》，第 46~47 页。
⑤ 徐元诰撰，王树民、沈长云点校《国语集解》，第 486 页。
⑥ 《左传·隐公三年》，《春秋左传正义》，第 1724 页。

第二章 义以出礼 义以生利 允义明德

春秋时期,由于周天子与各诸侯之间的宗法体系已经基本崩溃,仅仅成为传统的象征,这就出现了宗法下移的现象,新兴贵族宗族内部宗法关系的系统化与完善自然就成为人们关注的焦点问题。笔者认为,既然宗法制度是春秋社会的支柱,义又是宗法制度内生的准则,那么诸侯想要确立自己的统治地位,就必须通过"大义""行义""立义"教化民众,使民众知晓义之所在,从而曲折地实现"尊王之义"向"尊君之义"的嬗变。文献中有不少关于"君义"的说法。《左传·宣公十五年》载:"君能制命为义,臣能承命为信。"《国语·晋语一》载:"民之有君,以治义也。"《国语·晋语二》载:"重耳身亡,父死不得与于哭泣之位,又何敢有他志以辱君义。"这些其实都是宗法下移在义观念层面的体现。

义作为传统宗法制度内生的准则,依靠着政治形态和传统的延续,具备了神圣而不容置疑的合理性,成为宗法封建社会里最重要的观念。亲亲尊尊作为义的内核,必然会或隐或显地对义的作用范围产生内在主导作用,并在很大程度上发生变形、泛化或位移,在社会实践中超越最初的宗法关系,延伸到民神关系、政治关系、经济关系甚或自然关系等不同层面。如亲亲会泛化为亲"可亲之物"、"可亲之国"或"可亲之人";尊尊也存在类似的现象,它可以延伸为尊"可尊之则"和"可尊之国"。这就决定了义必然要生发出统领性的社会规范价值,构成春秋社会观念和制度层面的软性制约。基于此种认识,义的许多原本令人困惑的用法也就不成问题了。例如,《国语·周语下》中有"地义"的说法:"比之地物,则非义也。"问题是,"地"与"义"为何会产生对应关系呢?郑大夫子太叔云:"夫礼,天之经也,地之义也,民之行也。"[①] 孔颖达正义曰:"载而无弃,物无不殖,山川原隰,刚柔高下,皆是地

---

① 《左传·昭公二十五年》,《春秋左传正义》,第2107页。

之利也，训义为宜。"① 他以刚柔为地之性，认为"地有常利之义"，则地以性为义。这样的解释显得晦涩不明。黄开国等认为，义的制断事物节度之宜，似乎是由人对地物的认识而来。物产合于地之宜，称为义，人们处理事物合宜，也被称为义。② 其实，以上解释都没有切中"地义"的要旨。《礼记·郊特牲》云："地载万物，天垂象。取财于地，取法于天，是以尊天而亲地也。"可见，大地生养万物，人们依靠土地获取所需之材，所以"地"为可亲之物，"亲地"正是亲亲的延伸，"地"与"义"并举实在是自然组合。又如，《左传·定公十年》记载，齐鲁举行夹谷之会，面对齐国试图以"裔夷之俘"劫持鲁侯的阴谋，孔子斥责齐人"于德为愆义"。此处之义指亲"可亲之国"，齐鲁为兄弟之国，理应相互友善，齐国却试图以裔谋夏，以夷乱华，做亲痛仇快的事情，自然对义构成罪过。再如，孔子曰："近不失亲，远不失举，可谓义矣。"③ 这里的义指亲"可亲之人"，是由亲亲而尊贤的演变。尊尊变形和延伸的例子也比比皆是。《国语·晋语五》载赵宣子语曰："军事无犯，犯而不隐，义也。"此处之义指尊"可尊之则"，尊尊变形为尊规则。《左传·成公元年》载周内史叔服语曰："欺大国，不义。"此处之义指尊"可尊之国"，欺骗大国成为不尊尊的延伸，是为不义。春秋义观念尽管内涵丰富，表现也多种多样，但是归根结底，都毫无例外地来源于亲亲尊尊，均是亲亲尊尊泛化、延伸、变形的产物，因此将亲亲尊尊比作解读春秋义观念的密码，是再合适不过了。

从亲亲和尊尊的关系来看，二者之间既存在并列，也会在某些时候产生内在的矛盾，在二者相抵牾的情况下，亲亲要让位于尊

---

① 《春秋左传正义》，第 2107 页。
② 黄开国、唐赤蓉：《诸子百家兴起的前奏——春秋时期的思想文化》，第 292 页。
③ 《左传·昭公二十八年》，《春秋左传正义》，第 2119 页。

尊。《礼记·丧服四制》云:"贵贵,尊尊,义之大者也。""春秋之义,不以家事害王事。"① 也就是说,尊尊的政治规则要优先于亲亲的家族感情,亲亲是尊尊的基础,尊尊是亲亲的目的。如此,则亲亲为"义",尊尊为"大义",这正是石碏杀死儿子被誉为"大义灭亲"、春秋霸主尊王之举为"大义"的内在逻辑。而春秋"大义"的目的,也就是要在宗法制度下移的时代背景下,以亲亲为基础,以尊尊为目的,重构以义为准则的社会规范,形成贵贱有等、上下有序、各安其分、内在和谐的政治新秩序。亚当·斯密认为:"社会不可能存在于那些老是相互损伤和伤害的人中间。每当那种伤害开始的时候,每当相互之间产生愤恨和敌意的时候,一切社会纽带就被扯断,它所维系的不同成员似乎由于他们之间的感情极不和谐甚至对立而变得疏远。"② 而义就相当于维系春秋社会的纽带,人们可以不仁、不忠、不信、不敬、不让、不勇,却不可以不义,因为具体德目的缺失至多会对社会某一方面产生不良后果,不会影响社会的存在;如果义缺失了,社会存在的基础也就丧失了。《礼记·祭义》云:"立爱自亲始,教民睦也;立教自长始,教民顺也。教以慈睦,而民贵有亲;教以敬长,而民贵用命。孝以事亲,顺以听命,错诸天下,无所不行。"一言以概之,春秋"大义"就是要以义"错诸天下",为处于大变迁进程中的春秋社会确立"无所不行"的准则。

(二) 义观念凸显是春秋时代社会现实的客观要求

西周到春秋时代,风云激荡的社会政治历史演进构成了社会革故鼎新的巨大动力。宗法作为社会的支柱,在其下移的过程中出现了隐患,不少建立了军功的异姓被立为大夫,这些异姓大夫同样遵

---

① 《后汉书·桓荣丁鸿列传》,中华书局,1965,第1263页。
② 亚当·斯密:《道德情操论》,蒋自强等译,商务印书馆,2003,第106页。

循着宗法原则进行官职和利益的分配和继承。陈来指出,至迟在公元前7世纪初,这些异姓大夫在诸侯政治中逐渐占据了主导地位。如齐桓公时的管仲、齐景公时的晏婴,而晋国在献公时把公族几乎诛逐净尽,后代的贵族多属异姓,或来自别国。[1] 这就从客观上导致了春秋中后期宗法体系的被破坏,社会政治也因此产生了深刻变化。这样,从政由天子、诸侯、大夫发展到"陪臣执国命",国家政治权力重心不断转移,早已越出宗法关系范围,这就必然导致传统的、基于宗法基础的礼逐渐丧失其对社会行为的刚性制约功能。

礼作为西周时期最重要的政治法典,它的崩坏也有周王室自身的因素。《国语·周语》记载的穆王征犬戎、厉王弭谤、厉王专利、宣王不籍千亩、宣王立戏、宣王料民、襄王以狄伐郑等,几乎都是周天子自坏礼法的事件,直接导致"诸侯从是而不睦"的政治后果。可以说,礼的崩坏是周王室自身长期以来荒政废礼所导致的必然结果。礼不自崩,唯周王崩之;乐不自坏,唯贵胄坏之。与生俱来的优越地位、漫长时期的苟且偷安、刚愎自用的任意妄为已使周王室失去了最初的雄心与政治理想。执政者的自坏礼乐、政治腐败引发社会矛盾,社会矛盾的激化最终形成社会变革,原有的社会秩序和社会结构发生了重大变化。这样,礼的基础逐渐丧失,礼的灵魂也风干成为周旋之仪。礼崩坏的影响力是巨大的和震撼人心的,因为礼既是西周的成文法典,也是其政治关系的准则和政治观念的支柱,还是周王室和诸夏引以自豪的、区别于四夷的文明象征。孔子之所以说"夷狄之有君,不如诸夏之亡也",[2] 其底气也就在于西周建构了完备的礼仪文明。但是,自上而下的破坏却导致

---

[1] 陈来:《古代思想文化的世界——春秋时代的宗教、伦理与社会思想》,第243~245页。

[2] 《论语·八佾》,《论语注疏》,第2466页。

第二章　义以出礼　义以生利　允义明德

礼的政治作用不断下降，日渐衰朽。

由于礼是基于统一王权的社会制度，社会的裂变必然使其失去原有的地位；礼自身具有的刚性特征，也决定了它对各种利益交织、政治关系错综复杂的现实社会越来越无能为力。随着各诸侯国独立性的日益增强，一些在礼制约束之外的新情况、新问题不断出现，他们无法用礼来解释，也无法用礼来约束，甚至也不能用礼来判断。礼作为西周统一国家的、法典化政治制度的一面很难随时代而更新，对于春秋时期新的诸侯关系而言，礼显得有些鞭长莫及。例如，西周时期，各诸侯国之间尽管有摩擦，但充其量不过是"兄弟阋于墙"，属于兄弟之间的内部矛盾。春秋时期，各诸侯国之间的关系已经由原来的内部关系演变为外部关系，到底如何对待与处理这种与以往截然不同的关系，成为各诸侯国统治者面临的新问题与新挑战。因此，无论是朝聘与会盟的相互友好，还是争霸与侵伐的相互敌对，都需要有一个新的准则。

从各诸侯国内政治关系变化的角度来看，旧的礼制正在成为新兴贵族争夺最高统治权，巩固其政治合法性地位的制度性障碍，这必定会引起他们的不满，从而有目的、有针对性地加以破坏。周公制礼，目的是维护西周王权；诸侯争霸，目的却是树立君权。礼制维护王权的刚性意识形态，从根本上束缚了新兴贵族的手脚，这就决定了春秋礼制不可避免地趋于崩坏。班固认为，春秋时期各诸侯国对礼进行了破坏，到孔子时代礼已经支离破碎："及周之衰，诸侯将逾法度，恶其害己，皆灭去其籍，自孔子时而不具，至秦大坏。"[1] 不过，新兴贵族对礼的态度又是矛盾的，他们认为，一方面，礼是绊脚石，需要否定它、破坏它；另一方面，礼也是保证现实社会正常运转的制度保障，在没有形成新的社会制度的条件下，否定了礼，也就意味着自身的政治统治失去了制度依托。他

---

[1] 陈国庆：《汉书艺文志注释汇编》，中华书局，1983，第52页。

们既想把礼送进历史的坟墓，又觉得礼不可或缺，在这种近乎悖论的两难选择中，义观念的凸显和丰富就成为现实的需要。与礼相比较而言，义没有具体的条文，也不具有刚性的制约力，更不会对新兴政治势力形成制度性障碍。作为传统宗法制度内生的共识性观念，义的亲亲尊尊精神内核既可以服务于王权，又可以服务于君权。义作为礼的准则被强调出来，成为解构和重构礼制的理论原点，根本目的就在于为君权提供合法性依据。春秋大义，是诸侯建构政治新秩序的需要，也是弥补礼制不足的需要。因此，义观念的勃兴，并不意味着除去礼对社会生活的控制，而毋宁说是以一种新的控制形式补充或部分取代了旧的控制形式。它意味着要摒弃一种在当时社会中徒留形式的无效控制，而提倡一种对社会行为的软性管制。这样，义、礼兼施就可以有效化解春秋社会面临的现实政治困境。

综上所述，义观念之所以在春秋时期得以凸显和丰富，一方面在于义的宗法性内核这一自身属性，决定了它对时代的适用性和调解社会的有效性；另一方面在于社会历史的巨大变迁、变革，使传统的、规范的礼失去了对社会的控制力，失去了对人们社会行为的规范作用（当然不是完全失去，是部分地但很致命地失去）。而礼的弱化就需要一种新的更有效的社会调节机制，以维持社会在新的历史条件下正常运转，这时义作为社会各阶层所承认的共识性观念被提升出来，也就成为历史的合理选择。

小　结

通过本章分析，可以认定"义"在春秋时期具有不容忽视的重要作用，"义"成为春秋社会的核心观念乃理所当然，势所必然。

"义以出礼""义以生利""允义明德"三者实际上反映了

第二章　义以出礼　义以生利　允义明德

"义"与春秋社会行为文明、物质文明和道德文明的关系。"礼""利"均以"义"为本,"仁""敬""忠""信""贞""让""勇"等具体德目要与"义"联结才具有正当性,显示出义在春秋观念集群中具有强大的统领性。"义"作为春秋社会的价值尺度,并非一种抽象的道德准则,而是具有公、正、善、节、分等具体的观念内涵。这些观念内涵共同构成了社会行为的正当性依据,使"义"具备了强大的软性约束力,能否"行义""制义""立义"不仅决定着具体行为的利害成败,更决定着天下的治乱兴衰。"义"成为公认的维系社会关系的纽带,得到不同社会主体的广泛认同,显示出义观念在春秋时期所具备的共识性。"义"在春秋不同社会领域中有着丰富的价值表现,成为处理民神关系、国家关系、诸侯国内政治关系和一般人际关系的基本准则,对春秋社会关系的方方面面均产生了重要影响,表现出明显的社会普遍性。"义"在春秋时期所表现出来的统领性、共识性和普遍性,共同支撑起"义"在春秋社会观念中的核心地位。

春秋义观念的勃兴,表明以"礼"为代表的宗法制度的崩坏,并不意味着以"义"为准则的宗法精神的丧失。也正是得益于义观念的强大精神力量,春秋社会才能在礼崩乐坏的大形势下仍然保持较为可靠的向心力和凝聚力。这似乎可以启示我们,人类社会之所以能够得到延续,除了完备的制度保障外,还有一种无形的观念保障,当制度出现危机的时候,观念则发挥了纽带作用,维系着社会的共同性和有序性。制度与观念一刚一柔,一明一暗,构成维系社会存在的双重支柱。因此,社会观念尤其是那些根深蒂固的传统观念对现实社会所产生的无形而深刻的影响,应该引起我们新的关注。

第三章　夫子之道"义"以贯之
——"义"在孔子思想体系中的核心地位

有关孔子思想的学术研究一般认为，孔子思想的核心是仁和礼，鲜有学者对孔子义思想进行深入研究。孔凡岭对有关孔子核心思想的学术研究进行了详细梳理，指出绝大多数学者将孔子的思想核心集中在仁、礼方面，也有少数学者认为中庸、和是孔子思想的核心。① 张岱年认为，孔子"贵仁"，同时也宣扬"义"；仁是最高的道德原则，义则泛指道德的原则。② 他关注到了义，但并没有指出孔子具有义思想。陈晨捷认为，义在孔子思想中的地位远比不上仁和礼，孔子对义的论述也并不充分。③ 黄建跃指出，春秋以前应该存在过一个尚"义"的阶段，将"仁"从诸多德目中予以提升当属孔子之功，是后来之事。在此之前，"勇""仁""礼""智"等似乎要经过"义"的"打量"或"审判"才能证成自身的合理性。④ 言外之意，孔子思想的核心仍然是仁。只有马振铎明确提出了孔子具有尚义思想。⑤ 严格说来，"尚义思想"与"义思想"还是存在着相当大的区别的。韩石萍提出孔子之道"义"以贯之，义的概念在孔子那里得到了大发展，义既是世界观，又是方

---

① 孔凡岭：《孔子研究》，中华书局，2003，第 43~49 页。
② 张岱年：《儒家"仁义"观念的演变》，《衡阳师专学报》（社会科学版）1987 年第 4 期。
③ 陈晨捷：《论先秦儒家"仁义礼"三位一体的思想体系》，《孔子研究》2010 年第 2 期。
④ 黄建跃：《"好勇过义"试释——兼论〈论语〉中的"勇"及其限度》，《孔子研究》2011 年第 5 期。
⑤ 马振铎：《孔子的尚义思想和义务论伦理学说》，《哲学研究》1991 年第 6 期。

法论，是孔子思想体系的核心和总纲。① 只是，该文是从孔子之道的角度体认义的，并没有对孔子的义思想进行系统论证。总体来看，对于孔子义思想这个命题，学术界总体上还是持怀疑态度的。那么，孔子义思想是基于什么样的背景产生的？孔子义思想的提法是否成立？孔子义思想到底有什么样的内涵？义在孔子思想体系中处于什么样的地位？这成为本章要解决的主要问题。

一 孔子义思想产生的背景

孔子义思想是在春秋义观念的基础上产生的。春秋后期，义观念出现了一系列问题，这些问题的存在和日益严重的发展趋势，构成了孔子义思想产生的背景。

春秋时期，义观念首先得以凸显，并呈动态的发展进程，形成内涵丰富、主体多元、影响深远的统领性政治观念，在春秋社会的不同侧面发挥了重要的作用。春秋隆礼、尚德，春秋更大义，义形成了对德、礼、忠、信、勇、利等的约束和规定，成为各种政治行为是否正当的判断依据，得到了不同政治群体的普遍认同和接受，意味着处于裂变阶段的春秋社会在一种维新的观念基础上形成了超越现实的公认准则，成为春秋新兴观念集群中的统领性观念。不过，正所谓物极必反，义观念在成为春秋社会核心观念的同时也存在着深刻的危机，尤其是在现实政治层面，义观念自身的一系列问题日益显露出来。

首先，随着春秋后期社会政治关系的变迁，义观念的基础出现了松动。从诸侯关系角度来看，在宗法下移过程中，周王室地位更加卑微，对天下政治的整体约束力和影响力几乎丧失殆尽，这使义观念本具的尊王大义失去了现实依托。从诸侯内部的政治变迁看，

---

① 韩石萍：《孔子之道"义"以贯之》，《史学月刊》1996年第1期。

"周之子孙日失其序",不少诸侯国的权力重心出现了下移,政由大夫、政由陪臣的局面屡见不鲜,甚至有些诸侯国国君的身家性命也危在旦夕。一方面,义之亲亲精神内核由于世系久远而自然淡化;另一方面,传统宗法贵族的地位一日不如一日,各诸侯之间的血缘纽带实际上也已千疮百孔,几近断裂。这导致政治层面义观念亲亲尊尊的两大精神内核同时出现了问题。

其次,义观念在现实政治中的影响力日衰,反映在诸侯关系层面就是诸侯之间存亡继绝、卫弱禁暴的道义之举消失,兼并取利成为春秋后期的主导观念。例如,信义曾是诸侯会盟的核心观念,可是在春秋后期,背盟失信的情况屡屡出现。《左传·襄公九年》载"口血未干而背之";《左传·昭公二十二年》载"背盟而克者多矣";《左传·哀公七年》载"唯大不字小,小不事大"。如此等等,导致了各诸侯国之间信义价值观的崩溃,国家盟约失去了公信力,有时还不如信士的口头之邀。《左传·哀公十四年》载,小邾大夫射想逃亡到鲁国,却"不信其盟",只愿意接受鲁国大夫子路的邀请。春秋早期和中期那种大国取信于小国而称霸的观念也彻底翻了个儿,变成了"小所以事大,信也"。[①] 小国不得不"牺牲玉帛,待于二境",[②] 甚至"不唯有礼与强,可以庇民者是从"。[③]

诸侯会盟争取自身利益的情况多有出现。《左传·襄公二十七年》载,诸侯在宋国西门外结盟,楚国大夫子木曰:"晋、楚无信久矣,事利而已。苟得志焉,焉用有信?"《左传·襄公三十年》载,诸侯在澶渊会盟,"为宋灾故,诸侯之大夫会,以谋归宋财……既而无归于宋"。会盟本为救宋国之灾,结果却没有归还宋

---

① 《左传·襄公八年》,《春秋左传正义》,第1939页。
② 《左传·襄公八年》,《春秋左传正义》,第1939页。
③ 《左传·襄公九年》,《春秋左传正义》,第1943页。

国的财物。在诸侯会盟中求取私利的行为也屡见不鲜。《左传·宣公元年》载:"晋荀林父以诸侯之师伐宋,宋及晋平,宋文公受盟于晋。又会诸侯于棐,将为鲁讨齐,皆取赂而还";《左传·成公四年》载,在诸侯召陵之会上,"晋荀庚求货于蔡侯";《左传·成公十年》载,修泽之盟,"郑子罕赂以襄钟";《左传·襄公二年》载:"齐侯伐莱,莱人使正舆子赂夙沙卫以索马牛,皆百匹,齐师乃还";《左传·昭公十六年》载,蒲隧之盟,"徐子及郯人、莒人会齐侯,盟于蒲隧,赂以甲父之鼎"。如此种种,都说明私利也经常凌驾于国家利益和信义之上。可见,诸侯会盟已经以求利为目的,信义已无关紧要。甚至只要有利可图,盟约也可以弃之不顾:"敌利则进,何盟之有?"① 弱肉强食的丛林法则成为诸侯会盟的特征,以往温情脉脉的信义弱化,对公私利益的直接追求成为会盟各方的"时义"。

不唯会盟如此,诸侯朝聘的性质也发生了深刻变化,由"继好结信"的手段演变为大国欺榨小国的途径。范文澜指出:"春秋时期,鲁君朝王止三次,鲁大夫聘周止四次。周天子对鲁表示亲密,却来聘了七次。鲁君朝齐十一次,大夫聘齐十六次。鲁君朝晋二十次,大夫聘晋二十四次。鲁君朝楚两次。霸主代替天子收纳贡赋,这是显著的说明。"②《左传·襄公八年》载,晋国召集邢丘之会,目的是"以命朝聘之数,使诸侯之大夫听命"。《左传·襄公二十二年》载,晋人要求郑国朝见晋国,实则是要求郑国向其进贡,子产表达了对晋国征敛无度的反感:"不朝之间,无岁不聘,无役不从。以大国政令之无常,国家罢病,不虞荐至,无日不惕",感叹小国不堪重负,过着朝不保夕的日子。不过,小国要想在夹缝中求生存,必须要通过朝聘向大国献媚并进贡,即使如此,

---

① 《左传·成公十五年》,《春秋左传正义》,第1914页。
② 范文澜:《中国通史简编》(上),第46~47页。

也恐惧不能幸免。随着各诸侯间宗法关系的日渐疏远，朝聘之义也丧失殆尽，以至于战国时期诸侯朝聘终至绝迹。

再次，义的文明准则地位出现动摇。春秋社会的统治阶层作为一个群体，其内部构成也发生了显著变化。宗法贵族队伍在不断缩小，新兴官僚队伍在逐渐壮大，两种势力共生并存必然会产生尖锐矛盾，这种矛盾反映到义观念层面上，就形成一种有意思的现象，那就是他们都认为自己所行合义而对方不义。这样，义的名称没有出现变化，表面上仍然是通行的准则。实际上，义可以被随意解释，说明其准则地位已经动摇。另外，义作为春秋社会行为的价值准则，也往往被名义化或招牌化，各种"不义"之行却要假"义"的名义而为。人们需要的只是"义之名"，而不再关注"义之实"，这样义就成为一个概念化的招牌，失去了观念的精神内涵，风干为周旋揖让的形式之"仪"。① 对于什么是义，怎样做才算是正确的义，社会层面已经不存在一个通行标准，义作为春秋政治准则的观念地位实际上已经岌岌可危。就春秋前期与后期比较可知，义观念在内涵上已有较大不同，甚至表现出矛盾和对立。因此，作为政治行为的判断标准和价值尺度，义观念在孔子时代已经表现出复杂性和不确定性，出现了泛化现象，这必然会降低义的准则性地位而导致其走向衰落，从而引发深刻的社会危机。

在义观念出现危机的背景下，春秋社会也就渐趋失去理性准则的制约。理性准则的失落唤起了人们最原始的兽性，一方面是强者的利益最大化需要，另一方面是弱者的生存需要，两种需要形成了尖锐对立，诸侯间战争的群体性杀戮和诸侯内部政治斗争的家族式杀戮成为常态，春秋社会的矛盾在其后期空前激化。社会动荡，大厦将倾，一姓之兴亡倒还无关紧要，问题的关键在于，义观念作为春秋社会的政

---

① 《左传》昭公五年和昭公二十五年，晋国大夫女叔齐和郑国大夫子太叔均对形式化之"仪"表达了不满。参见《春秋左传正义》第 2041、2107 页。

治准则，它在春秋末期的庸俗化和逐渐沦丧有颠覆中华文明进程的危险。这种情况不会不引起有识之士的思考，不会不引发思想家的强烈忧患意识。孔子作为中国首位思想家，不能不关注义、深化义，进而挽救义，义思想之花的绽放至此具备了时代条件。

二 "孔子义思想"说之成立

侯外庐指出："中国的古代思想，是发端于春秋末世与战国初年的孔墨显学的对立，有着严密语义的中国古代思想史，其正式的起点是从孔子开始的。"① 孔子是中国历史上第一位真正意义上的思想家，这点大概是没有异议的。那么，孔子作为思想家，他必然要形成某些方面的思想或思想体系。孔子承认自己并不是什么"生而知之者"，自己的知识和学问是通过"敏而好学，不耻下问"而获得的；他也评价自己是"述而不作，信而好古"。② 这反映出他的思想不是凭空出现，而是从历史观念中提炼和总结出来的。那么，"义"作为春秋时期内涵丰富、作用广泛的重要观念，不会不引起孔子的高度重视，他也不会坐视其逐渐沦丧而无动于衷，在批判继承的基础上对其改造和深化，似乎是孔子难以抗拒的选择。

有关孔子思想的学术研究中，对资料的引用过于重视《论语》，近年来对简牍文献也较为重视，而《左传》则基本上被忽略。实际上，《左传》中有关孔子的史料也不少，其中既有孔子对历史人物和事件的评论，也有孔子对现实政治人物和事件的评论，还有对孔子自身的政治实践的记载。这些史料与《论语》同样可靠，能真实地反映孔子的思想状况，应该引起我们的高度重视。为便于研究，笔者将《左传》中有关孔子的史料进行了分类总结，见表3-1。

---

① 侯外庐、赵纪彬、杜国庠：《中国思想通史》第1卷，第27、40页。
② 《论语·述而》，《论语注疏》，第2481页。

在观念与思想之间

表 3-1　《左传》中孔子史料分类表

类型	出处	内容
以孔子命名者	宣公二年	孔子曰：董狐，古之良史也，书法不隐。赵宣子，古之良大夫也，为法受恶。惜也，越境乃免。
	宣公九年	孔子曰：《诗》云："民之多辟，无自立辟。"其泄冶之谓乎。
	定公元年	秋七月癸巳，葬昭公于墓道南。孔子之为司寇也，沟而合诸墓。
	哀公六年	孔子曰：楚昭王知大道矣！其不失国也，宜哉……由己率常可矣。
	哀公十一年	孔子曰：能执干戈以卫社稷，可无殇也。冉有用矛于齐师，故能入其军。孔子曰：义也。
	哀公十四年	孔子辞，退而告人曰：吾以从大夫之后也，故不敢不言。
	哀公十五年	孔子闻卫乱，曰：柴也其来，由也死矣。
以孔丘命名者	定公十年	孔丘以公退，曰：士，兵之！两君合好，而裔夷之俘以兵乱之，非齐君所以命诸侯也。裔不谋夏，夷不乱华，俘不干盟，兵不逼好。于神为不祥，于德为愆义，于人为失礼，君必不然。齐侯将享公，孔丘谓梁丘据曰：齐、鲁之故，吾子何不闻焉？事既成矣，而又享之，是勤执事也。且牺象不出门，嘉乐不野合。飨而既具，是弃礼也。若其不具，用秕稗也。用秕稗，君辱，弃礼，名恶，子盍图之？夫享，所以昭德也。不昭，不如其已也。
以仲尼命名者	僖公二十八年	仲尼曰：以臣召君，不可以训。
	文公二年	仲尼曰：臧文仲，其不仁者三，不知者三。下展禽，废六关，妾织蒲，三不仁也。作虚器，纵逆祀，祀爰居，三不知也。
	成公二年	仲尼闻之曰：惜也，不如多与之邑。唯器与名，不可以假人，君之所司也。名以出信，信以守器，器以藏礼，礼以行义，义以生利，利以平民，政之大节也。若以假人，与人政也。政亡，则国家从之，弗可止也已。
	成公十七年	仲尼曰：鲍庄子之知不如葵，葵犹能卫其足。
	襄公二十三年	仲尼曰：知之难也。有臧武仲之知，而不容于鲁国，抑有由也。作不顺而施不恕也。《夏书》曰："念兹在兹。"顺事、恕施也。
	襄公二十五年	仲尼曰：《志》有之："言以足志，文以足言。"不言，谁知其志？言之无文，行而不远。晋为伯，郑入陈，非文辞不为功。慎辞也！
	襄公二十七年	司马置折俎，礼也。仲尼使举是礼也，以为多文辞。
	襄公三十一年	仲尼闻是语也，曰："以是观之，人谓子产不仁，吾不信也。"

第三章 夫子之道"义"以贯之

续表

类型	出处	内容
以仲尼命名者	昭公五年	仲尼曰:叔孙昭子之不劳,不可能也。周任有言曰:"为政者不赏私劳,不罚私怨。"《诗》云:"有觉德行,四国顺之。"
	昭公七年	仲尼曰:能补过者,君子也。《诗》曰:"君子是则是效。"孟僖子可则效已矣。
	昭公十二年	仲尼曰:古也有志:"克己复礼,仁也。"信善哉!楚灵王若能如是,岂其辱于干溪?
	昭公十三年	仲尼谓:子产于是行也,足以为国基矣。《诗》曰:"乐只君子,邦家之基。"子产,君子之求乐者也。 且曰:合诸侯,艺贡事,礼也。
	昭公十四年	仲尼曰:叔向,古之遗直也。治国制刑,不隐于亲,三数叔鱼之恶,不为末减。曰义也夫,可谓直矣。平丘之会,数其贿也,以宽卫国,晋不为暴。归鲁季孙,称其诈也,以宽鲁国,晋不为虐。邢侯之狱,言其贪也,以正刑书,晋不为颇。三言而除三恶,加三利,杀亲益荣,犹义也夫!
	昭公十七年	仲尼闻之,见于郯子而学之。既而告人曰:吾闻之:"天子失官,学在四夷",犹信。
	昭公二十年	仲尼曰:齐豹之盗,而孟絷之贼,女何吊焉?君子不食奸,不受乱,不为利疚于回,不以回待人,不盖不义,不犯非礼。 仲尼曰:守道不如守官,君子韪之。 仲尼曰:善哉!政宽则民慢,慢则纠之以猛。猛则民残,残则施之以宽。宽以济猛,猛以济宽,政是以和……及子产卒,仲尼闻之,出涕曰:古之遗爱也。
	昭公二十八年	仲尼闻魏子之举也,以为义,曰:近不失亲,远不失举,可谓义矣。又闻其命贾辛也,以为忠……魏子之举也义,其命也忠,其长有后于晋国乎!
	昭公二十九年	仲尼曰:晋其亡乎!失其度矣。夫晋国将守唐叔之所受法度,以经纬其民,卿大夫以序守之。民是以能尊其贵,贵是以能守其业。贵贱不愆,所谓度也。文公是以作执秩之官,为被庐之法,以为盟主。今弃是度也,而为刑鼎,民在鼎矣,何以尊贵?贵何业之守?贵贱无序,何以为国?且夫宣子之刑,夷之搜也,晋国之乱制也,若之何以为法?
	定公九年	仲尼曰:赵氏其世有乱乎!
	定公十五年	仲尼曰:赐不幸言而中,是使赐多言者也。

183

续表

类型	出处	内容
以仲尼命名者	哀公十一年	孔文子之将攻大叔也,访于仲尼。仲尼曰:胡簋之事,则尝学之矣。甲兵之事,未之闻也。退,命驾而行,曰:鸟则择木,木岂能择鸟?季孙欲以田赋,使冉有访诸仲尼。仲尼曰:丘不识也。而私于冉有曰:君子之行也,度于礼,施取其厚,事举其中,敛从其薄。如是则以丘亦足矣。若不度于礼,而贪冒无厌,则虽以田赋,将又不足。且子季孙若欲行而法,则周公之典在。若欲苟而行,又何访焉?
	哀公十二年	冬十二月,螽。季孙问诸仲尼,仲尼曰:"丘闻之,火伏而后蛰者毕。今火犹西流,司历过也。"
	哀公十四年	叔孙氏之车子锄商获麟,以为不祥,以赐虞人。仲尼观之,曰:"麟也。"然后取之。

通过表3-1我们可以发现,《左传》中对孔子的称谓有三种,分别是孔子、孔丘和仲尼。对于同一个孔子,居然有三种不同的称谓,依笔者的推测,大约孔子是尊称,对应的史料应为晚辈或后人追述;孔丘是本名,对应的史料应是其亲身经历的政治实践;仲尼是孔子的字,应为同时代人(包括作者和孔子的亲传弟子)对孔子言论的征引。① 不论何种情况,从资料真实性的角度看,可信度都是很高的。结合表3-1可以统计出《左传》中有关孔子的资料共33条,其中涉及孔子语言评价的有31条,将孔子提及的观念词进行整理,结果如表3-2所示:

表3-2 《左传》中孔子使用观念名称数量统计

观念名称	义	礼	仁	智	信	德	忠	利	祥
出现次数	10	10	4	4	3	3	3	4	1

---

① 《论语·子张》记载有子贡直称仲尼的情况:"子贡曰:'无以为也!仲尼不可毁也。他人之贤者,丘陵也,犹可逾也;仲尼,日月也,无得而逾焉。人虽欲自绝,其何伤于日月乎?多见其不知量也。'"《论语注疏》,第2533页。

第三章 夫子之道"义"以贯之

纯粹从观念词汇使用的次数来看,义与礼并列第一,均为10次。其中义均为孔子直接提出,礼还有孔子引用古志之言。① 所以,义实际上是孔子使用最多的概念之一。孔子在对历史事件和历史人物进行评价时,经常用义与不义作为最常用的表述,义超越了礼、德、仁、信、忠等这些我们今天熟知的概念,成为孔子评价事件、臧否人物最常用和最重要的词汇。如果将《论语》中孔子18次使用义字的情况相加,至少在当前所知的并不丰富的春秋文献中,孔子竟然28次用到义字,是目前所知春秋时代言义、论义最多的人物。② 除此之外,在孔子的语境中,义涉及宗教、政治、礼乐、军事、社会、利益和个人修养等诸多方面,呈现出惊人的包容性。而春秋义观念主体多元、内涵丰富、作用广泛,处于复杂的观念集群之中,不经过系统思考和分析,很难理清它的头绪。孔子却将义观念的众多头绪做了系统归纳,使其呈现出条理化、系统化和理论化的特征,义的脉络最终在孔子这里实现了汇集,义的内涵在孔子这里得到了深化。

孔子作《春秋》一事,尽管争议不断,但学术界的主流意见还是倾向于可信。张岂之认为:"《春秋》是孔子所作的历史著作,虽然不是孔子对自己思想的直接阐述,但著名的《春秋》笔法却生动地体现了孔子的政治思想。"③《春秋》"微言大义",是孔子义思想的集中体现。荀子云:"仲尼无置锥之地,诚义乎志意,加义乎身行,著之言语,济之日,不隐乎天下,名垂乎后世。"④ 在荀子看来,义是孔子指导自己思想、言语和行为的准则。《春秋》

---

① 语见《左传·昭公十二年》:"仲尼曰:'古也有志:克己复礼,仁也。'"《春秋左传正义》,第2064页。
② 郭店楚简《缁衣》中,孔子引诗也有6次关涉仪(义),义也是该篇出现最多的观念词语,涉及政治、道德、言行诸多方面(参见李零《郭店楚简校读记》,中国人民大学出版社,2007,第77~80页)。
③ 张岂之:《中国思想学说史·先秦卷》(上),第228页。
④ 王先谦撰,沈啸寰、王星贤点校《荀子集解》,第204页。

在观念与思想之间

重义思想也引起了司马迁的高度关注，他称孔子作《春秋》："约其文辞，去其烦重，以制义法，王道备，人事浃。"① 他也指出："《春秋》之义行，则天下乱臣贼子惧焉。"② 他还认为："《春秋》以道义……为人君父而不通《春秋》之义者，必蒙首恶之名。为人臣子而不通于《春秋》之义者，必陷篡弑之诛，死罪之名。"③ 司马迁所言之义显然不是我们今天所理解的"意义"或"含义"，而是春秋政治层面的义观念。司马迁认为君臣皆须知义、行义，这样方能保持身份和地位。义在春秋时期的地位和作用在司马迁看来似乎是至高无上的。侯外庐认为："儒家主要从政治观点以推崇《春秋》的微言大义。"④ 吕思勉指出："春秋之义，虽若徒存愿望，礼家之说，则实以行事为根据矣。然则春秋之义，亦非虚立也。"⑤ 前贤之论，说明"义"作为《春秋》的主导思想似无可疑。《春秋》作为孔子整理的重要文献，是其思想的主要载体。《春秋》大义自然就成为孔子义思想的有力佐证。

孔子还将义纳入自己的思想体系，使其成为其中重要的组成部分和不可或缺的中间环节。自从台湾学者劳思光提出儒家"仁义礼"三位一体的思想体系说，这个观点受到了学术界的广泛关注，相关的研究也使这个问题趋于深化。陈晨捷认为："'仁义礼'三位一体是先秦儒家思想的总脉。它肇端于孔子，完成于孟子，系统阐述于荀子。义在此三位一体架构中的地位举足轻重。"⑥ 孔子"仁义礼"三位一体的思想体系说如果成立，那么孔子义思想这个命题的成立也就是确定的事实了。

---

① 司马迁：《史记》，第509页。
② 司马迁：《史记》，第1943页。
③ 司马迁：《史记》，第3298页。
④ 侯外庐、赵纪彬、杜国庠、邱汉生：《中国思想通史》第2卷，第90页。
⑤ 吕思勉：《先秦史》，第479页。
⑥ 陈晨捷：《论先秦儒家"仁义礼"三位一体的思想体系》，《孔子研究》2010年第2期。

因此，无论是从义观念自身的发展逻辑看，还是从文献资料的分析看，说孔子有一个义思想似乎都不为过。

三 孔子义思想的基本内涵

（一）礼以行义的政治理想

孔子所处的春秋末期，已然是礼崩乐坏的时代，各种弃礼、非礼、违礼行为司空见惯，无论是诸侯国间政治秩序还是各诸侯国国内的政治规则，都随着人们对现实利益的追逐而陷入混乱和无序状态。在这样的时代背景下，孔子"以礼这个观念化了的范畴为社会的极则"，[①] 提出"礼以行义，义以生利，利以平民，政之大节也"，[②] 集中表达了"礼以行义"的政治理想，与春秋义观念的"义以出礼"形成鲜明对比。义由礼的准则被孔子改造为礼的目的，由抽象准则转变为实践标准，成为孔子政治理想的重要理论支点。

孔子提出"礼以行义"的政治主张，试图对纷乱的义内涵进行规范，使礼成为判断行为是否合义的根据，从思想上赋予义确定而可靠的内涵，实现了义内涵的固化。在孔子看来，周礼是经过数代总结和损益的文明规则，是理想的、唯一可靠的社会政治制度："殷因于夏礼，所损益可知也；周因于殷礼，所损益可知也。其或继周者，虽百世，可知也。"[③] 孔子面对历史变化的社会矛盾，对周礼进行了某些损益，使之能够符合时代的需要。例如，他提出"仁者爱人"的命题，肯定了包括奴隶在内的所有人的平等人格，

[①] 侯外庐、赵纪彬、杜国庠：《中国思想通史》第 1 卷，第 134 页。
[②] 《左传·成公二年》，《春秋左传正义》，第 1894 页。
[③] 《论语·为政》，《论语注疏》，第 2463 页。

就是对周礼的根本性改造。所以，面对礼崩乐坏的局面，孔子自然不会认为是周礼自身出了问题，而会认为是周礼的执行者——春秋社会的统治阶层出了问题。礼不自坏，是周王室和各诸侯国执政者将其破坏了，是这个群体风干了礼的内容，在现实政治层面，礼只是起到"周旋揖让"的形式礼仪作用，而且，即使是礼仪的形式，也正遭受着肆意破坏。孔子在《论语·八佾》中数次提及这个问题："孔子谓：'季氏八佾舞于庭，是可忍也，孰不可忍也。'""季氏旅于泰山。子谓冉有曰：'女弗能救与？'对曰：'不能。'子曰：'呜呼！曾谓泰山不如林放乎？'""禘自既灌而往者，吾不欲观之矣。"

《礼记·丧服四制》云："礼以治之，义以正之。"[1] 礼是具体的制度，依礼可以治之，但是礼毕竟更多地体现为具体条文，要想使礼之制度得以真正贯彻和落实，就需要义来提供助力。孔子针对礼的核心价值丧失、陷于形式礼仪的状况，提出"礼以行义"的思想，也是想通过具体的政治行动来落实礼的要求，从被风干的形式礼仪发展到主动的"礼以行义"，使礼的规则约束转变为义的具体行动，突出义的实践性特征，从而在重塑义准则性地位的基础上推行其"克己复礼，天下归仁"的政治理想。

在孔子有限的政治实践记载中，我们可以发现他以礼践行义的具体事例。鲁定公元年，鲁国执政季孙不以礼埋葬客死在外的鲁昭公，而是将其葬于墓道之南。"孔子之为司寇也，沟而合诸墓。"[2] 孔子冒着得罪季氏的危险，依礼将昭公之墓归于其族墓群中。在鲁定公十年的齐鲁夹谷之会上，面对齐国试图以兵劫持鲁侯的阴谋，孔子果断地以齐国失礼、弃礼责之，并依礼采取行动，保护了鲁侯的安全，也捍卫了鲁国的利益：

---

[1] 《礼记·丧服四制》，《礼记正义》，第1696页。
[2] 《左传·定公元年》，《春秋左传正义》，第2132页。

第三章 夫子之道"义"以贯之

孔丘以公退,曰:"士兵之!两君合好,而裔夷之俘以兵乱之,非齐君所以命诸侯也。裔不谋夏,夷不乱华,俘不干盟,兵不偪好。于神为不祥,于德为愆义,于人为失礼,君必不然。"齐侯闻之,遽辟之……齐侯将享公,孔丘谓梁丘据曰:"齐、鲁之故,吾子何不闻焉?事既成矣,而又享之,是勤执事也。且牺象不出门,嘉乐不野合。飨而既具,是弃礼也……弃礼,名恶,子盍图之?夫享,所以昭德也。不昭,不如其已也。"乃不果享。①

鲁哀公十四年,陈恒在舒州弑齐君而自立。孔子为此斋戒了三天,三次请求攻打齐国。鲁哀公认为鲁国已经衰弱很久了,还怎么去讨伐?孔子认为,以鲁国之众,加上齐国不服从陈恒的那一半人,完全可以战胜齐国。鲁哀公由于不掌握实权,只好推脱搪塞。孔子对别人解释说:"吾以从大夫之后也,故不敢不言。"② 作为从大夫,依礼有对国君进谏的职责,所以孔子才说他不敢不进言。

从孔子"礼以行义"的具体行动中我们也可以看出,礼在现实政治中还存在一定的影响力,孔子"礼以行义"的理想也还是有一些现实基础的,只是随着孔子遭受排挤而淡出政治舞台,他"礼以行义"的思想在现实政治层面也就陷于停滞。

在"批林批孔"运动中,人们往往将孔子"复礼"的主张作为其迂腐和不识时务的根据,是逆时代潮流而动的复辟和反动之举。李振宏对此曾做了正本清源的研究。他指出:"孔子心目中的礼与周礼有很大继承关系,但又不是原来的周礼,是对周礼有所沿革、损益,甚至是有本质上的改造的。孔子的礼是为了体现仁的精

---

① 《左传·定公十年》,《春秋左传正义》,第2148页。
② 《左传·哀公十四年》,《春秋左传正义》,第2174页。

神，其作用在于使人们都安于一种有秩序的、和谐的社会关系。"①李振宏先生摘掉了孔子"复辟"的反动帽子，为他的复礼之举进行了"无罪辩护"。笔者认为，孔子固守礼的政治主张，提出"礼以行义"的思想，不但是现实的、合理的，而且是进步的、超越的。

张岂之从人的解放的角度，指出孔子"复礼"是进步之举：

> 孔子站在人学立场，抛开贵族和庶人的政治地位差别，只从人人都同样是人、人人都应该成为理想的文明人这一角度，创造性地将"礼"看成是所有人应该共同遵循的社会规范，主张对社会所有成员"齐之以礼"。这一主张，在思想上扩大了礼制的有效范围，改变了西周礼制被贵族独占的状况，使普通百姓也有机会遵循礼制的约束，享受文明的实惠，成为更文明的人。②

除了从人的角度以外，还应从中华文明的角度来认识孔子"复礼"思想的进步性。春秋末期，政治层面的礼崩义失直接导致了天下无道的社会状态，社会整体因缺乏制度保障与文明规则而陷入混乱，长期以来形成的中华文明有重回野蛮状态的危险。在孔子看来，春秋社会正在倒退，礼乐文明正在消失，他以挽救社会危机、文明危机为己任，要为社会重塑规则和秩序，试图阻止历史的车轮向后倒退。我们也承认，历史前进的步伐是曲折的，不是一成不变的，它有时会出轨，有时也会倒退，但是总的趋势是向前发展的。客观而言，相对于西周时期，孔子所处时代的社会文明的确在

---

① 李振宏：《圣人箴言录——〈论语〉与中国文化》，河南大学出版社，1995，第54～57页。
② 张岂之：《中国思想学说史·先秦卷》（上），第234页。

退化，社会正在重新陷入无序状态，弱肉强食的丛林法则正在蔓延，历史正在短暂地开着倒车。在这样一个时代，孔子提倡"礼以行义"，试图恢复并维持政治文明的规则，这不但不是落后和保守，反而是了不起的进步。朱维铮曾指出："主张复古并不等于主张倒退，否定现状也不意味着立场反动。孔子的确主张复古，的确将在东方复兴周礼当作政治理想。"①

在孔子所处的春秋末期，周礼仍然是当时最先进、最文明的社会规则，是孔子可以利用的现实制度资源，他也曾由衷地感叹："周监于二代，郁郁乎文哉！吾从周。"② 孔子所处时代的过渡性也决定了他不可能设计出更好的方案，在这种情况下，不依靠周礼还能依靠什么呢？不过，春秋社会已然进入利益为主的时代，中华文明要经历阵痛已是在所难免，孔子的悲剧命运已经为他所处的那个时代所注定。"生不能用，死又诔之。"③ 这对孔子来说是不幸的，对于中华文明而言却是幸事。孔子说过："吾不试，故艺。"④ 政治上的失意，造就孔子成为中国首位真正意义上的思想家。他的视野超越了现实政治的樊篱，自觉地从天下的广度和文明的高度出发，提出的"礼以行义"的政治理想，在政治实践上守死善道，为中华民族保存了文明的火种，为后人树立了政治道德的标杆。从这个意义上看，孔子的"礼以行义"思想还具有超越性。

（二）权变为义的处世态度

我们经常拿"知其不可而为之"这句话作为孔子迂腐和固执的根据，实际上，这是因为我们对语义缺乏深入体认而造成的

---

① 朱维铮：《孔子论史——〈论语〉夜读小札》，《学术月刊》1998年第3期。
② 《论语·八佾》，《论语注疏》，第2467页。
③ 《左传·哀公十六年》，《春秋左传正义》，第2177页。
④ 《论语·子罕》，《论语注疏》，第2490页。

误解。"知其不可而为之"的来源如下:"子路宿于石门。晨门曰:'奚自?'子路曰:'自孔氏。'曰:'是知其不可而为之者与?'"①如果仅从字面上看,这是守门人对孔子迂腐和不识时务的讽刺。实际上,作为儒家经典的《论语》,其收录这段话恐怕并不是为了证明孔子的迂腐和固执,反而是为了表明孔子是坚守信念的人。守门人实为隐者的形象,他认为在天下无道的状态下,还奔走求仕以图实现自己的政治理想,无异于缘木求鱼。隐者之论,实为孔门所不屑,正如子路所言:"不仕无义。长幼之节,不可废也。君臣之义,如之何其废之。欲洁其身,而乱大伦。君子之仕也,行其义也,道之不行,已知之矣。"②在子路看来,隐者的做法是不足取的,他们缺乏的是一种政治使命感和历史责任感。子路作为孔子的得意门生,对孔子的理解自应极深。他明白孔子的追求,知道孔子并非为了官禄,而是为了天下大道。尽管天下无道已经是令人无奈的现实,但匹夫不可夺志,明知大道不行,也要尽自己的努力。曾子曰:"士不可以不弘毅,任重而道远。仁以为己任,不亦重乎,死而后已,不亦远乎。"③旁人"知其不可而为之"的评价,让我们了解到孔子的信念是如何坚毅,他对理想的追求又是如何执着,对"行义"以"达道"困难的体认又是如何深刻。

因此,孔子所执着的是"道","知其不可而为之"的目标也是"道"。他深知"达道"的道路是曲折的、艰难的,必须有足够的智慧以应付各种复杂的现实问题,这就必然会导致他在处世态度上形成"权变"思想。问题在于,"权变"为什么是义呢?孔子曰:"君子之于天下也,无适也,无莫也,义之与比。"④ 对于这段话的意

---

① 《论语·宪问》,《论语注疏》,第2513页。
② 《论语·微子》,《论语注疏》,第2529页。
③ 《论语·泰伯》,《论语注疏》,第2487页。
④ 《论语·里仁》,《论语注疏》,第2471页。

思，历代注家解释不一，比较而言，李泽厚的解释较符合实际："孔子说：'君子对待天下的各种事情，既不存心敌视，也不倾心羡慕，只以正当合理作为衡量标准。'"[1] 义已经具有合于时代的变易性和灵活性特征。《公羊传》指出："权者何？权者反于经，然后有善者也。"[2] 按照许慎的解释，义本身就与美、善同义，这样权与义在含义上首先是相通的；《孟子正义》则直接指出："权者，反经合义。"[3] 可见，权与义在意思上也相合，能够通权达变就是义。

权变并非不讲原则，恰恰相反，孔子的权变是道义原则下的权变。道是最高价值的体现，所谓"朝闻道，夕死可矣"。[4] 在孔子看来，道是人生追求的最高目标，是不能改变的。不过，为了达道和守道，在具体事情的处理上，孔子提倡不拘泥于条条框框，强调在义的原则下的变通，以通权达变为义。孔子说："可与共学，未可与适道；可与适道，未可与立；可与立，未可与权。"[5] 意思是可以一起学习的人，未必能一起达到道；可以一起达到道的人，未必能一直坚守道；可以一起坚守道的人，未必能一起通达权变。孔子在这里将人的境界分为四个层次，分别为不能达道的、能达道的、能守道的和能权变的。其中，能通权达变是为最高层次，集中体现了孔子权变为义的处世态度。

孔子权变之义主要表现在两大方面。一是在君臣关系方面，权变为义否定了传统忠君、忠于社稷为义的观念，超越了现实的国君利益和诸侯国利益，把忠君改造为事君，把"志于道"作为人生的最高追求。他提出："所谓大臣者，以道事君，不可则止。"[6] "君子谋道不

---

[1] 李泽厚：《论语今读》，天津社会科学院出版社，2007，第80页。
[2] 《春秋公羊传注疏》，第2220页。
[3] 焦循著，沈文倬点校《孟子正义》，第167页。
[4] 《论语·里仁》，《论语注疏》，第2471页。
[5] 《论语·子罕》，《论语注疏》，第2491页。
[6] 《论语·先进》，《论语注疏》，第2500页。

谋食……君子忧道不忧贫。"① "道不同，不相为谋。"② 孔子以"志于道"代替忠君、忠社稷，是对春秋忠义观念的提升。

现有文献中，孔子唯一一次提及忠君，是回答鲁定公的当面提问："定公问：'君使臣，臣事君，如之何？'孔子对曰：'君使臣以礼，臣事君以忠。'"③ 鲁定公实际上在问孔子君臣关系问题，孔子并没有把臣忠君放在前面，而是首先提到了对国君的要求，以"君使臣以礼"为"臣事君以忠"的前提。可见，要想让臣子忠于国君，是有条件的，条件如果没有得到满足，或者被丢弃，臣子也就可以不忠于国君。另外，在孔子看来，忠也并非对一个人的最高评价，仁的分量要远远高于忠。忠充其量只是忠于一姓或一诸侯国，仁的目标却是兼济天下。所以，能做到忠却不一定能达到仁，达仁才是孔子所追求的终极目标。

在《论语》中，孔子曾经23次提到"天下"一词，他的视野超越了忠于某个诸侯国君或诸侯国，落脚在更高层次的"天下大道"上，关注的是如何"行义以达道"。这可以从他对管仲的评价中窥豹一斑："子贡曰：'管仲非仁者与？桓公杀公子纠，不能死，又相之。'子曰：'管仲相桓公，霸诸侯，一匡天下，民到于今受其赐。微管仲，吾其被发左衽矣！'"④ 孔子认为管仲有仁德，主要就在于他能够帮助齐桓公"一匡天下"。在这一思想的支配下，孔子自然会认为国君无道而臣去之是天经地义的事。他一生奔波，周游列国以求仕，希望遇到一个明君，以实现他"复礼""天下归仁"的政治理想。不过，理想与现实总是有着天壤之别，在天下无道的社会整体状态下，明君仿佛成为只存在于关于三代的传说里。他所能做的，就是不停止自己上下求索的脚步，一旦发现国君

---

① 《论语·卫灵公》，《论语注疏》，第2518页。
② 《论语·卫灵公》，《论语注疏》，第2518页。
③ 《论语·八佾》，《论语注疏》，第2468页。
④ 《论语·宪问》，《论语注疏》，第2512页。

第三章 夫子之道"义"以贯之

无道、不礼,就毫不犹豫地离去。《史记·孔子世家》记载孔子之言曰:"鸟则择木,木岂能择鸟乎!"把诸侯国君比作木,把自己比作择木而栖的鸟,颇有"良鸟择木而栖"的意味。

孔子对道的坚守,使他在政治实践上处处碰壁,正如柳下惠所说:"直道而事人,焉往而不三黜?枉道而事人,何必去父母之邦?"① 孔子立志"守死善道"。② 而道具有超越性,往往是高于现实政治和国君利益的,在二者发生冲突和矛盾时,孔子必然面临着从俗还是从道的两难选择。他最终选择了从道不从君,不为官职和俸禄而弃道,不枉道以事人,不贬损于道以求见容于当世,甚至"去父母之邦"长达14年之久。在他看来,为了实现"达道"的目标,必须"行义",能够做到"君子之于天下也,无适也,无莫也,义之与比"。③ 而"行义""比义"所传递出来的,就是孔子以权变为义的思想。在义的框架下,臣子已经不再是国君固定不变的身份性依附者,可以不再为某个国君负责,甚至也不受某个诸侯国的约束。在孔子看来,某个诸侯国或诸侯国君的局部利益并不重要,四海之内的"天下"大利才是最高利益,作为臣子,能够忠于天下才是大义之所在。

孔子以权变为义的思想也体现为重视个体生命价值,反对无谓牺牲,这实际上是孔子针对当时的天下政治形势而发。他兴办私学,成就了一个能够为各诸侯国提供人才的学校,贤才可以仕于别国,英雄是不问来路的。但是,孔子又不得不从弟子们的安全出发去考虑问题,不得不正视残酷的政治杀戮,这实在是老师的一片拳拳之心。面对弟子对管仲不死君难的质疑,孔子反问以"岂若匹夫匹妇之为谅也,自经于沟渎而莫之知也?"④ 对管仲的做法持明

---

① 《论语·微子》,《论语注疏》,第2528页。
② 《论语·泰伯》,《论语注疏》,第2487页。
③ 《论语·里仁》,《论语注疏》,第2471页。
④ 《论语·宪问》,《论语注疏》,第2512页。

确的赞扬态度,认为他知道大仁、大义。因此,孔子注重大伦大节,提倡通权达变,不做无谓牺牲,不做愚忠式的人物。孔子指出:"天下有道则见,无道则隐。"① "邦有道则仕;邦无道则可卷而怀之。"② 能够最大限度地发挥个体价值以行道才算符合义的要求,对那些无谓牺牲的臣子,孔子甚至抱有讽刺态度:

  陈灵公与孔宁、仪行父通于夏姬,皆衷其衵服,以戏于朝。泄冶谏曰:"公卿宣淫,民无效焉,且闻不令,君其纳之。"公曰:"吾能改矣。"公告二子,二子请杀之,公弗禁,遂杀泄冶。孔子曰:"《诗》云:民之多辟,无自立辟。其泄冶之谓乎。"③

孔子认为:"邦无道,谷,耻也。"④ "邦无道,富且贵焉,耻也。"⑤ 他把国家政治黑暗还去做官领取俸禄作为耻辱。在孔子看来,陈灵公如此无道,泄冶还不放弃他的大夫之职,为了俸禄而仕于乱朝,这首先是一种耻辱;其次,泄冶与陈灵公并无宗法上的亲密关系,他自不量力,试图以区区之身去制止朝廷的淫乱,属于典型的无谓牺牲。

类似的例子还有齐国鲍牵告发庆克与声孟子私通的隐情,结果受到诬陷而遭受刖刑一事。孔子评价说:"鲍庄子之知不如葵,葵犹能卫其足。"⑥ 对于鲍牵的遭遇,孔子非但没有表示同情,反而认为鲍牵的智慧还不如葵菜,葵菜还知道保护自己的脚。

权变体现了孔子思想的深刻矛盾。孔子思想的超越性与其所处

---

① 《论语·泰伯》,《论语注疏》,第 2487 页。
② 《论语·卫灵公》,《论语注疏》,第 2517 页。
③ 《左传·宣公九年》,《春秋左传正义》,第 1874 页。
④ 《论语·宪问》,《论语注疏》,第 2510 页。
⑤ 《论语·泰伯》,《论语注疏》,第 2487 页。
⑥ 《左传·成公十七年》,《春秋左传正义》,第 1921 页。

社会的现实性不可能不产生落差，孔子也因为理想与现实的巨大落差而痛苦着、矛盾着，这使他在思想上也表现出许多不一致的地方：他曾说"士志于道"，[①]但又提出"守道不如守官"；[②]他讲过"臣事君以忠"，[③]但又主张"以道事君，不可则止"；[④]他主张"君子固穷"，[⑤]但也说过自己不能像匏瓜一样"系而不食"，两次差点服务于叛臣；[⑥]他主张事君应"勿欺也，而犯之"，[⑦]强调对国君的过错要当面规劝，犯颜直谏，但又认同"事君数，斯辱矣"，[⑧]即过多地向国君进谏会带来耻辱。在笔者看来，这种矛盾才反映了真实的孔子。孔子不是不食人间烟火的圣人，他首先是一个凡人，需要得到社会认同，想要为社会服务，为了生存也需要取得生活资料，这都逼着他现实起来；但是，他又有着超越现实的理想，一直在为这个理想执着地努力。理想是纯粹的，现实是复杂的，孔子就生活在理想与现实无奈的夹缝中，思想上存在一些矛盾实属正常，没有矛盾才真正令人生疑。守道与权变在矛盾中共生，这大概是孔子在思想上试图调和理想与现实矛盾的无奈选择。从另外一个角度看，权变之义突出的是在固守原则基础上的灵活性，这种灵活性也为战国诸子以"宜"释"义"打下了思想基础。

（三）务民之义的宗教认识

张岱年曾指出："孔子对鬼神采取存疑的态度，既不否定，亦

---

① 《论语·里仁》，《论语注疏》，第 2471 页。
② 《左传·昭公二十年》，《春秋左传正义》，第 2093 页。
③ 《论语·八佾》，《论语注疏》，第 2468 页。
④ 《论语·先进》，《论语注疏》，第 2500 页。
⑤ 《论语·卫灵公》，《论语注疏》，第 2516 页。
⑥ 一为公山弗扰据费地以叛，使人召孔子，孔子欲往；另一为佛肸以中牟叛乱，孔子欲往。两次均为子路所制止，事见《论语·阳货》，《论语注疏》，第 2524～2525 页。
⑦ 《论语·宪问》，《论语注疏》，第 2512 页。
⑧ 《论语·里仁》，《论语注疏》，第 2472 页。

在观念与思想之间

不肯定，但认为应该努力解决现实生活中的问题，而不必向鬼神祈祷。这种思想观点是非常深刻的。"① 只是，张岱年先生并没有继续论述孔子的这种观点深刻在何处。笔者认为，春秋义观念强调"听民信神"，已经从西周时期的"以神为本"转变为"以民为本"。从二者关系上讲，民处于更重要的位置，神的地位虽然有所下降，但人们还坚信鬼神存在的真实性，这是观念层面对民、神之义的认识高度。孔子则提出"务民之义，敬鬼神而远之"②的思想，对鬼神问题采取回避态度，"六合之外，圣人存而不论"。③ 使鬼神的地位进一步降低，人的地位进一步提高，从而将民神关系之义又向前推进了一大步。《论语》中孔子有关鬼神的表述均体现了这一思想：

《论语·八佾》："祭如在，祭神如神在。"

《论语·八佾》："王孙贾问曰：'与其媚于奥，宁媚于灶，何谓也？'子曰：'不然；获罪于天，无所祷也。'"

《论语·述而》："子不语：怪、力、乱、神。"

《论语·述而》："子疾病，子路请祷。子曰：'有诸？'子路对曰：'有之。《诔》曰：祷尔于上下神祇。'子曰：'丘之祷久矣。'"

《论语·先进》："季路问事鬼神。子曰：'未能事人，焉能事鬼？''敢问死？'曰：'未知生，焉知死？'"

孔子对鬼神持回避态度，不谄求于鬼神，很难说孔子对鬼神的存在持认同态度。这一点墨子也看出来了，并以此攻击儒家学说：

---

① 张岱年：《中国文化的基本精神》，孔凡岭主编《孔子研究》，中华书局，2003，第4页。
② 《论语·雍也》，《论语注疏》，第2479页。
③ 郭庆藩撰，王孝鱼点校《庄子集释》，第83页。

第三章　夫子之道"义"以贯之

"执无鬼而学祭礼,是犹无客而学客礼也,是犹无鱼而为鱼罟也。"① 其实,墨子也许并没有认识到儒家这样做的深意。问题的关键在于,孔子为什么会对鬼神持这种既不赞同又不反对的态度呢?笔者认为,原因不在其他,就在于前面的"务民之义"。孔子已经认识到,鬼神是否存在并不是问题的核心,问题在于民、神二者已然形成了对立统一关系,偏废其中之一,必然会对另一半产生负面影响。

孔子说:"君子有三畏:畏天命,畏大人,畏圣人之言。小人不知天命而不畏也,狎大人,侮圣人之言。"②"不知命,无以为君子也。"③ 他也说过自己"五十而知天命"。④ 他还说过:"不怨天,不尤人……道之将行也与,命也;道之将废也与,命也。"⑤ 在孔子的思想中,天命是自然世界的最高主宰,是一种不依人的意志为转移的客观必然性,人的命运也受制于这种必然性,对于天命,首先要保持顺从态度:

> 初,昭王有疾。卜曰:"河为祟。"王弗祭。大夫请祭诸郊,王曰:"三代命祀,祭不越望。江、汉、雎、章,楚之望也。祸福之至,不是过也。不谷虽不德,河非所获罪也。"遂弗祭。孔子曰:"楚昭王知大道矣!其不失国也,宜哉……由己率常可矣。"⑥

楚昭王认为自己的祸福不是河神所能决定的,没有劳民伤财去祭祀黄河,孔子对此予以高度评价,认为楚昭王知晓大道,能够顺

---

① 孙诒让撰,孙启治点校《墨子间诂》,中华书局,2001,第456页。
② 《论语·季氏》,《论语注疏》,第2522页。
③ 《论语·尧曰》,《论语注疏》,第2536页。
④ 《论语·为政》,《论语注疏》,第2461页。
⑤ 《论语·宪问》,《论语注疏》,第2513页。
⑥ 《左传·哀公六年》,《春秋左传正义》,第2162页。

应天命，不去做无益的事情。这在孔子看来就是义。所以，我们不能否认，孔子心目中的天命也具有宗教意义上的最高主宰性。我们知道，鬼神信仰只是一种粗糙的迷信，是人类理性思维还处于低级阶段的标志；而孔子信天命、重祭祀的思想明显超越了鬼神迷信的低级形态，处于人类思维的高级阶段。

天命是神秘的、难以把握的，但是这并不表明人就要在这种宿命的安排下被动地生存。在孔子思想中，尽人事是顺天命的重要途径，他的思想从未离开现实生活，从未忘记自己的责任："子贡曰：'有美玉于斯，韫椟而藏诸？求善贾而沽诸？'子曰：'沽之哉！沽之哉！我待贾者也。'"① 孔子将自己比作待价而沽的美玉，表达了他积极求仕的态度；他也接受了阳货"好从事而亟失时"的批评，承诺"吾将仕矣"。② 他还对因自身努力而获得的知识文化充满了自信："文王既没，文不在兹乎？天之将丧斯文也，后死者不得与于斯文也；天之未丧斯文也，匡人其如予何？"③ 所以，孔子的天命观是以承认现实"人事"为基础的，反映到政治态度上，自然形成务民之义的思想。

天命是以民意为旨归的。《尚书·泰誓上》云："民之所欲，天必从之。"天命在某种程度上成为民众力量在天上的反映，个体生命只有也必须努力于人事，才是顺应天命的根本，至于鬼神之事，敬而远之就是智慧的表现。这显示出在天命的客观必然性与个人的主观能动性之间，孔子更注重后者的进步思想。李德顺指出："中国之所以形成以人为本的信仰方式，孔子起了很大作用，是他带头并教会了中国人在神的面前保持人的主体地位。"④

---

① 《论语·子罕》，《论语注疏》，第 2490 页。
② 《论语·阳货》，《论语注疏》，第 2524 页。
③ 《论语·子罕》，《论语注疏》，第 2490 页。
④ 李德顺：《再论中国文化中的信仰问题》，《北京日报》2012 年 3 月 31 日，第 17 版。

第三章 夫子之道"义"以贯之

从更深层次上讲,与鬼神相关的宗教仪式和祭祀是礼的基础,礼的全部形式和内容都来源于此,孔子所谓的"器以藏礼,礼以行义"①表达的就是这个意思。这样,鬼神是否是一种真实性的存在,在孔子那里已经不重要了,重要的是,通过祭祀鬼神所形成的一系列礼仪以及这些礼仪背后所固着的共同情感,已经成为华夏文明的重要组成部分,这具有特别重要的价值。所以,他放弃了鬼神的迷信形态,转而重视祭祀鬼神对维系族群心理情感和理性价值的作用。对那些以求福避祸为目的的带有迷信性质的祭祀行为,孔子持明确的反对态度。他曾经指出鲁国贤大夫臧文仲有三大不明智,其中有两项是"纵逆祀"和"祀爰居"。②

祭礼的象征意义是重要的,对传统是不可或缺的,是君权和父权的神圣性保证,更是礼的根据和来源,是治理天下的有效方法。因此,孔子很重视祭祀的形式意义,对其中的违礼行为表现出了极大不满。《论语·为政》载:"非其鬼而祭之,谄也。"《论语·八佾》载:"子贡欲去告朔之饩羊。子曰:'赐也!尔爱其羊,我爱其礼'。"《论语·雍也》载:"觚不觚,觚哉!觚哉。"《论语·阳货》载:"礼云礼云,玉帛云乎哉?乐云乐云,钟鼓云乎哉。"孔子个人则在日常生活中固守着祭礼的形式,《论语·乡党》中有多处记述,如"齐,必有明衣,布。齐必变食,居必迁坐";"虽疏食菜羹,必祭,必齐如也""朋友之馈,虽车马,非祭肉,不拜"。据《论语·八佾》载,有人曾经向孔子请教关于禘祭的理论,孔子说:"不知也。知其说者之于天下也,其如示诸斯乎!"明确表示禘祭的意义在于治理天下。孟懿子问孔子什么是孝,孔子告诉他"祭之以礼"是孝的表现之一。孔子还告诉季康子说:"孝慈,则

---

① 《左传·成公二年》,《春秋左传正义》,第1894页。
② 《左传·文公二年》,《春秋左传正义》,第1839页。

忠。"① 认为能够做到孝慈是取得百姓忠心的途径。这样，祭、孝、忠形成了一个完整的链条。祭祀鬼神的终极目标是取得民众的忠心，归根结底还是要"务民之义"。曾子也表达过类似的思想，他说："慎终，追远，民德归厚矣。"② 指出宗教活动的目的不在于其本身，而在于使"民德归厚"。

相对于祭祀的形式，孔子更重视祭祀礼仪背后所蕴含的情感价值，更看重祭祀仪式所承载和保持的传统，以及由此而带来的对社会群体和个体的心理约束功能。"祭神如神在"的意义就在于它能够唤起民众的共同情感，从而使这个群体具备强烈的相互认同感和神圣感，利于群体规则的神圣化和传统的延续。孔子曾与宰予讨论"三年之丧"问题，很能说明孔子对情感问题的重视：

> 宰我问："三年之丧，期已久矣。君子三年不为礼，礼必坏；三年不为乐，乐必崩。旧谷既没，新谷既升，钻燧改火，期可已矣。"子曰："食夫稻，衣夫锦，于女安乎？"曰："安。""女安，则为之！夫君子之居丧，食旨不甘，闻乐不乐，居处不安，故不为也。今女安则为之！"宰我出，子曰："予之不仁也！子生三年，然后免于父母之怀。夫三年之丧，天下之丧也。予也有三年之爱于其父母乎？"③

孔子强调三年之丧，突出了人的情感价值，正是在共同情感的基础上，人才会形成稳定的族群关系。侯外庐指出："孔子所谓的孝之本，已经与西周享孝先王的宗教不同了，孝被孔子改造为以敬为主的道德情操。"④ 斯言极确。《礼记·祭统》云："凡治人之

---

① 《论语·为政》，《论语注疏》，第2463页。
② 《论语·学而》，《论语注疏》，第2458页。
③ 《论语·阳货》，《论语注疏》，第2526页。
④ 侯外庐、赵纪彬、杜国庠：《中国思想通史》第1卷，第160页。

道，莫急于礼。礼有五经，莫重于祭……祭者，所以追养继孝也。孝者，畜也。顺于道，不逆于伦，是之谓畜……是故君子之教也，外则教之以尊其君长，内则教之以孝于其亲。是故明君在上，则诸臣服从；崇事宗庙、社稷则子孙顺孝。尽其道，端其义，而教生焉……祭者，教之本也。"① 将祭祀鬼神作为追养继孝的手段，由此衍生出敬的情感和道德的法则，从而构成教化的根本。因此，"敬鬼神而远之"就在于通过祭祀活动产生崇敬之心和共同情感，情感又能够派生出理智，而同时祭祀还赋予这种理智以神圣意义，以崇高的神化形式来反映既定的社会生活，从而形成文明社会各种秩序与规则的基础，最终归结为"务民之义"。

（四）义然后取的理性原则

学术界一般把孔子的义利论归结为道义论，从而将义利问题定格为道义与功利的对立。实际上，在孔子思想中，义利问题首先表现为国家政治问题和人类理性问题，道德层面上的义利问题只是孔子对个体修养的一般性论述，不是目的论，而是方法论，最终是想通过个体修养的提高，由点到面，形成理想中"天下归仁"的文明社会。

对利益的追求和资源的占用，是人的动物性本能，本身无可厚非。孔子说过："富与贵，是人之所欲也，不以其道得之，不处也。"② "富而可求也，虽执鞭之士，吾亦为之。"③ 可见，孔子并不掩饰自己对财富的追求，只是强调取之有道。他对国家富庶也抱有赞赏态度："子适卫，冉有仆。子曰：'庶矣哉！'冉有曰：'既庶矣，又何加焉？'曰：'富之。'曰：'既富矣，又何加焉？'曰：'教之。'"④ 明确表达出富民思想，并提出在"富之"的基础上还

---

① 《礼记正义》，第1602～1604页。
② 《论语·里仁》，《论语注疏》，第2471页。
③ 《论语·述而》，《论语注疏》，第2482页。
④ 《论语·子路》，《论语注疏》，第2507页。

要"教之"。问题在于，人在面对利益和资源的时候，往往追求利益最大化和资源垄断化，求取无度，难以做到适可而止。人类的贪欲本能如果失去了理性的节制，必然造成强弱相凌、大小相欺、高下相倾、公私不分、天下无道的野蛮状态，从而使社会陷于无序和混乱。孔子提倡"义然后取"，[①] 首先就是要为现实政治提供一个对待利益问题的理性尺度。对此，司马迁也有深刻体会："人苟生之为见，若者必死；苟利之为见，若者必害；怠惰之为安，若者必危；情胜之为安，若者必灭。故圣人一之于礼义，则两得之矣；一之以性情，则两失之矣。"[②]

春秋末期利益至上观念已经盛行，各诸侯国捐弃了传统的道义，转而形成强国灭亡弱国、大国暴虐小国的局面，诸侯邦交关系中的义成为幌子；在各诸侯国国内，利益在君臣关系、君民关系中的权重也越来越大，不少政治行为就是为了赤裸裸的家族利益或个人利益，重利轻义、见利忘义的情况已经很普遍。统治阶层的短视造成上行下效，义观念的现实规范作用降低。上好利怎能要求民众向义？社会怎能不出现问题？文明怎能不走向倒退？在《论语》的有关记载中，我们可以侧面了解到当时统治阶层对利益的疯狂追逐。《论语·里仁》载："君子怀德，小人怀土；君子怀刑，小人怀惠。""君子喻于义，小人喻于利。"很明显，"德、刑"为义，"土、惠"为利，孔子越是强调君子要重义，越是证明当时统治阶层重利的事实；"放于利而行，多怨"[③] 指的也是政治行为多依据利益至上原则，导致产生很多怨恨；"不义而富则贵，于我如浮云"[④] 说明不义而富且贵已是社会正常现象；"上好义，则民莫敢

---

① 《论语·宪问》，《论语注疏》，第2511页。
② 司马迁：《史记》，第1163页。
③ 《论语·里仁》，《论语注疏》，第2471页。
④ 《论语·述而》，《论语注疏》，第2482页。

不服……无欲速，无见小利。欲速则不达，见小利则大事不成"①也反向证明了现实中"上好利"的情况极为普遍。

孔子对这种现实怀有深沉的忧患意识，他提出"义然后取"②"君子喻以义"③"因民之所利而利之",④ 强调对利益要保持一种理性态度，做到利欲有节，取之有度，而义就是这种节度的标准。他曾经谈到卫公子荆，称赞他："善居室。始有，曰：'苟合矣。'少有，曰：'苟完矣。'富有，曰：'苟美矣。'"⑤ 公子荆能够做到"富而无骄"，不贪得无厌，在孔子心目中，他就是一位对待利益有节、有度的君子。所以，对政治层面的节俭、慈惠、薄赋之举，孔子经常直接或间接地以义誉之，给予高度评价：

《论语·学而》："道千乘之国，敬事而信，节用而爱人，使民以时。"

《论语·雍也》："子贡曰：'如有博施于民而能济众，何如？可谓仁乎？'子曰：'何事于仁！必也圣乎！'"

《论语·述而》："奢则不孙，俭则固。"

《论语·泰伯》："巍巍乎，舜、禹之有天下也，而不与焉。"

《论语·泰伯》："禹，吾无间然矣！菲饮食而致孝乎鬼神，恶衣服而致美乎黻冕，卑宫室而尽力乎沟洫。禹，吾无间然矣！"

《左传·昭公十四年》："平丘之会，数其贿也，以宽卫国，晋不为暴……犹义也夫！"

---

① 《论语·子路》，《论语注疏》，第 2506 页。
② 《论语·宪问》，《论语注疏》，第 2511 页。
③ 《论语·里仁》，《论语注疏》，第 2471 页。
④ 《论语·尧曰》，《论语注疏》，第 2535 页。
⑤ 《论语·子路》，《论语注疏》，第 2507 页。

对于政治层面贪欲无度，孔子反对的态度很坚决。鲁国执政季孙想增加田赋，派冉有去征求孔子的意见，三次发问孔子都不回答。事后，孔子私下里对冉有说："度于礼，施取其厚，事举其中，敛从其薄，如是则以丘亦足矣。若不度于礼，而贪冒无厌，则虽以田赋，将又不足。"① 季孙和冉有都没有听取孔子的意见。"季氏富于周公，而求也为之聚敛而附益之。"② 孔子为此怒形于色。《论语·先进》载孔子之言曰："非吾徒也，小子鸣鼓而攻之，可也。"孔子甚至鼓动弟子们前去攻伐冉有。"君子疾夫，舍曰欲之，而必为之辞。"③ 对那种找借口来掩饰自己贪欲的人，孔子明确表达了自己的厌恶态度。《论语·季氏》载："齐景公有马千驷，死之日，民无德而称焉。"孔子举齐景公的反面例子，也是为了警示贪利忘义者。

《论语》中君子与小人对举凡 19 次，孔子特别强调君子应"义之与比"④，"义以为质"⑤，"义以为上"⑥，将义赋之于君子，使其成为君子的特质。孔子之所以不厌其烦地讲君子与小人的区别，其中一个重要目的就是要为统治阶层贴上义的标签，试图将其从现实利益的泥潭中拔出来，通过他们的道德自觉改变其群体逐利行为，使社会政治回归到"天下有道"的文明状态。

孔子的想法是美好的，残酷的现实却是令人失望的。他周游列国，并没有争取到多少实现理想的机会；他的祖国也将他排除在政治活动之外。在这种情况下，孔子充其量可以自由地思想、著述并教育弟子，他的理想与抱负只能存在于他的思想和历史成就之中，在这里，他找到了对立的统治阶层，这些人一无成就，仅仅依靠手

---

① 《左传·哀公十一年》，《春秋左传正义》，第 2167 页。
② 《论语·先进》，《论语注疏》，第 2499 页。
③ 《论语·季氏》，《论语注疏》，第 2520 页。
④ 《论语·里仁》，《论语注疏》，第 2471 页。
⑤ 《论语·卫灵公》，《论语注疏》，第 2518 页。
⑥ 《论语·阳货》，《论语注疏》，第 2526 页。

中的权力，在巧取豪夺中证明自我。他们正在使天下走向无道，正在使文明走向野蛮。当子贡问到他当今的从政者怎么样时，孔子轻蔑地回答说："噫！斗筲之人，何足算也。"① 他认为这班人器识狭小，不值一提。

孔子逐渐意识到，在现实政治中重新确立义的理性原则，已然行不通。所以，当季康子向他请教"杀无道，以就有道，如何"时，孔子回答说："子为政，焉用杀？子欲善而民善矣。君子之德风，小人之德草，草上之风，必偃。"② 他反对用政治暴力来压制本能，提倡以教化引发理性："道之以政，齐之以刑，民免而无耻；道之以德，齐之以礼，有耻且格。"③ 吕方指出，《论语》中的"君子"出现了107次，90%的材料泛指"有较高文化、品德的人"，与"统治者"之含义已经没有必然联系。④ 由此可见，孔子已经另辟蹊径，将原本属于统治阶层的"君子"概念改造为拥有较高道德和修养的人，试图将政治观念道德化，通过教化促进个体修养的提高，使义成为君子的本质，形成文质彬彬的君子群体，依靠这个新的群体"行义以达道"，最终实现义之理性原则的传承与普及。也就是说，孔子要通过教育使义逐渐植根于人的心灵深处。

（五）行义达仁的君子之道

孔子既然要塑造新的君子群体，就必须突破传统的身份等级限制。李振宏指出，孔子以"仁"为核心，明确提出"仁"的最高标准是"泛爱众""济众""博施于民""安百姓"等思想，把仁爱推广到"民"，扩大到"众"，并原则上承认原来不具有人的资格的奴

---

① 《论语·子路》，《论语注疏》，第2508页。
② 《论语·颜渊》，《论语注疏》，第2504页。
③ 《论语·为政》，《论语注疏》，第2461页。
④ 吕方：《先秦时代的君子与小人》，硕士学位论文，河南大学历史文化学院，2011，第16页。

在观念与思想之间

隶阶层有了人格上的平等。① 为了找到相应的理论依据，孔子对人性问题进行了深入思考，提出"性相近也，习相远也"② 的光辉命题。"性相近"至少能反映出孔子对人性问题的两个认识：一是认同人性平等；二是人性非善非恶。这样，仁与不仁并非人先天本具的品质，而是由于"习相远"而产生的不同结果。在《论语》中，孔子对仁的言说主要包括两大方面，其一为对仁的境界的描述：

《论语·里仁》："仁者安仁，知者利仁。"
《论语·里仁》："唯仁者能好人，能恶人。"
《论语·雍也》："子贡曰：'如有博施于民而能济众，何如？可谓仁乎？'子曰：'何事于仁！必也圣乎！尧舜其犹病诸！'"
《论语·子罕》："知者不惑，仁者不忧，勇者不惧。"
《论语·宪问》："'克、伐、怨、欲不行焉，可以为仁矣？'子曰：'可以为难矣，仁则吾不知也。'"
《论语·宪问》："仁者必有勇，勇者不必有仁。"
《论语·子路》："刚、毅、木、讷，近仁。"
《论语·卫灵公》："志士仁人，无求生以害仁，有杀身以成仁。"

孔子把仁置于一个高不可攀的位置，悬之甚高，从心理学的角度看，成仁类似人的自我实现。在孔子看来，尧、舜、禹、周文王等古代圣王真正具有仁德；伯夷、叔齐作为义士，饿死不食周粟，是为成仁；管仲帮助齐桓公一匡天下，九和诸侯，不以兵车，对华夏文明做出了巨大贡献，是为仁者。他对自己的评价则很谦虚，自称与仁的境界相差甚远："圣与仁，则吾岂敢？抑为之不厌，诲人

---

① 李振宏：《圣人箴言录——〈论语〉与中国文化》，第47页。
② 《论语·阳货》，《论语注疏》，第2524页。

208

第三章　夫子之道"义"以贯之

不倦，则可谓云尔已矣。"①

其二是怎样才能达到仁：

《论语·雍也》："夫仁者，己欲立而立人，己欲达而达人。能近取譬，可谓仁之方也已。"

《论语·颜渊》："颜渊问仁。子曰：'克己复礼为仁。一日克己复礼，天下归仁焉。为仁由己，而由人乎哉？'"

《论语·颜渊》："仲弓问仁。子曰：'出门如见大宾，使民如承大祭。己所不欲，勿施于人。在邦无怨，在家无怨。'"

《论语·颜渊》："司马牛问仁。子曰：'仁者，其言也讱。'"

《论语·颜渊》："樊迟问仁。子曰：'爱人。'"

《论语·卫灵公》："子贡问为仁，子曰：'工欲善其事，必先利其器。居是邦也，事其大夫之贤者，友其士之仁者。'"

《论语·阳货》："孔子曰：'能行五者于天下，为仁矣。''请问之。'曰：'恭宽信敏惠。恭则不侮，宽则得众，信则人任焉，敏则有功，惠则足以使人。'"

以上只是孔子在特定语境中，有针对性地对不同弟子谈"达仁"的途径问题，具有一定的特殊性。实际上，"达仁"的方法尽管很多，无法一一列举，但是方法上却有共同之处，就是无一例外地要"行义"。孔子认为，礼是个体修养的外在规范，需要把礼落实到个体行为的实践中去，做到"非礼勿视，非礼勿听，非礼勿言，非礼勿动"。② 在行为的结果上体现礼的要求，这是造就君子的关键。孔子选择的途径是"行义以达其道"。③

---

① 《论语·述而》，《论语注疏》，第 2484 页。
② 《论语·颜渊》，《论语注疏》，第 2502 页。
③ 《论语·季氏》，《论语注疏》，第 2522 页。

《论语·公冶长》:"子谓子产:'有君子之道四焉:其行己也恭,其事上也敬,其养民也惠,其使民也义。'"

《论语·卫灵公》:"子曰:'君子义以为质,礼以行之,孙以出之,信以成之。君子哉!'"

《论语·阳货》:"子路曰:'君子尚勇乎?'子曰:'君子义以为上。君子有勇而无义为乱,小人有勇而无义为盗。'"

可见,义既是对君子的本质要求,又是成就君子人格的重要准则,它还以具体的行为集中表现了礼的要求和仁的本质是个体达仁的必由之路:

《左传·昭公十四年》:"仲尼曰:'叔向,古之遗直也……三言而除三恶,加三利,杀亲益荣,犹义也夫!'"

《左传·哀公十一年》:"冉有用矛于齐师,故能入其军。孔子曰:'义也。'"

《左传·昭公二十八年》:"仲尼闻魏子之举也,以为义。"

以上记载有一个共同特点,那就是它们均为孔子对特定行为的称赞,体现了义鲜明的实践性特征。《论语》中孔子共 18 次提及义,均强调个体行为要以义为根据,要在现实中践行义的原则,"行义"成为"达仁"的重要途径和步骤。马振铎指出:"没有义的节制,就连勇、直、忠信、操守等也会失去道德价值,其他自不待言。不仅如此,孔子还认为,只要合于义,在常人眼中被认为不忠、改节、降志辱身,在道德上也是允许的。"[①] 孔子自身也以具体行动实践着义的要求。前文已述,在春秋义观念中,守信为义是突出的,孔子在继承的基础上又将其发展为"信合于义",强调信

---

① 马振铎:《孔子的尚义思想和义务论伦理学说》,《哲学研究》1991 年第 6 期。

第三章 夫子之道"义"以贯之

约要受到义的约束,如果所立信约不义,那么即使背信也无可厚非。孔子曰:"言必信,行必果,硁硁然小人哉!"[1] 把说话诚信、行为坚决、不分是非黑白只管闷头做的人归为小人。可见,孔子行事的准则也是义,只要能够做到行义,背信也是正当的、合理的,这样做不但不会"害仁",反而是"为仁"的正当之举。

孔子提倡"思义""徙义""好义""行义",希冀使礼逐渐由外在规范内化为个体修养,个体修养积累到一定程度后,会由量变到质变,达到所谓"从心所欲,不逾矩"。[2] 这也许就是孔子理想中仁者的境界吧。

成为仁者只是个体修养的终极境界,而不是人生的最高目标,人生的最高目标是通过行义来实现天下大道。"人能弘道,非道弘人。"[3] 在孔子的理想中,当个人修养达到一定境界的时候,是要以治国、平天下为终极目标的。以仁者的高度参与政治,天下大道也就不远了,个人道德境界最终还是为了与政治实践对接。儒者的出仕情结,至今仍有强大的社会影响。

通过以上分析,我们可以认识到孔子义思想具有诸多内涵,问题在于,尽管这些思想内涵在不同领域具有突出的价值表现,但是我们又似乎很难以最简洁明确的语言说清孔子思想中的"义"究竟是什么。的确,在孔子数十次言及"义"时,其语境存在很大差异,"义"的含义也相当复杂宽泛。这不仅使其思想内涵显得难以把握,也使后人在研究孔子思想时忽视了"义"本应占据的重要地位。可见,要想在孔子复杂的义思想内涵中确定哪些是最根本、最具核心的价值,是很难做到的事,在方法上也未必恰当,因为具体部分或不同部分的简单累加,并不一定形成有机的整体。

---

[1] 《论语·子路》,《论语注疏》,第 2508 页。
[2] 《论语·为政》,《论语注疏》,第 2461 页。
[3] 《论语·卫灵公》,《论语注疏》,第 2518 页。

在观念与思想之间

有机整体是有着特性和生命力的东西，孔子的义思想似乎就是一个有机整体，存在相互依存和渗透的内部结构，构成了一个独特的思想模式。具体说来，孔子义思想类似于一个同心圆结构。亲亲尊尊是其内核；基于亲亲尊尊内核生发出的抽象文明准则是中间层；最外层是表现在不同社会领域中的具体伦理道德。

孔子义思想本于春秋义观念，自然具有亲亲尊尊的思想内核。孔子讲过的"裔不谋夏，夷不乱华……于德为愆义""君君、臣臣、父父、子子"[①] 就具有亲亲尊尊的宗法基础。不过，义本具之亲亲尊尊的观念内核演变至孔子，开始有了一种自觉的理论反省，主要表现为孔子在亲亲尊尊的基础上又抽象出了新的理性文明准则意义。《左传·昭公十四年》载孔子语曰："治国制刑，不隐于亲，三数叔鱼之恶，不为末减。曰义也夫，可谓直矣。"《左传·昭公二十八年》载孔子语曰："近不失亲，远不失举，可谓义矣。"孔子在这里提及的"义"，明显超越了宗族血缘之亲亲；在礼崩乐坏的形势下，孔子将代表宗法等级的尊尊发展为尊"法度"。他并不怀恋已经衰微的周王朝，只是对作为文明准则的周礼情有独钟。据《左传·昭公二十九年》载，晋国赵鞅铸刑鼎，孔子对此极为忧虑，他说：

> 晋其亡乎！失其度矣。夫晋国将守唐叔之所受法度，以经纬其民。卿大夫以序守之，民是以能尊其贵，贵是以能守其业。贵贱不愆，所谓度也。文公是以作执秩之官，为被庐之法，以为盟主。今弃是度也，而为刑鼎，民在鼎矣，何以尊贵？贵何业之守？贵贱无序，何以为国？[②]

孔子最担心的问题，在于赵鞅铸刑鼎之举将使民众不再遵守

---

① 《论语·颜渊》，《论语注疏》，第 2504 页。
② 《左传·昭公二十九年》，《春秋左传正义》，第 2124~2125 页。

"法度"。显然,这里所谓的"法度"就是能"经纬其民"且"贵贱不愆"的礼乐之制,孔子对礼制表现出来的尊崇,已经远远超越对权贵的尊尊。《礼记》所引述的孔子言论也传递出类似信息。《礼记·礼运》云:"修礼以达义。"《礼记·祭义》云:"天下之礼……致义也。"结合前述孔子所言的"礼以行义",我们可以认为,孔子已将具体的等级之尊尊发展为尊礼,即尊重礼乐文明的基本准则。至此,亲亲尊尊之义已具有公平正义的一般文明准则意义,这可视为孔子义思想的中层。

正是在确立了"义"抽象文明准则的基础上,孔子义思想才在政治、宗教、经济、道德、教育等不同社会领域产生了具体价值。如在政治领域,孔子义思想突出表现为"礼以行义"。牟宗三指出,《论语》中不常言义,《春秋》却为义道之大宗,是就当时之政治社会生活而言的。[①] 而《春秋》所着重强调的,就是所谓的"礼以行义"。具体而言,遵行周礼、心系天下、忠于职守、勇于献身、通权达变均为义。在宗教领域,孔子强调对鬼神敬而远之,以政治理性"务民之义"。在社会生活方面,孔子把义视为个体处理一切社会问题、判断是非曲直的最高准则,强调行为动机和结果应合于义的要求,具体表现为善和正。在经济利益方面,孔子强调公众之利为义,强调通过正当途径获取利益为义。

总体而言,尽管孔子发展了春秋义观念,初步形成了较为系统的义思想,但是这毕竟是历史上思想家对义观念的首次观照,还显得很不成熟,还没有表现为一种思辨理性,还未能在理论层面上做形而上的讨论。而这些任务就要由战国诸子来完成了。

[①] 牟宗三:《儒家学术之发展及其使命》,《牟宗三先生全集》第9卷,台北,联经出版事业公司,2003,第6页。

四　义在孔子思想体系中的位置

在讨论这个问题之前，有必要对孔子思想核心问题进行一番梳理。侯外庐认为："孔子的仁思想实从属于礼思想，礼作为道德极则在许多场合被强调，'立于礼'是孔子的中心思想。"[①] 张岂之对此进行了深化，提出孔子思想是一个仁与礼二位一体的结构。他认为："在仁和礼中，无法把任何一个单独选为孔子思想体系的核心。一方面，作为心理过程的仁以礼的诸范畴为附着；另一方面，作为外在规范的礼以仁之心理层面为基础。孔子思想体系的根本特点，就在于将心理过程的仁投射到礼的诸范畴之上，以期达致仁与礼的合一。"[②] 这种思想无疑是具有启发性的，只是外在的礼与内在的仁如何能"二位一体"？这个问题却没有令人信服的答案。至少在一体化进程中，还缺少一个作为连通二者纽带的中间环节。台湾学者劳思光提出了孔子思想"仁义礼"三位一体结构的学说。[③] 陈晨捷对这种学说做了进一步的研究，着重论述了义在仁、礼之间的中间枢纽作用。他指出："在三位一体的结构中，'义'乃道德本体与现象界的转换枢纽，'仁'经由'义'而展开、实行，礼反过来由'义'而达'仁'。"[④]

把孔子的思想当成一个体系，摆脱了将其当成某些孤立的点的传统认识方法，这本身是一种进步。的确，在孔子的思想体系中，很难说其中的某个部分是核心，而应该说它们一起构成孔子思想的核心。就如同一个人的脸面，有人关注眼睛，有人关注眉毛，有人关注鼻子，也有人关注嘴巴。每个人都可以根据自己的主体意识去

---

① 侯外庐、赵纪彬、杜国庠：《中国思想通史》第1卷，第141、159页。
② 张岂之：《中国思想学说史·先秦卷》（上），第246~247页。
③ 劳思光：《中国哲学史》（一），第56页。
④ 陈晨捷：《论先秦儒家"仁义礼"三位一体的思想体系》，《孔子研究》2010年第2期。

分析脸面的某个组成部分，表达自己对这个部分的重视，却不能说自己关注的部分就一定是脸面的核心。思想体系与体系中某种思想的关系就如同脸面与眼、眉、鼻、口的关系，是整体与部分的关系。它们之间既相互区别又相互统一，不能割裂，否则就会导致"五官争功"、盲人摸象的问题。所以，孔子的思想体系就如同一个人的脸面一样，是由几个部分组成的有机整体，各个部分有不同的功能，这些不同的功能在时间上可能会有先有后，在空间上可能会有高有低，在作用上可能会有因有果。我们不能将其扁平化、知识化，简单地放置在一个平面上去做解剖式分析，这样容易忽视思想体系的生命力。因此，不管是二位一体还是三位一体的孔子思想体系，都存在一个共同的问题，那就是把孔子思想放在一个平面上去认识，只有相互关系的平行研究而缺乏递进关系的认识，忽视了孔子建立这个思想体系的目的，而离开目的去研究孔子的思想体系，就可能会把具体问题抽象化，把特殊问题一般化，陷于烦琐的理论论证而显得不可捉摸。这就好比仙人掌一样，最初的具体只有下面的一片，从具体上抽象出了新片，抽象出的新片上又抽象出了新片，这样，从具体到抽象，又到对抽象的抽象，离本体就越来越远了。

实际上，孔子没有从哲学的高度对仁的来源进行解说，也没有提出仁就是人的本质。他只是提出仁的最高境界，认为通过修养可以达到这个境界。至于"仁远乎哉？我欲仁，斯仁至矣"[1]，并非表明仁自具于本心，而是为了"把道德律从氏族贵族的专有形式拉下来，安置在一般人类的心理要素里"，[2] 是对弟子们通过"学而时习之"的学习和实践活动，最终达到仁者境界的无差别鼓励。孔子承认他自己也不是什么"生而知之者"，个体修养是自外而内的功夫，仁并不是个体天生的善端，把仁、义、礼、智归于人的本

---

[1] 《论语·述而》，《论语注疏》，第2483页。
[2] 侯外庐、赵纪彬、杜国庠：《中国思想通史》第1卷，第156页。

性,是孟子的发明。因此,孔子的仁并非传统认识中自具的道德本体,而是在依礼、行义的不懈努力下达到的理想境界。

在孔子的视野中,仁的境界超越了一般的个人能力或道德品质,是远远高于现实的道德构建;仁德与一般的政治道德已经是两个层面的问题,能够做到忠、清、勇,却不一定能够达到仁,而仁者却一定能够做到忠、清、勇。《论语·公冶长》中连续有两则对话,均突出表现了孔子的这种思想:

> 孟武伯问:"子路仁乎?"子曰:"不知也。"又问。子曰:"由也,千乘之国,可使治其赋也,不知其仁也。""求也何如?"子曰:"求也,千室之邑,百乘之家,可使为之宰也,不知其仁也。""赤也何如?"子曰:"赤也,束带立于朝,可使与宾客言也,不知其仁也。"
>
> 子张问曰:"令尹子文三仕为令尹,无喜色;三已之,无愠色。旧令尹之政,必以告新令尹。何如?"子曰:"忠矣。"曰:"仁矣乎?"曰:"未知。焉得仁?""崔子弑齐君,陈文子有马十乘,弃而违之。至于他邦,则曰:'犹吾大夫崔子也。'违之。之一邦,则又曰:'犹吾大夫崔子也。'违之。何如?"子曰:"清矣。"曰:"仁矣乎?"曰:"未知,焉得仁?"[①]

仁的境界既然如此之高,那就不是轻易可以达到的,需要较为完备的方法和步骤。孔子建构了礼义仁三位一体的思想体系,力图引导学生通过由外而内的修养造就君子人格。顾颉刚就曾指出:"《论语》的中心问题是造成君子。"[②] 侯外庐也认为:"孔子在道

[①] 《论语·公冶长》,《论语注疏》,第 2473~2474 页。
[②] 顾颉刚:《春秋时代的孔子和战国时代的孔子》,孔凡岭主编《孔子研究》,第 179 页。

德思想方面把西周的观念拉到了人类的心理上讲,更具体地说来,拉到君子的规范上规定起来。"① 这样,礼的内容就被孔子理想化为一般君子的规范。达仁是主体修养的最高境界,行义也就成为其间最具有主动性和实践性的部分。孔子说:"谁能出不由户,何莫由斯道也?"② 行义是达道的唯一途径。所以,在孔子的思想逻辑中,守礼是基础,行义是方法,达仁是目标;我们也可以说守礼为因,行义为修,达仁为果。礼义仁三位一体思想体系的核心,也无非就是为了造就君子人格,从而由个体而整体地完成天下大道的重构。当然,对于已经成为仁者的个体而言,义也自然地内化为其人格的组成部分,仁者之所以是仁者,必须要有行义的表现,不然,人们如何知其仁呢?因此,义与仁也就同时成为仁者君子的内在人格标志,具备了成为人性的基础条件。孟子认同"人皆可以为尧舜"③,把原本属于仁者君子本质的仁、义赋予所有的人。其后,儒家内部的"仁内义外"之争,主要原因也在于孟子有意无意地模糊了仁、义的主体限定。

综上所述,从义范畴自身发展的角度看,它被孔子纳入自己的思想体系,既是宗教上的认识论,又是政治上的方法论,还是道德上的价值论。孔子的义思想就主要体现在这三个理论总结中。

小　结

孔子在义观念出现危机的情况下对义进行了系统整理,并进行了取舍和深化,形成了系统的义思想。孔子义思想的主旨在于他试图通过教育手段,实现义由政治而道德的内化、由礼治到礼教的嬗

---

① 侯外庐、赵纪彬、杜国庠:《中国思想通史》第1卷,第160页。
② 《论语·雍也》,《论语注疏》,第2479页。
③ 焦循著,沈文倬点校《孟子正义》,第810页。

变，把义由政治观念改造为道德原则，使其成为推动个人品格塑造和社会文明进步的内在力量，从而自个体到群体、自道德到政治、自内修到外作，实现天下大同的理想。

孔子义思想突出行义，强调义的主体性和实践性特征，把义由客观规范附之于个体修养本身，使个体意志一产生，义就能够同时发挥规范和指导作用。当然，个体还要积极行义，主动落实义的要求，而不是消极地等待义与不义的评价。孔子所谓"行义""义之与比""义以为质"的言论，反映出他已把义由原先的客观外在规范内化为个体行为的内在准则，把义的准则性贯彻到日常行为中去了。俗话说，喊破嗓子不如做个样子，在实践中践行义才能真正重塑义的公认准则地位，因此，义由抽象准则或价值尺度被改造为实践标准，是孔子对春秋前中期义观念的提升。

孔子对义观念做了系统归纳，在有所取舍的基础上进行了深化和提升，使之由现实政治工具转变为"达道"方法，从而在道德层面保存了义的理性准则地位，并使这种准则不再受到现实政治和各种利益的干扰，是超越现实的精神构建。我们总是习惯于从现实政治的角度去判断个体价值，忽视了人之为人的超越性。孔子较早地从"道"的高度出发，使个体追求超越了现实政治的原野，在人类的精神圣殿里点亮了道德明灯。

总体而言，孔子在对义观念有所取舍和深化的基础上形成了较为系统的义思想，使义由政治观念内化为君子道德。司马迁曾在《史记·孔子世家》感慨孔子的伟大："天下君王至于贤人众矣，当时则荣，没则已焉。孔子布衣，传十余世，学者宗之。自天子王侯，中国言六艺者折中于夫子，可谓至圣矣！"但他并没有解释孔子伟大的原因，仅以孔子是"至圣"搪塞过去。笔者认为，孔子之后，中华民族两千多年的历史进程就如同持续上演着的历史连续剧，尽管演员不同，剧情不一，但是这部连续剧有着内在的永恒主题，这个主题就是被孔子保存和延续下来的中华礼义文明。孔子的伟大，也就在于他在中华民族即将陷于混乱状态的关键时刻，在国人的心灵深处保存了以义为主的理性文明的底线，开拓了伦理道德的空间，这正是我们民族的历史连续剧直到今天还在持续上演的根本动力之一。

第四章 观念社会化的神秘力量
——义观念在战国时期的下移及其社会组织作用

在战国思想家的视野中，他们所处的是一个社会动荡的危机时代，这个时代的显著特点就是思想混乱、义失礼崩。墨子云："三代圣王既没，天下失义，诸侯力正。"① 孟子曰："圣王不作，诸侯放恣，处士横议。"② 庄子云："天下大乱，圣贤不明，道德不一。"③ 荀子云："诸侯异政，百家异说，则必或是或非，或治或乱。"④ 即使到了东汉时期，史家也有类似的认识，如班固在《汉书·艺文志》中指出："昔仲尼没而微言绝，七十子丧而大义乖。"⑤ 后世学者多以此为据，得出三代礼义文明至战国而崩坏、瓦解的结论。牟宗三说："战国精神乃一透出之物量精神，并无理性之根据为背景，乃全为负面者。"⑥ 杨宽认为："春秋、战国之交确是'古今一大变革之会'，从此废去了自古以来贵族统治的礼制，开始走向了秦汉以后'大一统'的历史进程。"⑦ 魏勇指出："义的失落肇始于春秋时期，春秋时期天子地位的衰落使义所体现的公共价值原则遭受到冲击和质疑。儒家与墨家崇高义来源、光大义其功用的理论不仅在现实世界中遭到冷遇，在理论层面也自始至

---

① 孙诒让撰，孙启治点校《墨子间诂》，第219页
② 《孟子注疏》，阮元十三经注疏本，中华书局，1980，第2714页。
③ 郭庆藩撰，王孝鱼点校《庄子集释》，第1069页。
④ 王先谦撰，沈啸寰、王星贤点校《荀子集解》，第386页。
⑤ 班固撰，颜师古注《汉书》，中华书局，1962，第1701页。
⑥ 牟宗三：《历史哲学》，《牟宗三先生全集》第9卷，第118页。
⑦ 杨宽：《战国史》，上海人民出版社，2003，第4页。

终受到来自道家和法家的否定和质疑。"① 综合前贤之论，似乎义观念在战国时期已经全面失落。

实际上，先秦诸子的以上描述，主要是针对战国社会政治现状而发，只是树立自己思想学说的前提性而非结论性论证，目的是先破而后立，并不能据此判定战国时期义观念的发展状况。从观念史的角度出发，墨子所云的"天下失义"并不尽然；牟宗三把战国文化精神视为缺乏"理性背景"甚至"全为负面"，更是值得商榷的。就"义"在战国时期的发展状况而言，绝不是"失落"这个简单的词语可以概括得了的，而是在新的层面、新的领域有了新的发展，需要引起我们的高度重视。

严格来说，春秋、战国作为中国历史上前后相续的两个时代，尽管前后反差巨大，社会变迁明显，但是二者毕竟处于连续的历史发展进程中，并不存在前后判若霄壤的分野；尤其是从社会存在的角度看，两个时代的经济基础和上层建筑并未发生革命性的变化，社会性质相同，也必然决定着社会观念的发展具有延续性。"义"作为古代社会来源已久的思想观念，在春秋时期还极为凸显，处于社会政治观念的核心地位，怎么可能会在战国突然消失无踪呢？战国时期，列国诸侯的行事准则是"利"，"义"的政治行为准则地位已经丧失，这是不争的历史事实。"义"的丧失，仅限定于这个特殊的层面，仅是其政治主导性地位的丧失，而不能认为义观念在现实政治层面已经完全丧失了作用。我们看到，在可靠的战国文献中，"义"仍然具有不可忽视的政治影响力，尽管这种影响力主要体现在观念层面而非行为层面，但这也构成了对特定政治行为走向的无形约束，"义"与"不义"的价值判断依然屡屡见之于诸侯的政治对话中就是明证。据笔者对《战国策》所做的统计，在战国七雄的政治对话中，"义"与"不义"的价值判断依然出现了53

---

① 魏勇：《先秦义思想研究》，第92页。

次之多，说义观念在战国政治层面仍然具有一定的影响力，似也不失公允。

不过，诸侯力征、不义四伏的社会现实，昭示着义在政治层面的发展已近尾声。那么，义在政治层面准则地位的沦丧，是否也预示着其作为一种观念，同样处于日暮途穷的境地了呢？事实恐怕并不那么简单。社会观念与政治行为是两码事，政治行为受到现实各种条件的制约，违心之行、不想做而必须做的事往往是政治行为的无奈选择。因此，政治行为具有随机性和复杂性，它并不总是反映特定的观念。在社会经济环境没有发生根本性变化的传统社会中，社会观念具有无比巨大的历史惰性，义观念的状况亦是如此。随着春秋战国之际政治格局的变化，"义"作为一种正义原则，虽然在社会观念层面发生了变化，但是作为表达特定观念的概念或者说关键词，它所抽象出来的观念力量、准则意义还会脱离内涵本身，成为一种特殊的精神性社会存在，对文明社会产生维系作用，对大众行为产生规范作用。

因此，所谓"义失"，仅仅局限于义观念在现实政治层面准则地位的丧失，对于更为广泛的战国社会层面而言，义不但没有丧失，反而空前盛行。这就意味着战国义观念出现了下移，从传统的政治层面下移到更广阔的社会层面。这样，战国义观念的发展情况就不能仅从子学视野中寻找答案，而是更应该把目光放在一般社会层面，从社会观念的角度进行一番探索。本章的目的也就在于通过战国义观念下移的社会表现，分析义观念下移的原因，弄清义观念下移对华夏文明所产生的深远影响。

一 义观念下移的社会表现

义观念下移，主要是指义观念的影响层面发生了变化，从春秋时期的政治层面下移到更为广阔的社会层面，成为社会基层群体的共识性观念。限于文献资料，笔者主要以士民、游侠和门客等新兴的战国社会群体为对象，试图通过考察义观念在这些不同社会群体中的表现，揭示战国义观念下移的历史现象。

（一）士义之重

士自春秋后期登上历史舞台后，很快在战国时期发展为有影响力的社会群体。比较而言，春秋时期，士还是最低级的贵族；战国时期，士与庶人的差别逐渐减小，已经成为"四民"之一。《管子·小匡》指出："制国以为二十一乡，商工之乡六，士农之乡十五。"① 国以民为本，"四民"乃是战国社会的基本民众。而士农之乡远超工商之乡，似可从侧面证明士民的数量相当庞大，是一个具有相当影响力的社会群体。《管子》指出：

> 士农工商，四民者，国之石民也，不可使杂处。杂处则其言咙，其事乱。是故圣王之处士必于闲燕……今夫士，群萃而州处，闲燕，则父与父言义，子与子言孝，其事君者言敬，长者言爱，幼者言弟。旦昔从事于此，以教其子弟。少而习焉，其心安焉，不见异物而迁焉。是故其父兄之教，不肃而成。其子弟之学，不劳而能。夫是，故士之子常为士。②

可见，士聚群而居，不与农、工、商杂处，其身份仍具有世袭性质。与农、工、商比较而言，士似乎主要是一个具有行政能力、掌握文化知识、明乎人伦道德的特殊社会群体。有意思的是，士群体的父辈们谈论的主要话题是"义"，而且"旦昔从事于此"，几乎成为日常生活的重要组成部分。他们教育子弟的重要目的是让其

---

① 黎翔凤撰，梁运华整理《管子校注》，中华书局，2004，第400页。
② 黎翔凤撰，梁运华整理《管子校注》，第400~401页。

"知义"。《逸周书·程典解》云:"士大夫不杂于工商,士之子不知义,不可以长幼。"① 可见,"义"在士群体中具有举足轻重的观念地位。晁福林指出,战国士群体的主要特征不在于其高高低低的经济地位,而在于他们无论经济地位高下都是文化的掌握和传播者,在于其是实行礼义道德的典范。② 这固然是正确的,不过,仍有一个重要问题没有被触及,那就是,士民作为一个社会群体,是什么形成了这个群体的标志?是什么让这些相互之间缺乏宗法或血缘关系的士人具有身份认同感,具备了相同的精神气质呢?恐怕没有人会反对,这就是以观念形式出现的"义"。以"义"立身处世,以成就"义"为人生的终极价值,可谓士群体最鲜明的特征。

士坚守的义到底是什么呢?战国是一个"人异义"的时代,士之"义"自然也千差万别。大体而言,义往往被视为士的行为准则,这种行为准则又代表了不同士人的精神气质,可以细分为抽象和具体两大类。抽象的"义"并不交代义内涵,而是直接以"义"名之,例如:

《墨子·贵义》:"世之君子欲其义之成。"
《孟子·公孙丑下》:"彼以其爵,我以吾义。"
《庄子·秋水》:"伯夷之义。"
《管子·法禁》:"一国咸,齐士义。"
《晏子春秋·内篇杂上》:"吾说晏子之义。"③
《荀子·非十二子》:"下则法仲尼、子弓之义。"
《吕氏春秋·知分》:"晏子与崔杼盟而不变其义。"④

---

① 黄怀信、张懋镕、田旭东:《逸周书汇校集注》,第185页。
② 晁福林:《春秋战国的社会变迁》第2册,第694~702页。
③ 孙彦林、周民、苗若素:《晏子春秋译注》,齐鲁书社,1991,第266页。
④ 许维遹撰,梁运华整理《吕氏春秋集释》,中华书局,2009,第552页。

《韩非子·显学》:"故敌国之君王虽说吾义,吾弗入贡而臣。"①

《战国策·楚三·唐且见春申君》:"窃慕大君之义。"②

文献中还有不少具体的"义",这些"义"都可视为士人自身的立身行事准则,但具体内涵各不相同,墨子称这种现象为"一人一义"③并不是什么夸张的说法。如果把春秋义观念比作套在宗法贵族头上的"紧箍咒",战国义观念就相当于士民阶层的"呼啦圈","紧箍咒"不是随便戴得了的,"呼啦圈"却是想怎么玩就怎么玩,而且,人人都可以有自己的玩法,玩得熟练了,每个人都会觉得自己的玩法最正确。的确,战国士阶层对义的理解千差万别,各人的义也极不相同:

《墨子·公输》:"吾义固不杀人。"

《孟子·万章下》:"敢问不见诸侯,何义也?"

《管子·大匡》:"受君令而不改,奉所立而不济,是吾义也。"

《晏子春秋·内篇问下》:"和调而不缘,溪盎而不苛,庄敬而不狡,和柔而不铨,刻廉而不刿,行精而不以明污,齐尚而不以遗罢,富贵不傲物,贫穷不易行,尊贤而不退不肖。此君子之大义也。"

《列子·说符》:"吾义不食子之食也。"④

《吕氏春秋·士节》:"义不臣乎天子,不友乎诸侯,于利不苟取,于害不苟免。"

---

① 王先慎撰,钟哲点校《韩非子集解》,第461页。
② 刘向:《战国策》,上海古籍出版社,1998,第548页。
③ 孙诒让撰,孙启治点校《墨子间诂》,第77页。
④ 杨伯峻:《列子集释》,中华书局,1979,第264页。

《吕氏春秋·当赏》:"臣有义,不两主。"

《吕氏春秋·务大》:"闻先生之义,不死君,不亡君。"

《韩非子·外储说左上》:"谷闻先生之义,不恃人而食。"

《韩非子·显学》:"今有人于此,义不入危城,不处军旅,不以天下大利易其胫一毛。"

《战国策·秦四·秦王欲见顿弱》:"臣之义不参拜。"

《战国策·燕一·燕王哙既立》:"寡人闻太子之义,将废私而立公,饬君臣之义,正父子之位。"

《战国策·宋卫·公输般为楚设机》:"吾义固不杀王。"

在如此不同的语境下出现的"义",在内涵上竟无一雷同。这一方面可认为是义观念在下移过程中出现的必然现象,另一方面也说明"义"是战国士群体共同秉持的行事准则。士群体由不同的独立个体组成,而个体行为方式的复杂性和多样性,决定了其对义的理解也各不相同,甚至有些理解与义观念的内涵没有任何关系。尽管士人的行为准则存在较大差异,甚至"一人一义",但是这些准则均以"义"名之,可谓"不同"之中的"大同"。义观念在战国士民层面的普及程度和强大影响力也由此显现无遗。

需要注意的是,"义"之名既然得到共同的尊崇,那就说明其仍然具备一些普遍认同的内涵,正是这些普遍认同的内涵决定了义的崇高地位,决定了士群体尽管对义的理解各不相同,但还是要不约而同地使用"义"的概念名称。从某种意义上讲,士群体"一人一义"主要是借用了义的概念名称,奉行的是个体的行为准则,并不具备通行性和普遍性,只有那些普遍认同的"义"才真正构成士群体共同的价值追求。士大多无"恒产",他们在经济上可能并不富有,所富有的就是"义"。"义"成为士民的群体性标志,盖在于其表现了士群体非同寻常的精神气质,主要包括"心系天下""勇于献身""人格独立"等方面。

第四章 观念社会化的神秘力量

孔子曰:"君子之于天下也,无适也,无莫也,义之与比。"① 的确,真正的士人,"乐以天下,忧以天下",② 以安定天下为己任,并不以忠于某个诸侯国君为目标。这种心系天下的情怀,自孔子开始,就成为知识分子的道统而代代相传,构成士人的最高价值追求。墨子曰:"兴天下之利,除天下之害。"③ 商鞅云:"故尧、舜之位天下也,非私天下之利也,为天下位天下也。"④ 孟子曰:"居天下之广居,立天下之正位,行天下之大道。得志与民由之,不得志独行其道。富贵不能淫,贫贱不能移,威武不能屈,此之谓大丈夫。"⑤ 庄子云:"功盖天下而似不自己。"⑥ 荀子曰:"权利不能倾也,群众不能移也,天下不能荡也。生乎由是,死乎由是,夫是之谓德操。德操然后能定,能定然后能应,能定能应,夫是之谓成人。"⑦ 战国诸子大多是士人中的优秀分子,无论其学术派别如何,无论其思想体系存在多大的差异,无不具有心系天下的精神气质。他们有德有才,有忠有信,勇于"铁肩担道义",把天下安危系于一身。这种心系天下的"大丈夫"人格,为后世知识分子确立了精神高度和人生高度的坐标,具有超越历史的精神感召力。

士以成就"义"为人生终极目标,在"生命"与"义"之间,往往重后者而轻前者。为义而勇于献身,成为战国士群体的共同价值取向。诸子多有类似的论述,如《孟子·滕文公下》曰:"志士不忘在沟壑,勇士不忘丧其元。"《孟子·告子上》曰:"生亦我所欲也,义亦我所欲也;二者不可得兼,舍生而取义者也。"《庄子·骈拇》曰:"小人则以身殉利,士则以身殉名。"《荀子·

---

① 《论语·里仁》,《论语注疏》,第2471页。
② 《孟子注疏》,第2675页。
③ 孙诒让撰,孙启治点校《墨子间诂》,第81页。
④ 高亨:《商君书注译》,中华书局,1974,第113页。
⑤ 《孟子注疏》,第2710页。
⑥ 郭庆藩撰,王孝鱼点校《庄子集释》,第296页。
⑦ 王先谦撰,沈啸寰、王星贤点校《荀子集解》,第19~20页。

不苟》云："畏患而不避义死。"《吕氏春秋·士容》云："临患涉难而处义不越……此国士之容也。"在战国社会的历史舞台上，多有士人为了国家利益或自身气节不惧牺牲的例子。据《史记·廉颇蔺相如列传》记载，蔺相如出使秦国，完璧归赵，欺骗了秦王。在秦国卫士刀兵相加的生死关头，蔺相如"张目叱之，左右皆靡"，① 居然在气势上镇住了秦国卫士，使他们不敢轻举妄动。蔺相如也因此受到人们的仰慕，不少士人"去亲戚"而事相如，原因就是"慕君之高义也"。②《战国策·魏四·秦王使人谓安陵君》记载了唐且与秦王的一段对话：

> 秦王曰："天子之怒，伏尸百万，流血千里。"唐且曰："大王尝闻布衣之怒乎？"秦王曰："布衣之怒，亦免冠徒跣，以头抢地尔。"唐且曰："此庸夫之怒也，非士之怒也。夫专诸之刺王僚也，彗星袭月；聂政之刺韩傀也，白虹贯日；要离之刺庆忌也，仓鹰击于殿上。此三子者，皆布衣之士也，怀怒未发，休祲降于天，与臣而将四矣。若士必怒，伏尸二人，流血五步，天下缟素，今日是也。"挺剑而起，秦王色挠，长跪而谢之曰："先生坐，何至于此，寡人谕矣。夫韩、魏灭亡，而安陵以五十里之地存者，徒以有先生也。"③

面对秦王的"天子之怒"，唐且毫不气馁，以"士之怒"挺剑而起，义服秦王。士人之所以能够如此，是因为他们早已将生死置之度外，随时准备就义报国。这正如《史记·范雎蔡泽列

---

① 司马迁：《史记》，第 2442 页。
② 司马迁：《史记》，第 2443 页。
③ 刘向：《战国策》，第 922~923 页。

传》所指出的那样,"士固有杀身以成名,唯义之所在,虽死无所恨"。

士还讲究人格独立,对自己的知识能力高度自信,对君王也绝不谄媚,丝毫不肯屈就。他们所追求的并非高官厚禄,而是看君王能否做到礼贤下士,能否信其言并施行其政治主张,往往合则留,不合则去,表现出独立的人格和不屈的傲骨。如孟子游于齐,称病拒绝齐王的召见,并坚持认为,齐王应礼贤下士,主动到馆舍向自己当面讨教,而不应傲慢地召见,他自信地说:

> 天下有达尊三:爵一,齿一,德一。朝廷莫如爵,乡党莫如齿,辅世长民莫如德。恶得有其一以慢其二哉?故将大有为之君,必有所不召之臣,欲有谋焉则就之。①

君王所能提供的爵位不过是世间三"达尊"之一,君子之德亦居其一。所以,与君王相比,士君子并不觉得低人一等,这正如《孟子·公孙丑下》所云:"彼以其爵,我以吾义。"你有爵,我有义,两下最多扯平。而且,士人自认为是来提供帮助的,并非有求于君王,心理上还更有优势。孟子在《万章下》中进一步指出:

> 则天子不召师,而况诸侯乎?为其贤也,则吾未闻欲见贤而召之也。缪公亟见于子思曰:"古千乘之国以友士,何如?"子思不悦曰:"古之人有言曰:事之云乎?岂曰友之云乎?"子思之不悦也,岂不曰:"以位,则子君也,我臣也,何敢与君友也?以德,则子事我者也,奚可以与我友?"千乘之君,

---

① 《孟子注疏》,第2694页。

在观念与思想之间

求与之友而不可得也,而况可召与?①

在此,孟子把士的地位抬得更高,并借子思之口,表达出知识分子不媚君王的思想主张。以德而论,君王连成为士君子的朋友都不够资格,颇有孔子视其时之从政者为"斗筲之人"的气势。《战国策·齐四》记载了这样两个故事:

> 齐宣王见颜斶,曰:"斶前!"斶亦曰:"王前!"宣王不悦。左右曰:"王,人君也。斶,人臣也;王曰'斶前',亦曰'王前',可乎?"斶对曰:"夫斶前为慕势,王前为趋士。与使斶为趋势,不如使王为趋士。"王忿然作色曰:"王者贵乎?士贵乎?"对曰:"士贵耳,王者不贵。"②
>
> 先生王斗造门而欲见齐宣王,宣王使谒者延入。王斗曰:"斗趋见王为好势,王趋见斗为好士。于王何如?"使者复还报。王曰:"先生徐之,寡人请从。"宣王因趋而迎之于门,与入。③

在朝廷之上,颜斶和王斗这两位布衣之士敢于面折齐宣王。颜斶明言"士贵于王",王斗使宣王"趋而迎之于门",均表现出不趋炎附势、不为利禄所诱的独立精神。

《吕氏春秋·士节》指出:"士之为人,当理不避其难,临患忘利,遗生行义,视死如归。有如此者,国君不得而友,天子不得而臣……义不臣乎天子,不友乎诸侯。"《荀子·修身》云:"志意修则骄富贵,道义重则轻王公。"为了人格的独立,富贵

---

① 《孟子注疏》,第2745页。
② 刘向:《战国策》,第407~408页。
③ 刘向:《战国策》,第414页。

第四章 观念社会化的神秘力量

不足以改其志,贫贱不足以损其德,彰显出知识分子的风骨。正是这种风骨,使士群体在战国社会卓然独立,光芒四射,活得有尊严,有人格,有贵族气质,有顶天立地的大丈夫气概,有恒久的精神魅力。

需要指出的是,作为一个新兴的社会群体,士的构成也是相当复杂的,必然也有大量沽名钓誉之徒混迹其中,这些人虽然以义自诩,实则重利轻义,在功名利禄面前轻易丧志辱身,不但玷污了士人的名节,而且遭到权贵的极度藐视。据《战国策·秦三》记载:

> 天下之士,合从相聚于赵,而欲攻秦。秦相应侯曰:"王勿忧也,请令废之。秦于天下之士非有怨也,相聚而攻秦者,以己欲富贵耳。王见大王之狗,卧者卧,起者起,行者行,止者止,毋相与斗者;投之一骨,轻起相牙者,何则?有争意也。"于是唐雎载音乐,予之五十金,居武安,高会相于饮,谓:"邯郸人谁来取者?"于是其谋者固未可得予也,其可得与者,与之昆弟矣。"公与秦计功者,不问金之所之,金尽者功多矣。今令人复载五十金随公。"唐雎行,行至武安,散不能三千金,天下之士,大相与斗矣。[①]

这些人以义为名而弃学之旨,以利为本而弃士之义,丧失了知识分子的尊严,以至于被政治家视为争骨之狗而极端鄙视,良有以也。无独有偶,《史记·孟尝君列传》中也有相似的记载:

> 自齐王毁废孟尝君,诸客皆去。后召而复之,冯欢迎之。未到,孟尝君太息叹曰:"文常好客,遇客无所敢失,食客三

---

① 刘向:《战国策》,第202~204页。

千有余人,先生所知也。客见文一日废,皆背文而去,莫顾文者。今赖先生得复其位,客亦有何面目复见文乎?如复见文者,必唾其面而大辱之。"……冯欢曰:"……富贵多士,贫贱寡友,事之固然也。君独不见夫趣市朝者乎?明旦,侧肩争门而入;日暮之后,过市朝者掉臂而不顾。非好朝而恶暮,所期物忘其中。"①

一散一聚之间,孟尝君门下这些依附的门客唯利是图的嘴脸显现无遗。连孟尝君都替他们感觉到不好意思,甚至想"唾其面而大辱之",然而,这些人居然还恬不知耻地回来了,冯欢喻其为"趣市朝者",真是形象而又贴切。

不过,这些人毕竟不能代表士民的主流,应将其视为"以义取利"的虚伪之士。《荀子·尧问》把士区分为"仰禄之士"和"正身之士"两类,指出"正身之士,舍贵而为贱,舍富而为贫,舍佚而为劳,颜色黎黑而不失其所,是以天下之纪不息,文章不废也"。可见,"正身之士"才算得上真正的士人,正是这些真正的士人,"无恒产而有恒心",能够做到"义之所在,不倾于权,不顾其利",② 能够坚持"义不苟合于当世"的独立精神。由于这些士人中优秀分子对义的坚守,这个群体的价值和意义才得以凸显。

义既是士个体的最高价值,又是士群体的突出特征。这意味着,义观念已经从政治上层建筑层面下移到一般社会群体层面;"士"作为缺乏血缘关系的不同社会个体,也在"义"这个共识性观念的维系下,成为一个具有共同价值取向、共同精神气质、共同行为方式的社会群体。

---

① 司马迁:《史记》,第 2362 页。
② 王先谦撰,沈啸寰、王星贤点校《荀子集解》,第 56 页。

（二）侠义之风

对于战国游侠问题，学界主要针对侠的来源、侠的特征、侠的精神及侠的行为开展研究，取得了丰硕成果。[①] 不过，前贤研究的重心在于"侠"，关注侠之"义"者却不多，或者只是附带性提及，以之为辅助词语而忽略掉，整体上把侠义视为一种社会观念的研究就更为缺乏。实际上，不厘清侠之"义"，就难以真正理解战国时期的"侠"，也难以明晓侠义观念在战国社会层面的重要影响。

侠之"义"到底是什么？有专家认为侠义本质上是"私义"。如韩云波指出，侠义是一种非官方、非秩序性质的私义。[②] 张彦修认为，侠具有私属性质。[③] 不能否认，侠义中有"私义"的成分，但是，以"私义"为侠义的本质，会对侠义产生严重曲解。战国诸子中只有韩非论及游侠，因此，要想了解战国侠义问题，《韩非子》中的相关论述值得特别重视。《韩非子·八说》云："弃官宠交谓之有侠……有侠者官职旷也……此八者，匹夫之私誉，人主之大败也。"韩非把"弃官宠交"称为"有侠"，说明"弃官宠交"是一个关键词。韩云波认为，"弃官宠交"表现了侠的自由品格，其实质是不重朝廷的名位爵禄，在君臣秩序之外按自己的原则行事，朋友重于君上，义气重于朝廷。[④] 实际上，把"弃官宠交"视

[①] 参见韩云波《论中国侠文化的基本特征——中国侠文化形态论之一》，《西南师范大学学报》（哲学社会科学版）1993年第1期；韩云波《试论先秦游侠》，《贵州大学学报》1994年第2期；邓锐《春秋战国时期"侠"的政治依附性》，《江淮论坛》2006年第3期；薛柏成《墨家思想对中国"侠义"精神的影响》，《东北师大学报》（哲学社会科学版）2005年第5期；陈夫龙《侠的起源诸学说批判》，《西南大学学报》（哲学社会科学版）2010年第3期。

[②] 韩云波：《〈韩非子〉与战国游侠》，《四川大学学报》（哲学社会科学版）1994年第3期。

[③] 张彦修：《战国侠义精神》，《管子学刊》2010年第3期。

[④] 韩云波：《中国侠文化：积淀与承传》，重庆出版社，2004，第56页。

为侠的价值准则，可能更为妥当；换句话说，"弃官宠交"就是侠之义，就是战国侠义观念的基本表现。韩非还深切体会到，侠之义还广受"匹夫"——社会大众的赞誉和崇尚。与义观念亲亲尊尊的精神内核相比照而言，"弃官宠交"属于典型的"不义"："弃官"意味着放弃臣子之职，不再坚持"尊尊"；"宠交"则意味着朋友重于宗族，亦置"亲亲"于不顾。那么，"弃官宠交"作为典型的"不义"，何以又成为侠之"义"了呢？实际上，这看似反常的认识，却是义观念下移后的正常现象。战国时期，"义者，宜也"不仅在子学层面获得广泛认同，也成为社会民众普遍接受的文化观念，人们所认为的合宜之举，都可以被称为"义"。

《韩非子·八说》指出："人臣肆意陈欲曰侠。"《韩非子·五蠹》云："儒以文乱法，侠以武犯禁，而人主兼礼之，此所以乱也……犯禁者诛，而群侠以私剑养……吏之所诛，上之所养也……废敬上畏法之民，而养游侠私剑之属……国平养儒侠，难至用介士，所利非所用，所用非所利。"《韩非子·显学》云："儒侠毋军劳显而荣。"在韩非看来，侠虽然"肆意陈欲"，"以武犯禁"，但仍受到君主礼遇而得以"显荣"。结合前引之"弃官"，我们有充分的理由相信，战国时期的侠大多具有官方背景，并受到国君的礼遇和供养，不少还是从现实政治中游离出来的"人臣"，一般具有较高的社会地位、优厚的政治待遇和不菲的经济收入。他们不惜"弃官"以"宠交"，以一种非传统的"义"树立了常人难以企及的道德高度。

在《战国策》中，直书为侠士者仅田光一人而已，而田光之死，显系为了国家社稷的利益。据《战国策·燕三·燕太子丹质于秦亡归》记载，燕太子丹亡归，秦国兵临易水，燕国形势岌岌可危。太子丹欲刺秦王以挽救危局，田光作为一名侠士进入了他的视野。经鞠武推荐，田光前去造访燕太子丹：

第四章 观念社会化的神秘力量

太子跪而逢迎,却行为道,跪而拂席。田先生坐定,左右无人,太子避席而请曰:"燕、秦不两立,愿先生留意也。"田光曰:"臣闻骐骥盛壮之时,一日而驰千里。至其衰也,驽马先之。今太子闻光壮盛之时,不知吾精已消亡矣。虽然,光不敢以乏国事也。所善荆轲,可使也。"太子曰:"愿因先生得愿交于荆轲,可乎?"田光曰:"敬诺。"即起,趋出。太子送之至门,曰:"丹所报,先生所言者,国大事也,愿先生勿泄也。"田光俛而笑曰:"诺。"……田光曰:"光闻长者之行,不使人疑之,今太子约光曰:'所言者,国之大事也,愿先生勿泄也。'是太子疑光也。夫为行使人疑之,非节侠士也。"欲自杀以激荆轲,曰:"愿足下急过太子,言光已死,明不言也。"遂自刭而死。①

田光虽年事已高,但"不敢以乏国事",仍以国家利益为重。他推荐了荆轲,并自刎以明节,用生命向太子丹传递出决不会泄密的保证。可见,侠之大者,为国为家。

参照韩非"弃官宠交谓之有侠"的标准,齐国的鲁仲连理应是侠的典型代表。据《战国策·赵三·秦围赵之邯郸》记载,鲁仲连是齐国人,是一位"好奇伟俶傥之画策,而不肯仕宦任职,好持高节"的名士。赵孝成王六年,即公元前260年,赵国在长平大战中大败,四十万降卒遭秦军坑杀。秦军乘胜围攻赵都邯郸,魏国派遣的救兵畏敌不进,还派客将军新垣衍说赵帝秦,形势岌岌可危。鲁仲连正好"游于赵",他主动去见新垣衍,详细分析了帝秦的弊害,终于让新垣衍拜服,不敢复言帝秦,而"秦将闻之,为却军五十里"。平原君执意要答谢鲁仲连:

---

① 刘向:《战国策》,第 1130~1131 页。

> 平原君欲封鲁仲连。鲁仲连辞让者三，终不肯受。平原乃置酒，酒酣，起前以千金为鲁连寿。鲁连笑曰："所贵于天下之士者，为人排患、释难、解纷乱而无所取也。即有所取者，是商贾之人也，仲连不忍为也。"遂辞平原君而去，终身不复见。①

鲁仲连为齐人，却为赵国排除了患难，并谢绝官禄，分文不取，终身不再见平原君，是典型的侠义之举。无独有偶，赵国游士虞卿甘愿放弃卿相之位，义救魏相魏齐之厄，亦堪称侠义精神的典范。据《史记·范雎蔡泽列传》载：

> 虞卿蹑屩檐簦，一见赵王，赐白璧一双，黄金百镒；再见，拜为上卿；三见，卒受相印，封万户侯。当此之时，天下争知之。夫魏齐穷困过虞卿，虞卿不敢重爵禄之尊，解相印，捐万户侯而间行。②

虞卿作为一名游说之士，三见赵王就被封为万户侯，足证其为才德绝世之俊杰人物。然而，仅仅为了救助素昧平生的魏齐，他就毅然决然地放弃了高官厚禄，陪同魏齐逃离赵国，最终困顿失意至死。司马迁也曾为他而感到惋惜和不解："虞卿料事揣情，为赵画策，何其工也！及不忍魏齐，卒困于大梁，庸夫且知其不可，况贤人乎？"③ 是啊，庸夫尚且知道这样做不值得，为什么贤智如虞卿者竟要这样执着呢？恐怕这只能用"侠义"来解释了。

关于侠义的基本精神，汉代史家有相似之论。司马迁云："其

---

① 刘向：《战国策》，第710页。
② 司马迁：《史记》，第2416页。
③ 司马迁：《史记》，第2376页。

行虽不轨于正义,然其言必信,其行必果,已诺必诚,不爱其躯,赴士之阸困,既已存亡死生矣,而不矜其能,羞伐其德,盖亦有足多者焉。"① 班固云:"温良泛爱,振穷周急,谦退不伐,亦皆有绝异之姿。"② 荀悦亦云:"游侠之本生于武毅不挠,久要不忘平生之言,见危授命,以救时难而济同类。"③ 可见,"侠义"精神的实质就是信义至上、不计名利、舍生忘死、救难济困,而这一切都不存在预设的政治立场或利益前提。已诺必诚,绝不论许诺对象的穷与达;扶危济困,也不考虑被助者的贵与贱。侠之义没有等级,没有亲疏,没有内外,表现为一种超越性的、纯粹的正义和道义。只要是恶的,侠必疾之如仇;只要是善的,侠均事之如亲。侠的行事准则是"义",人生追求也是"义",为了成就"义",侠甚至可以置个体生命于度外。他们可以为了国家,也可以为了朋友,还可以为了素不相识的陌生人。可见,侠义非但不是私义,反倒是最无私的"义"。

司马迁也对游侠赞扬有加:"救人于厄,振人不赡,仁者有乎;不既信,不背言,义者有取焉。"④ 在司马迁看来,游侠救人之厄难,济人之贫困;不失信用,不背诺言,可谓有仁有义。侠关注的是一个个具体的人,特别重视扶持社会下层士民。需要注意的是,在战争频仍的战国时代,下层民众的苦难是少有人关注的,但是侠却不分贵贱、不分国别、不分等级,见难必救、见贫必济,特别是对地位卑微的下层民众,同样一视同仁,同样一诺千金,这自然得到社会民众的普遍崇尚。如孟尝君门下的冯欢,原本就"贫乏不能自存",虽自称"无好""无能",孟尝君仍"笑而受

---

① 司马迁:《史记》,第 3181 页。
② 班固撰,颜师古注《汉书》,第 3699 页。
③ 荀悦撰,张烈点校《汉纪》,中华书局,2002,第 158 页。
④ 司马迁:《史记》,第 3318 页。

之";① 信陵君礼遇之侯嬴，已经七十高龄，是贫穷的"夷门抱关者"；朱亥也不过是一名"市井鼓刀屠者"。② 这些贫困无着的社会底层士人居然能够在富贵公子之门中受到奉养和礼遇，这简直就是现实的童话，怎能不引发人们强烈的仰慕之情！所以，尽管对四公子之徒心存芥蒂，但是司马迁仍然将其归入游侠行列之中，以"贤者"誉之。因此，侠的身份如何，侠义的精神怎样，游侠数量几多，这些都不重要，重要的是，侠义使处于弱势地位的社会大众产生了强烈的心理震撼，引发了他们真切的情感共鸣。

侠义观念的盛行并非人人都要行侠仗义，而是表现在社会普遍对侠义精神产生向往和仰慕，这种仰慕成为一时之风尚，在战国社会中普遍流行。所谓"慕义""诵义""高义""归义"的说法，史不绝书。《韩非子·诡使》曰："好名义不进仕者，世谓之烈士。"《韩非子·五蠹》曰："世之所谓贤者，贞信之行也。"此处的"烈士"和"贤者"都具有侠的精神。韩非所言的"世谓之"，是指社会大众的普遍认识，说明"侠义"观念已弥漫于社会最基本的层面，得到底层民众的普遍认同。

（三）私义之盛

战国时期，义在国家政治层面已然招牌化，难以约束诸侯之间的关系，甚至在诸侯国内部统治方面也渐趋失去了现实政治尺度功能。然而，这并不意味着义观念在政治层面失去了作用，相反，义从诸侯朝廷下移至权贵私门，在各诸侯国内部官僚政治层面演变为"私义"，对中国后世的政治文化产生了深远影响。

"私义"一词出自法家。出于维护君权的需要，法家把那些游离于国家政治体系之外的私门之属所尊奉的"义"称为"私义"。

---

① 刘向：《战国策》，第 395 页。
② 司马迁：《史记》，第 2378～2381 页。

第四章 观念社会化的神秘力量

《韩非子·饰邪》云:"必行其私,信于朋友,不可为赏劝,不可为罚沮,人臣之私义也。"《韩非子·外储说右下》亦云:"岩穴之士徒皆私门之舍人。"可见,私义是官僚层面的一种私人恩情,这种私人恩情往往置国家法律政令于不顾,形成与国家政治对抗的私人势力。各诸侯国内的权臣以其雄厚的实力,招致士人,豢养死士,笼络人心,形成服务于自身家族的庞大门客群体。这样,权臣进则与诸侯君主分庭抗礼,退则能挟势力以自保,加上相互之间的仿效攀比,遂成战国一时之政治风气。

私义来源于贵族权臣养士之风,墨子的思想就有支持贵族权臣亲士、畜士的成分。据《墨子·贵义》记载:

> 子墨子谓公良桓子曰:"卫,小国也,处于齐、晋之间,犹贫家之处于富家之间也。贫家而学富家之衣食多用,则速亡必矣。今简子之家,饰车数百乘,马食菽粟者数百匹,妇人衣文绣者数百人。吾取饰车、食马之费与绣衣之财以畜士,必千人有余。若有患难,则使百人处于前,数百于后,与妇人数百人处前后孰安?吾以为不若畜士之安也。"[①]

墨子的这种思想看来是得到了广泛认同,战国时期,贵族权臣养士之风确乎盛行。《庄子·盗跖》指出:"诸侯之门,义士存焉。"《韩非子·八奸》认为:"为人臣者聚带剑之客,养必死之士,以彰其威,明为己者必利,不为己者必死,以恐其群臣百姓而行其私,此之谓'威强'。"的确,在战国贵族权臣的门下,存在着大量的门客、舍人、死士。这些人由于蒙受了主人的私恩,在身份上具有政治依附性,独尊自己的依附对象,从而构成与"公义"相对立的"私义"。战国私义之盛,从司马迁所言的"四公子之

[①] 孙诒让撰,孙启治点校《墨子间诂》,第445~446页。

徒"那里可窥豹一斑。

《史记·孟尝君列传》载:"孟尝君在薛,招致诸侯宾客及亡人有罪者,皆归孟尝君。孟尝君舍业厚遇之,以故倾天下之士。食客数千人,无贵贱一与文等。"① 以至于孟尝君"封万户于薛……邑人不足以奉客"。②

《史记·平原君虞卿列传》载:"平原君赵胜者,赵之诸公子也。诸子中胜最贤,喜宾客,宾客盖至者数千人。"③ 平原君亦自称:"相士多者千人,寡者百数,自以为不失天下之士。"④

《史记·魏公子列传》载:"公子为人仁而下士,士无贤不肖皆谦而礼交之,不敢以其富贵骄士。士以此方数千里争往归之,致食客三千人。"⑤

《史记·春申君列传》载:"春申君既相楚,是时齐有孟尝君,赵有平原君,魏有信陵君,方争下士,招致宾客,以相倾夺,辅国持权。"⑥ 春申君看似低调,实际上私门之属一点也不比三公子少,是篇又载:"赵平原君使人于春申君,春申君舍之于上舍。赵使欲夸楚,为玳瑁簪,刀剑室以珠玉饰之,请命春申君客。春申君客三千余人,其上客皆蹑珠履以见赵使,赵使大惭。"⑦

所谓"数千人""三千人",都只是一种模糊的说法。不过,这也足以证明四公子门客数量极多。四公子只是战国权臣中较为典型者,其余不载于史书者自然也不在少数。那么,从战国整体政治态势看,这种私属性的非官方势力应是相当庞大的。

四公子都是宗法贵族,位高权重,经济实力雄厚。他们借助王

---

① 司马迁:《史记》,第 2353~2354 页。
② 司马迁:《史记》,第 2359~2360 页。
③ 司马迁:《史记》,第 2365 页。
④ 司马迁:《史记》,第 2368 页。
⑤ 司马迁:《史记》,第 2377 页。
⑥ 司马迁:《史记》,第 2395 页。
⑦ 司马迁:《史记》,第 2395 页。

第四章 观念社会化的神秘力量

侯卿相之位，培养个人势力，权倾朝野，名扬天下，可以干涉国君的政治行为，甚至威震诸侯，影响列国邦交关系。例如，魏公子信陵君以好士闻名天下，以至于"诸侯以公子贤，多客，不敢加兵谋魏十余年"。① 信陵君甚至为了私义不顾国家意志，窃符救赵，"矫魏王令代晋鄙"。② 事后害怕魏王加罪，叛国留赵，十年不归。而历史也出现了戏剧性的一幕，秦国听闻信陵君在赵国，于是频繁出兵伐魏。魏王不得已，只好派使者前往赵国，请回信陵君，并授予他上将军之印。信陵君的"国际影响力"也的确惊人："诸侯闻公子将，各遣将将兵救魏。公子率五国之兵破秦军于河外，走蒙骜。遂乘胜逐秦军至函谷关，抑秦兵，秦兵不敢出。当是时，公子威振天下。"③ 这位信陵君在当时真可谓呼风唤雨，威风八面，风头远超魏王。《战国策》和《史记》中有关于信陵君的大量记载，而魏国国君显然仅是一个历史的配角，以至于秦相范雎说："闻齐之有田文，不闻其有王也。"④ 国家公权力不敌私义，而这种私义还得到天下仰慕，自然会风行一时，引起各国权臣的竞相效仿。《史记·范雎蔡泽列传》载："穰侯，华阳君，昭王母宣太后之弟也……私家富重于王室。"⑤ "富"指财富，"重"则意味着穰侯的私门势力超过了秦君。《史记·吕不韦列传》载："魏有信陵君，楚有春申君，赵有平原君，齐有孟尝君，皆下士喜宾客以相倾。吕不韦以秦之强，羞不如，亦招致士，厚遇之，至食客三千人。"⑥ 秦国与六国相比，算得上"法令至行，公平无私"。⑦ 而其相国吕不韦的食客竟也达三千人之多，这也可以从侧面证明"破公家而

---

① 司马迁：《史记》，第 2377 页。
② 司马迁：《史记》，第 2381 页。
③ 司马迁：《史记》，第 2383～2384 页。
④ 司马迁：《史记》，第 2411 页。
⑤ 司马迁：《史记》，第 2411 页。
⑥ 司马迁：《史记》，第 2510 页。
⑦ 刘向：《战国策》，第 75 页。

成私门"①"民多私义"②是战国相当普遍的政治现象。

私义盛行的原因固然很多,但最根本的原因在于大量士人怀才不遇,难得进用。《吕氏春秋·有度》云:"儒、墨之弟子徒属,充满天下,皆以仁义之术教导于天下。"《史记·儒林列传》说:"七十子之徒散游诸侯,大者为师傅卿相,小者友教士大夫,或隐而不见。"侯外庐认为,战国诸侯"礼贤下士"成为一时之风气,"文学之士"可以"不治而议论",在各国的地位是很高的。③杨宽也认为,各国着手进行政治改革,就迫切需要从各方面选拔人才来推行改革。选拔的对象主要就是士。有作为的国君招徕并敬重所谓贤士,使其为自己效劳;一些大臣也常常向国君推荐人才,以谋富国强兵,因而在战国初期就出现了布衣卿相之局和"礼贤下士"之风。④依专家所论,战国时代,士似乎是一个显赫的群体,大量人才可以为政府所用,所以是士人的黄金时代。

然而,事实却并非如此。限于资料,我们无从确知战国士人群体的总体数量究竟如何,但通过所谓四公子门下均有数千人门客也可以推测出士人数量的庞大。相对于庞大的士人群体而言,能够被政府任用者却寥寥无几。如齐国礼遇贤士,其所设的"稷下先生"也不过七十多人;就连孔门最为优秀的七十子之徒,"隐而不见"者也不在少数。这是因为,一方面缺乏制度化的入仕途径;另一方面士人也难以有更多的机会来展示自己的贤能。这导致大量士人处于怀才不遇的尴尬境地。《史记·苏秦列传》记载了苏秦的求仕历程:

东事师于齐,而习之于鬼谷先生。出游数岁,大困而归。

---

① 刘向:《战国策》,第790页。
② 高亨:《商君书注译》,第142页。
③ 侯外庐、赵纪彬、杜国庠:《中国思想通史》第1卷,第45~47页。
④ 杨宽:《战国史》,第464~465页。

兄弟嫂妹妻妾窃皆笑之……求说周显王。显王左右素习知苏秦，皆少之。弗信……乃西至秦。秦孝公……方诛商鞅，疾辩士，弗用。乃东之赵。赵肃侯令其弟成为相，号奉阳君。奉阳君弗说之。去游燕，岁余而后得见。[①]

苏秦在出人头地之前，竟然也"大困"数年，诸侯对其态度是"弗信""弗用""弗说之"。苏秦可谓战国俊杰人物，其出仕之途尚且如此艰难，大量普通士人要想得到诸侯见用，困难也就可想而知了。再者，士人见用的概率甚低，据《战国策·齐三》载：

淳于髡一日而见七人于宣王。王曰："子来，寡人闻之，千里而一士，是比肩而立；百世而一圣，若随踵而至也。今子一朝而见七士，则士不亦众乎？"[②]

淳于髡一日献七士于齐王，居然引起齐王莫大的惊异，认为有点不可思议。可见，能够幸运得到任用的士人，在数量上必然不会太多。另外，由于缺乏专门的选拔机制，士人出仕主要靠近臣推荐。据《史记·商君列传》载，商鞅西入秦，就是"因孝公宠臣景监以求见孝公"。士人恃才自傲，却不得不低声下气，委曲求进，心理之苦闷自不待言。即便如此，又有多少士人可得见用呢？因此，大量士人报国无门，成为生活无着的"无恒产"者，加之大多难以为诸侯所用，怀才不遇，自然慌不择路，投到一些重臣门下，成为依附门客。

对于官僚权臣而言，其把骨肉之亲转化为宾客之爱，使亲亲变

[①] 司马迁：《史记》，第 2241~2243 页。
[②] 刘向：《战国策》，第 388 页。

形为"亲客";对于依附者本人而言,主人对自己有知遇之恩,自己必须忠于主人,在观念上以"尊主"取代"尊尊"。亲亲转化为"亲客",尊尊变形为"尊主",构成主人与门客之间的"义",这种"义"具有为私不为公的性质,法家一般称之为"私义"。"私义"显然是义观念下移过程中出现的变形,它使主人与门客之间有了一种默认准则,这种准则可以使二者关系密切,成为一对相互依存的利益相关者。这正如刺客豫让所言:"士为知己者死,女为说己者容。今智伯知我,我必为报仇而死,以报智伯,则吾魂魄不愧矣……忠臣有死名之义。"① 这种"死名之义"就是在国家利益和主人利益之间以主人利益至上的典型的"私义"。身份上具有依附性,为私不为公,有明确的立场,这些构成私义的本质特征,也是其与侠义的根本区别。

义成为士民的群体性标识,侠义成为社会一时的风尚,私义又在现实政治层面泛滥成灾。这些均表明义观念已经下移到广泛的社会层面,成为战国时期社会认同度最高的观念。这同时表明,当战国时代的政治认同出现危机时,观念认同起到了不可或缺的社会组织作用。

二 战国义观念下移的历史原因

义观念作为春秋时期的核心政治观念,主要流行于各诸侯国政治层面,受到各诸侯国君和执政卿大夫的追捧。战国时期,在诸侯政治层面疯狂追逐利益的时代背景下,义观念却出现了全面下移,在最广泛的社会层面风靡一时。那么,究竟是什么原因导致了义观念的下移呢?

---

① 司马迁:《史记》,第 2519~2521 页。

第四章　观念社会化的神秘力量

（一）宗法的持续下移及社会化扩展

义作为宗法的精神内核，往往与宗法的发展呈现高度一致性，宗法在战国时期的持续下移和社会化扩展，构成义观念下移的内在历史原因。

晁福林指出，宗法观念在西周前期是以周王为核心的，到了后期则以贵族为核心。和社会权力下移的历史进程一样，宗法观念也有一个下移过程。宗法观念的下移并没有使宗法制度瓦解和崩溃，而是使它更加系统化、制度化。① 晁福林先生所论至当，宗法是"周文"的内在精神，从某种程度上说，也是先秦社会文明的基本架构。在社会发展进程中，宗法的作用对象发生了深刻变化，从最初周王室统治天下的工具，到诸侯统治其国的工具，再到卿大夫、士维系其宗族的工具，进而发展为社会组织和群体的观念纽带。从王族而宗族，可以视为宗法下移的第一个阶段，在春秋时期表现突出；从宗族到社会，可以视为宗法下移的第二个阶段，这在战国时期表现突出。晁福林还指出：

> 就周代而论，"共和"之前，周天子、诸侯、卿、大夫、士之间不仅存在着君臣隶属关系，而且有宗法维系其间。"共和"之后，随着王权衰落，人们日益重视本族内部的宗法关系，到了春秋中、后期，周天子基本上成了传统的象征，与一般的宗法关系已经相当渺茫，宗法制度的系统与完善仅局限于宗族内部。战国秦汉时代的宗法制度大体上也沿着这个轨迹运动。②

---

① 晁福林：《先秦社会思想研究》，第202~207页。
② 晁福林：《先秦社会思想研究》，第207~208页。

在观念与思想之间

从宗族内部的角度论证宗法制度的系统与完善，晁福林先生的认识无可挑剔。然而，仅从制度角度认识宗法，仅从宗族内部的角度认识宗法发展，似乎还不足以窥见宗法发展的全貌。至少，在宗法持续下移过程中，一些传统的规则已经出现了发展变化，如强宗大族立嫡以为大宗，掌管整个宗族的权力，这作为宗法观念的核心是不变的，而传统"立嫡以长不以贤"的刚性制度已经出现松动。据《史记·赵世家》记载：

> 简子尽召诸子与语，毋恤最贤。简子乃告诸子曰："吾藏宝符于常山上，先得者赏。"诸子驰之常山上，求，无所得。毋恤还，曰："已得符矣。"简子曰："奏之。"毋恤曰："从常山上临代，代可取也。"简子于是知毋恤果贤，乃废太子伯鲁，而以毋恤为太子。①

赵简子废伯鲁而立毋恤为太子，已经是典型的立嫡以贤不以长。无独有偶，齐国靖郭君田婴立田文为嫡也是出于其贤能。据《史记·孟尝君列传》记载：

> 田婴者，齐威王少子而齐宣王庶弟也……田婴有子四十余人，其贱妾有子名文……婴乃礼文，使主家待宾客。宾客日进，名声闻于诸侯。诸侯皆使人请薛公田婴以文为太子，婴许之。婴卒，谥为靖郭君。而文果代立于薛，是为孟尝君。②

田文尽管为贱妾所生，但因其贤能，最终还是得立为嫡子。如果说以上两例可以证明宗法的具体制度已经适应了时代的需要，在

---

① 司马迁：《史记》，第 1789 页。
② 司马迁：《史记》，第 2351~2353 页。

第四章　观念社会化的神秘力量

下移过程中发生了某些变化,那么,从具体宗法制度中抽象出来的宗法精神,以及这种精神所包含着的一般性群体准则价值已经超越了宗法的传统边界,具备了维系各种社会组织和群体的新功能。也就是说,宗法的观念功能已经开始对制度功能形成超越,其作用范围突破了传统的宗族,开始向广阔的社会层面渗透。前述的士义、侠义、私义以及墨子所言的"一人一义",就是这种渗透的具体表现,而宗法精神的社会化扩展就构成了宗法在战国时期的新发展。

宗法具有两大基本功能:一是组织权力的交接;二是组织关系的维系。在宗法设立之初的西周时期,"溥天之下,莫非王土;率土之滨,莫非王臣"。① 周天子分封诸侯,是以天下之大为基础的。宗法最初的功能就是要使君临天下的周王室具有一个权力交接的规则,使溥天之下的"王臣"得以各安其分,维护一种基于血缘纽带的相互关系。然而,正如张荫麟指出的那样,"宗族和姻戚的情谊经过的世代愈多,便愈疏淡,君臣上下的名分最初靠权力造成,名分背后的权力一消失,名分便成了纸老虎。光靠亲族的情谊和君臣的名分去维持的组织,必不能长久"。② 此论极确。周王室作为宗法制度的创立者,确曾受益于宗法制度,不过,"君子之泽,五世而斩"。③ 这种基于宗族和姻戚的政治组织,终于随着亲属关系的疏离而在春秋时期全面崩解,至战国时期已基本名存实亡。这同时产生了一个重要的问题,那就是宗法是不是随着周王室的衰亡而同样被扫进了历史的坟墓呢?答案是否定的,虽然宗法一开始专门服务于周王室,但是在长期的历史发展进程中,它已逐渐被抽象化为一般的社会政治准则,强调为人伦的基本规范,由专属性很强的王室内部权力传承和分配的工具普遍化为一种宗族组织、政治组织

---

① 《毛诗正义》,第463页。
② 张荫麟:《中国史纲·上古篇》,三联书店,1962,第58页。
③ 《孟子注疏》,第2728页。

和社会组织的通用准则。

从战国社会整体层面看，其无疑处于严重分裂状态，而从具体的诸侯国层面看，其社会架构仍然是相当完整的，各诸侯国内众多的社会组织和群体也同样具备完整性。这些完整性之所以得以保持，乃是由于宗法的强大维系作用。对于各诸侯国君宗族、贵族权臣家族以及新兴之士群体而言，宗法是长期以来浸淫他们的唯一的文明准则。这些不同的宗族或社会组织要想得以维系，保持一种密切稳定的内部关系，有且只有以宗法的基本精神贯穿其中，不然它们很快就会因为缺乏内聚力而成为一盘散沙，在社会剧烈变迁的大环境下分崩离析。不能否认，法家思想也在秦国得以实行，只是，这种抛弃了"亲亲之爱"而"一之于法"的主张并没有形成对宗法的彻底否定，它试图斩断的只是臣民的宗法，对于君统，法家不但承认，而且极力维护，法家的所有理论也都是为"君统"的巩固而服务的。试想一下，把国君的江山、大夫的家室变成了人人都可继承的东西，一定是社会上层统治者所不愿看到甚至连想也不会这样想的事情，这就决定了宗法仍然是战国时代的核心观念。对于国君而言，"家天下"具有永恒的魅力，江山留给有血缘关系的子孙后代，可以说是难以撼动的本能选择；大夫、士同样如此，谁不想让自家宗族代代相传并长盛不衰呢？所以，在"公法"与"宗法"之间，前者自然不敌后者。《荀子·富国》指出："由士以上则必以礼乐节之，众庶百姓则必以法数制之。"这至少能够说明，处于统治地位的群体仍然是讲究君统或宗统的，只有众庶百姓才需要置于"法数"的统治之下。

尽管宗法也表现出了诸多不完美之处，特别是由这种观念维系下的政治统治并不具备恒久性，甚至有些还显得如此短暂，但它至少可以在制度上明确江山或宗族在自己子孙那里代代相传。也正是因为如此，我们看到，在先秦诸侯政治层面，统治群体在不断变迁，而政治意识形态却始终以宗法精神为主导。这似乎可以解释所谓的"王朝周期率",对具体的某个王朝或国君而言,其统治很难长久延续下去,而这种基于宗法观念的政治历史却始终处于轮回之中,日复一日,年复一年,甚至长达数千年而不止。如果把宗法比作一个坚固的历史舞台,变换的只是在这个舞台上演出的主角而已。

义作为宗法观念的核心,必然会随着宗法的持续下移而下移,必然会进一步向社会层面扩展其影响力,从而在新的社会环境下发挥或正或反的复杂功能;尤其是在没有出现新的具有普遍认同性的观念情况下,义作为共识性社会观念必然成为时代的唯一选择。

伴随着周王室的没落,义观念维系天下的整体功能弱化,而其维系诸侯小共同体及社会群体的局部功能却得以强化和发展。礼崩义失,主要指向大共同体层面,而大共同体破裂之后,又形成了一个个小共同体,在众多小共同体内还有无数的社会群体。这些不同规模的共同体和社会群体之所以能够存在并持久延续,自然需要一种内在的秩序,这种秩序无一例外都需要从宗法那里找到合法性与正当性。这些合法性与正当性的获得,一是基于传统的宗法制度,更多则是基于宗法社会化扩展后形成的宗法精神。这样,义作为宗法的核心观念,必然会随着宗法影响面的扩展而扩展,在不同的小共同体和社会群体内发挥内聚效应,从而产生众多的变化和革新。这就如同一滴从高处滴落的水珠,打在温度不同的铁板上,先是破碎成了无数小水珠,遍布四面八方,众多小水珠尽管大小不一,形状各异,但都具有相同的内在结构和实质;也有大量小水珠受热变成水蒸气,扩散到更广阔的空间中。水蒸气源于水滴,又与水滴存在相当大的差异。义观念的下移和社会化扩展,也会形成类似的情况。

在剧烈的社会变迁中,宗法贵族的身份优势不断被能力优势取代,大量旧贵族没落为社会底层民众,其固有的义观念自然也随之下移，弥散于广泛的社会层面，并在不同的社会群体中发展出新的形式与内涵，如战国士群体、游侠群体、官僚群体、门客群体等都有着群体自身认同的"义"内涵，甚至在社会个体层面碎片化为"一人一义"。义观念的下移，是宗法持续下移及其社会化扩充的必然结果。

（二）新兴社会群体的现实需要

战国时期，由于社会政治的变迁，社会关系也随之发生了深刻变化，士民、门客、游侠等新兴社会群体登上了历史舞台。从构成群体的个体关系而言，他们之间绝大多数不具有血缘关系，是互不相识的陌生人。由陌生者组成的社会群体要想得以维持和巩固，并获得社会的广泛认同，仅靠意气相投显然是不够的，还需要有公认的人际关系准则、行为准则和精神准则。问题是，社会群体的组织化程度一般较低，尤其是在群体初成的战国时期，"成文"的群体准则是不存在的。在这种情况下，获得群体默认的观念就显得极为重要，往往是特定的观念力量维系着特定的社会群体，并使特定社会群体中的个体具有相同的心理结构、行为方式和价值取向。客观而言，义观念的下移既是战国新兴社会群体维系自身的现实需要，也是组成群体的个体证明自我、实现自我价值的终极选择。

士是战国最重要的新兴社会群体，"义"则成为这个群体最显著的标志。牟宗三说："君与民外，凡参与治权皆融纳之于士流。废公族，则必用士。公族亲而逼，士则疏而以义合。自此而后，士遂成为中国政治社会上最生动活泼之一流。"[1] 的确，士人之间因为缺乏血缘纽带，关系较为疏远，如果没有一种牢固的观念纽带，很难成为具有共同精神气质和行为特征的社会群体。在这样的情况下，义被士群体视为共同秉持的核心观念。士对义的群体性认同和

---

[1] 牟宗三：《历史哲学》，《牟宗三先生全集》第9卷，第120页。

坚守，使士群体有了相同的精神气质和行为方式；反过来，义也构成士人最为突出的群体性特征，成为士人由疏而亲的群体合一之道。而从士人个体角度来说，能够"行义"，有"义之名"，也是其获得社会认同感的主要条件。这就决定士人需要具备义的精神，以"行义"为行为准则，以成就"义"为人生根本的价值追求，唯其如此，才能彰显个体的生命价值，才能找到自身在社会政治网络中的位置。士群体的现实需要，自然构成了义观念下移的现实原因。

在战国诸侯割据的时代条件下，社会规则必定会遭受某种程度的破坏，公平正义也会存在某种程度的缺失。诸侯政权的区域性和局限性，再加上特定的政治立场，就使其在维护天下的公平正义方面显得力不从心；游侠却具有重正义不重立场的精神特质，他们不惜以生命捍卫公平正义，成为正义力量的化身、社会公平的维护者以及扬善除恶的代表。这就使侠义精神具有一种超越性，会在天下的广度和道义的高度上超越政治行为，成为士民理想的一部分。侠之义建构了一个游离于政治秩序之外的江湖秩序，这种秩序的维护者是侠客，而不是诸侯国君，这就对君主权威构成一种潜在威胁，成为被打压的对象。但是，社会民众需要公平正义，在诸侯力量难以企及的情况下，即便游侠所带来的公平正义极其有限，也一样会引发社会公众无限的仰慕，得到普遍认同和崇尚。因此，义反向发展而为侠义，下移到最广泛的社会层面，也同样出于社会大众的现实需要。

相对于士和游侠群体的社会性而言，门客群体具有私属性，这些门客群体服务于不同的对象，形成了众多官僚权臣与门客的组合体，成为战国时期不可忽视的游离于君权之外的私属势力。这些组合体从内部结构上看极为松散，如果组合体中处于核心地位的官僚权臣落马，其下门客也往往"树倒猢狲散"。因此，这种组合体更需要有义观念来维系，这样才能保持相对稳定的关系。战国时期，新崛起的官僚权臣因为形成时间较短，宗族枝叶大多并不繁茂，不如春秋时期的宗法贵族那样，世系久远，人才济济，势力庞大，仅仅依靠宗族自身的力量，很难在短期内形成势力。宗族内部人才的不足，使新兴贵族必须礼贤下士，广揽人才，形成一个以自身为"主"、以外来人才为"客"的新群体。这种群体不同于传统的宗族，自然，维系这种群体的内在力量不可能是传统义观念的亲亲尊尊。然而，亲亲尊尊的精神并没有远去，而是由显而隐，抽象出新的观念内涵，内在地起到了支柱作用。贵族权臣养士以自重既成为一时之社会风气，义观念的维系作用也就变得不可或缺。

总体而言，宗法在战国时期的演进和发展突出表现为由定向性很强的具体的制度走向抽象化和泛化。它既在某些社会群体中保留了最原始的特征，又在某些社会层面有了全新发展，整体上处于一个不断下移和变化的发展进程之中。在这种扩而充之、大而化之的进程中，义作为宗法观念的核心，必然也会随之下移，在社会的不同层面产生新的变体，发生适合于时代的调整和改变。尽管这种调整和改变仍然基于亲亲尊尊之义，但是其内容和形式都发生了不同程度的变化。对于战国新兴社会群体而言，义观念可以建构一个明显的群体边界，边界以内由义来维系，形成高度组织化的利益相关者群体。处于边界之外者只有认同或接受这个群体的"义"，才有可能被接纳为其中的一员，也才有可能被群体之外的人视为其归属了某一群体。而个体只有获得群体和社会的双重认同，方能在社会上具有某种明确的价值归属。因此，战国的士群体、游侠群体、门客群体等都需要具备一种独特的义，这些新兴社会群体的需要，也就构成了义观念下移的客观因素。

三 义观念下移的历史影响

义观念的下移与社会化发展对中华文明影响深远。这些影响不仅表现在义观念引发了社会组织和思想文化的变迁，而且在很大程度上形成了战国整体文化精神，使处于分裂状态的华夏文明在观念上保持了内在一致性。

春秋时期，尽管王室衰微，但是华夏共同体仍然在某种程度上得以维持，整体社会在义观念的软性约束下还保持着相当强烈的文化认同感。文献中屡有记载。如《左传·闵公元年》载："狄人伐邢。管敬仲言于齐侯曰：'戎狄豺狼，不可厌也；诸夏亲昵，不可弃也。'"诸夏属同一族类，相互亲昵就是亲亲之义，这在春秋社会观念中可谓根深蒂固。如郑庄公就曾以"不义不昵，厚将崩"斥责其弟的背亲之举。鲁僖公二十四年，周襄王欲以狄师伐郑，大夫富辰谏曰："不可。古人有言曰：'兄弟谗阋、侮人百里。'周文公之诗曰：'兄弟阋于墙，外御其侮。'若是则阋乃内侮，而虽阋不败亲也……且夫兄弟之怨，不征于他，征于他，利乃外矣。章怨外利，不义……内利亲亲。"① 外利是不义之举，内利亲亲，显然被视为义。《左传·成公四年》载鲁大夫季文子语曰："史佚之《志》有之，曰：'非我族类，其心必异。'"楚大夫申叔时则曰："教之训典，使知族类，行比义焉。"② 知道族类的目的是要所行合义。《左传·僖公二十一年》载："蛮夷猾夏，周祸也。"《左传·定公十年》载："裔不谋夏，夷不乱华。"从某种程度上讲，义与不义构成了春秋"夷夏之辨"的观念基础，使春秋社会没有出现明显的分裂状态。这正如刘向在《战国策》书录中所指出的那样：

> 若郑之子产，晋之叔向，齐之晏婴，挟君辅政，以并立于中国，犹以义相支持，歌说以相感，聘觐以相交，期会以相

---

① 徐元诰撰，王树民、沈长云点校《国语集解》，第44~45页。
② 徐元诰撰，王树民、沈长云点校《国语集解》，第486页。

在观念与思想之间

一，盟誓以相救。天子之命，犹有所行。会享之国，犹有所耻。小国得有所依，百姓得有所息。①

正是由于诸侯在政治层面仍然"以义相支持"，华夏文明在春秋时代才得以延续。不过，到了战国时期，义观念已经在现实政治层面失落，七雄相互攻城略地，争战不休，社会政治已经明显处于分裂状态。刘向在《战国策》书录中这样描述战国社会状况：

> 万乘之国七，千乘之国五，敌侔争权，盖为战国。贪饕无耻，竞进无厌；国异政教，各自制断；上无天子，下无方伯；力功争强，胜者为右；兵革不休，诈伪并起。②

在刘向看来，周王室的余业遗烈至此已湮灭殆尽，战国社会已然是"国异政教，各自制断"的彻底分裂状态。这样一个社会的基本特点，就是丧失了文明的基本准则，利益至上，胜者为王。顾亭林也有类似的认识，他对比了春秋战国诸侯关系的不同之处：

> 春秋时犹尊礼重信，而七国则绝不言礼与信矣；春秋时犹宗周王，而七国则绝不言王矣；春秋时犹严祭祀重聘享，而七国则无其事矣；春秋时犹论宗姓氏族，而七国则无一言及之矣；春秋时犹宴会赋诗，而七国则不闻矣；春秋时犹有赴告策书，而七国则无有矣。邦无定交，士无定主。③

在顾氏的视野中，春秋战国诸侯关系已经发生了巨大变迁，春

---

① 刘向：《战国策》，第 1195~1196 页。
② 刘向：《战国策》，第 1196 页。
③ 顾炎武著，黄汝成集释《日知录集释》，第 1005~1006 页。

第四章 观念社会化的神秘力量

秋时期,华夏共同体至少还在名义上存在,诸侯之间还存着一定的向心力和凝聚力,还共同遵守着传统的文明准则,而战国时期的"邦无定交",说明华夏共同体实际上已经处于崩解状态。从战国社会发展的表象看,以上所论不失公允。天下共主已无,诸侯关系已疏,相互兼并,战争频仍,社会政治层面处于分裂状态;礼崩乐坏,诸侯异政,各国纷纷变法图强,社会制度层面也存在明显差异;百家争鸣,各是其所是,非其所非,社会意识形态层面也表现为"道德不一"。政治层面、制度层面和思想层面都表现出了明显的分裂状态,似乎华夏文明发展到战国已经分崩离析,就要覆宗绝绪了。

不过,历史的走向却并非如此,战国社会的政治、制度和思想分裂并没有对华夏文明形成致命影响,就在这些明显的裂痕中,华夏族群的文化心理依然一致,在最广泛的社会层面,人们的文化认同感不但没有丧失,反而表现得更加强烈,突出表现在"中国"和"夷狄"的对立以及"天下"意识的凸显方面。"诸华""诸夏""华夏"的表述多见于春秋文献。然而,这种情况在战国出现了变化。据尹波涛统计,"诸夏"一词在战国文献中出现6次,而"华夏"和"诸华"已不见于战国文献,[1] 取而代之的是"中国"一词。据王尔敏统计,"中国"一词在《战国策》中出现15次,在《孟子》中出现9次,在《礼记》《荀子》《韩非子》中各出现7次,在《管子》中出现6次,在《墨子》中出现5次,在《吕氏春秋》中出现3次,[2] 已远远大于"诸夏"等在战国文献中出现的次数。如果说"诸华""诸夏""华夏"从概念上看还具有某些分散性的话,那么"中国"一词则显得很有整体性,更能凸显华

---

[1] 尹波涛:《略论先秦时期的夷夏观念》,《青海民族大学学报》(社会科学版) 2013年第1期。
[2] 王尔敏:《"中国"名称溯源及其近代诠释》,《中国近代思想史论》,社会科学文献出版社,2003,第388~400页。

夏文明的主体意识。一般认为，《公羊传》主要反映了战国时期的思想，《公羊传》中屡次出现"不与夷狄之获中国"①"不与夷狄之执中国"②"不与夷狄之主中国"③的说法以及"中国"与"夷狄"对举，反映出华夏族群的文化认同感实际上更加强烈了。"天下"一词在春秋时代虽然也经常使用，但是其凸显并广为流行是在战国时期。据安部健夫统计，"天下"一词在《墨子》中出现了65次，在《老子》中出现了108次，在《孟子》中出现了50次，在《庄子》中出现了44次，在《荀子》中出现了49次，在《韩非子》中出现了20次，在《吕氏春秋》中出现了9次。④"天下"概念在诸子之书中大量使用，也说明在诸子百家的视野中，华夏文明仍然是完整一体的。

这样，问题就随之出现了，为什么战国现实的社会分裂非但没有使华夏文明内部分裂，反而激发出更加强烈的文化认同感呢？在传统视野中，儒家思想是中国文化的根本，是华夏文明产生内聚力的本源，维持着中华文明的内在一致性，凝聚着整体社会的观念共识。如冯友兰说："中国封建文化是以儒家为核心的。"⑤牟宗三说："中国以往两千余年之历史，以儒家思想为其文化之骨干……以儒者之学，可表现为政治社会之组织。"⑥李元认为，儒家思想"派生出满腔热血的爱国主义，以及保卫民族文化传统和民族生存的献身精神"。⑦张岱年指出："儒家重视人民内部的团结，强调'人和'，又主张抵抗外来的侵略、保持民族的文化传统。汉代以

---

① 《春秋公羊传注疏》，第2209页。
② 《春秋公羊传注疏》，第2232、2256页。
③ 《春秋公羊传注疏》，第2297、2327、2351、2352页。
④ 安部健夫：《中国人の天下观念》，《元代史の研究》，创文社，1972，第451页。
⑤ 冯友兰：《从中华民族的形成看儒家思想的历史作用》，《哲学研究》1980年第2期。
⑥ 牟宗三：《儒家学术之发展及其使命》，《牟宗三先生全集》第9卷，第1页。
⑦ 李元：《论儒家思想与传统文化》，《求是学刊》1988年第3期。

第四章 观念社会化的神秘力量

后,中原的华夏族融合境内不同种族而成为汉族,汉族又不断融合若干少数民族;对于外来的侵略,则保持坚强不屈的态度。这些都是在儒家思想的引导之下进行的。儒学对于增强民族的凝聚力起了非常重要的作用。"① 可是,战国时期,百家争鸣,儒学还没有取得思想上的独尊地位,似乎不宜放大彼时儒家思想对华夏文明的维系作用。

那么,究竟是什么超越了现实政治的分裂、制度的不一和思想的混乱,凝聚了整体族群的共识,保持了文明的内在一致性呢?答案似乎指向了义观念。义观念在战国时期的持续下移和社会化扩展,形成了战国社会的整体文化精神,确立了华夏文明的文化认同感。不过,对于战国是否存在一种整体文化精神,专家也有不同意见。牟宗三认为:

> 周文所凝结之政治格局一不能维持,则并周文之文化意义与理想亦一起掉头不肯顾。贵族不能随其时代而调整其政治格局,即示其生命之枯朽。枯朽者脱去,其所引生之向下之势即为物量之精神。其原初生息于周文之中而不自觉,今随共同体之破裂而无以自持。如鱼脱水,自必腐臭。理想已忘,理性已泯。②

在牟氏看来,文化精神由贵族所传承,并依赖于周文形成的政治格局而得以维持。既然周文已遭破坏,贵族已趋枯朽,战国自然从整体上丧失了文化精神。实际上,特定文明具有特定的文化精神,特定的文化精神在文明发展中不断沉淀,成为一种客观化的精神存在,并往往以观念的形式表现出来。政治的变迁、社

---

① 张岱年:《儒道两家思想对中国文化的影响》,《高校社会科学》1989 年第 2 期。
② 牟宗三:《历史哲学》,《牟宗三先生全集》第 9 卷,第 118~119 页。

会关系的变化,并不会使核心观念丧失,相反,由这些变迁或变化所导致的文明创伤还要依赖核心观念的力量来修复。《礼记·表记》云:"义者,天下之制也。"《吕氏春秋·论威》云:"义也者,万事之纪也。"对于战国社会而言,义观念不存在诸侯疆界之分,也没有不同阶层身份之别,它如同一张无形的大网,笼罩着处于分裂状态的社会,形成强大的文化认同感和精神维系力,弥合了现实政治对社会文明造成的冲突和分裂,使华夏文明得以长久延续。

在战国文献中,六国士人经常视秦国为不同的族类,是虎狼之国。如《战国策·赵策三》中虞卿谓赵王:"秦虎狼之国也,无礼义之心。"①《战国策·魏策三》中朱己谓魏王曰:"秦与戎翟同俗,有虎狼之心,贪戾好利而无信,不识礼义德行。苟有利焉,不顾亲戚兄弟,若禽兽耳。"②需要特别注意的是,"礼义之心""不识礼义德行"之语均不是从制度层面说事,而是说秦国没有"礼义"的文化观念。《公羊传》多次以"义"与"无义"区别夷夏。如《庄公二十四年》载:"戎将侵曹,曹羁谏曰:'戎众以无义。君请勿自敌也。'"③《僖公二十一年》载:"楚,夷国也,强而无义。"④《襄公七年》载:"以中国为义。"⑤关于"中国"一词的含义,《战国策·赵策二》中公子成的一段话颇具代表性:"中国者,聪明睿知之所居也,万物财用之所聚也,贤圣之所教也,仁义之所施也,诗书礼乐之所用也,异敏技艺之所试也,远方之所观赴也,蛮夷之所义行也。"⑥汉代经学家何休曰:"中国者,礼义之国

---

① 刘向:《战国策》,第696页。
② 刘向:《战国策》,第869页。
③ 《春秋公羊传注疏》,第2238页。
④ 《春秋公羊传注疏》,第2256页。
⑤ 《春秋公羊传注疏》,第2302页。
⑥ 刘向:《战国策》,第656页。

第四章 观念社会化的神秘力量

也。"① 可见,中国并非指民族和地理概念,而主要是一个基于"义"或"礼义"的文化概念。我们似可断定,"义"或"礼义"构成了战国时期华夏文明最显著的标志,它超越了地域的阻隔,突破了政治的樊篱,建构了一个心理上的文明与野蛮的边界,使华夏文明始终保有一种内在的完整性。

六国同为华夏族群,虽然四分五裂,但这只不过是一时的"兄弟阋于墙",可视为同一文明内部不同政治集团形式上的分裂,同根同源的义观念仍完整一体、内在稳固,仍然是普天之下社会大众的观念共识。《易经·系辞下》云:"天下同归而殊途,一致而百虑。"可以认为,同归的、一致的是文化观念,殊途的、百虑的是政治路径,当"天下一家"变成"天下异家"的时候,同源同根的义观念——这个使华夏民族具有内在一致性的东西——必然会凸显出来,难以阻遏地产生维系作用;甚至现实社会越分裂,义观念的维系力量就越强大,政治破坏与观念修复呈现典型的正相关关系。这就使华夏文明能够在分裂的形势下藕断丝连,使社会的不同群体和个体都可以凭借义观念而产生相互认同感。当然,义观念下移带来的社会化发展,也使传统基于宗族的亲亲尊尊产生了泛化,"父兄之尊"与"骨肉之恩"尽管仍很突出,但是"宾客之礼"与"朋友之爱"② 这种基于同一种族的、大而化之的"义",却在观念层面形成了对"宗族"的全面超越,意味着战国社会已经基于义观念内涵的扩充萌生了新的组织形式,由"宗族"社会开始向"民族"社会发展。黄中业指出,在自夏商以来到近代民主革命的四千年中,中国社会只是在战国时代经历过一次全面的飞跃。③ 从社会组织变迁的角度而言,这也有其道理。

---

① 《春秋公羊传注疏》,第2209页。
② 荀悦撰,张烈点校《汉纪》,第158页。
③ 黄中业:《战国社会在中华文明史上的地位》,《史学月刊》1991年第3期。

从另外一个角度看,义观念下移,也使义成为国民性的组成部分,形成了华夏民族重义轻利、见义勇为、讲诚信、重情谊的良善文化品格。

在战国这个动荡的时代里,华夏民族国民性的优秀一面集中通过义的观念形式表现出来。在中国历史上,很难再找到这样一个时代,社会大众如此地崇尚义、仰慕义、践行义、追求义,以义为生命的最高价值,以成就义为个体的最高追求。《墨子·尚贤上》云:"不义不富,不义不贵,不义不亲,不义不近。"《墨子·耕柱》云:"世俗之君子,贫而谓之富则怒,无义而谓之有义则喜。"《孟子·告子上》云:"生亦我所欲也,义亦我所欲也;二者不可得兼,舍生而取义者也。"《荀子·不苟》云:"畏患而不避义死。"这些都反映出义是时代的主流价值取向,是得到社会普遍认同的文化观念。在列国现实政治层面,统治者崇尚利益至上原则,在现实利益面前,理性原则遭到无情抛弃。有意思的是,统治阶层的疯狂行为并没有使全社会陷入疯狂,相反,在最广泛的社会层面,人们却仍然坚守着义的行为价值准则,保持着以义为主的文明气质。社会整体对义的坚守和尊崇,必然给社会不同层面的个体造成强大的示范效应,甚至会带来一种强制性的效果,使每一个人都不得不迫于某种需要而表现出遵从态度。也就是说,义观念的下移和社会化扩展,形成了社会群体性尚义的文化环境,在这样的文化环境中,义被客观化为一种高于社会的观念,以观念的形式对整体社会产生了一种控制力。与此同时,义不但成为人们所尊奉的精神理念,还成为个体内在力量的源泉,并常常通过个体意识或行为表现出来。这正如孟子自我体验的那样,如果能"集义","配义与道",便能养成至大至刚的"浩然之气",[①] 拥有强大的精神力量,自信地面对人生和社会。可见,义观念又不完全外在于个体,只从外部来产

[①] 《孟子注疏》,第 2685 页。

生约束或规范作用，还势必会内化为个体自身不可或缺的一部分，形成深深植根于个体心灵深处的文化潜意识。这种文化潜意识经过持续强化，代代相传，最终潜移默化地成为国民性的一部分。

小 结

综上所述，战国义观念下移整体上呈现出一个相反相成的过程。首先是义观念被抽象化、准则化，或者说被概念化，这是一个义观念传统内涵的变革过程，即义观念的传统宗法内涵在概念化过程中被重新解读、重新组合，甚至反向发展。也正是在这样一个时代进程中，义被"风干"为一个概念之"壳"，不同的人为之可以填充不同的内涵。所谓"一人一义""义者，宜也"，本质上就是对这个概念之壳的形象表述。义观念的空壳化，使人们既在形式意义上遵守了传统的文明观念，又可以对之做出适合于自己想法的改造。义客观上成为一张整体笼罩华夏族群的观念之网，成为社会不同群体和个体标志自身、实现自我的工具。其次是义观念内涵的重构过程，既然义观念已经成为"壳资源"，那么就像一顶人人都可以戴在头上的帽子，每个人都可以把自己理解的观念内涵填充到这个壳中，从而形成种种不同的义。义观念这个春秋时期的"王谢堂前燕"，至此飞进了"寻常百姓家"，成为中国小传统文化中最为重要的部分，也成为国人共同认同和秉持的观念。

义观念在战国时代的下移，形成了一个时代的整体文化精神，决定着一个时代的共同价值取向，凝聚着一个时代的共同心理情感。詹小美指出，对民族文化的认可与共识体现了对民族国家的归属与认同，以及建立在国家认同基础之上的普遍的社会心理和民族成员共通的情感体验。当出于对民族国家共同的价值认同而聚集为"心理群体"时，这个群体就已经成为一种独特的存在，受群体精神统一律的支配。[①] 义就是战国时代华夏族群的"精神统一律",其在战国社会领域中发挥的作用并不局限于某些层面、某些群体或某些国家,而是具有超越性、共识性和普遍性,在"中国"范围内发挥着支配作用,只要是华夏族群的成员,无论其处于怎样不同的地域,有着怎样不同的价值诉求,存在如何激烈的矛盾和冲突,都将被纳入义的观念之网中。

[①] 詹小美、王仕民:《认民族文化认同的基础与条件》,《哲学研究》2011年第12期。

第五章　百家争鸣中的共鸣
——战国时期义思想的丰富与发展

春秋后期，政治层面的义观念已经出现了危机，孔子作为中国首位思想家，初步提出了义思想，使义由政治层面发展到道德层面，为中华文明保存了以义为主的理性气质。战国义观念的持续下移及其社会化扩展，导致社会领域出现了"一人一义""人异义"的混乱局面。尽管义观念在最广泛的社会层面，受到了之前时代从未出现过的尊崇，但是社会大众对义内涵解释的混乱和随意也空前绝后，在什么都可以称为义的情况下，义几乎成为一个概念空壳，又出现了发展危机。这不能不引起战国诸子的群体性关注，义由此成为一个能总括诸子共同文化精神的思想原点。这在客观上必然造成义思想的大发展，使义思想在战国时期走向全面丰富。

问题在于，说义是诸子共同关注的思想原点，究竟有没有可靠的文献依据呢？笔者以关键词的方法进行筛选，选取《墨子》《孟子》《老子》《管子》《庄子》《荀子》《吕氏春秋》《韩非子》《战国策》《晏子春秋》《吴越春秋》11部战国文献为样本，分别检索其中仁、义、道、德、礼、信、忠、法等观念词语的出现次数，结果有点出人意料，位次居前的并不是我们经常提及的"仁"与"礼"，而是"道"与"义"。其中，"义"在各部文献中均有较为突出的观念地位，总共出现了1424次，仅次于"道"而位居第二。"道"是诸子之学的抽象本体，是诸子经常使用的观念词汇，不过，"道"却缺乏具体的观念内涵，难以作为研究诸子共性的对象。"义"是传统宗法社会的基本政治准则，不仅有亲亲尊尊的精神内核,还有公、正、善、节、分等具体观念内涵,成为引起战国诸子群体性关注的核心观念。这个近乎被学界忽略掉的"义",似乎是诸子争鸣和共鸣的学术对象。

实际上,"义"作为宗法的精神内核,其所产生的影响不仅体现在社会政治、制度和一般观念层面上,也必然会在思想领域打下深刻的烙印。本章之宗旨在于在挖掘诸子义思想的同时,通过对诸子义思想异同的比较,追问"义"为何会引起战国诸子的群体性重视,这种现象又能为我们重新认识子学带来何种启示。

一 诸子对传统义思想的继承

战国诸子的思想不是凭空想象得来的,而是必然建构在一定的文化基础之上,而文化基础来源于社会漫长发展进程中形成的文化积淀。特定社会具有特定的文化精神,特定的文化精神决定着文化的性质和形态,并形成特定的文化积淀。由文化积淀历史地形成的文化基础具有必然性,就决定了诸子所能利用的思想资源具有限制性和规定性。因此,在战国缺乏外来文化参照的时代条件下,诸子百家要建构自身的学说,必须植根于传统文化的基础,必须对传统思想观念有所继承,这是诸子进行思想建构的前提和要件。也就是说,百家争鸣是在共同文化基础上的争鸣,诸子不约而同地对传统义内涵做了有选择的继承,正是对这一历史事实的客观反映。在战国诸子的不同语境下,"义"受到绝大多数思想家的认同,主要有以下几个方面。

(一) 诸子多认同义的准则地位

对于义的地位和作用,除商鞅持贬斥态度,视其为"六虱"之一外,其余各家均持"力挺"态度。在诸子的思想中,义多具有崇高的地位:

《管子·牧民》:"国有四维……二曰义。"
《礼记·表记》:"义者,天下之制也。"
《墨子·耕柱》:"义,天下之良宝也。"
《墨子·贵义》:"万事莫贵于义。"
《韩非子·喻老》:"子夏曰:'吾入见先王之义则荣之,出见富贵之乐又荣之,两者战于胸中,未知胜负,故臞。今先王之义胜,故肥。'"

义多被视为人区别于禽兽的标志,是人之为人的根本:

《列子·说符》:"人而无义,唯食而已,是鸡狗也。"
《孟子·滕文公下》:"仁义充塞,则率兽食人,人将相食。"
《周易·说卦》:"立人之道,曰仁与义。"①
《荀子·王制》:"水火有气而无生,草木有生而无知,禽兽有知而无义,人有气、有生、有知,亦且有义,故最为天下贵也。"

义也经常被视为国家的政治准则:

《周易·系辞下》:"理财正辞、禁民为非曰义。"
《墨子·天志上》:"且夫义者,政也。"
《庄子·在宥》:"远而不可不居者,义也。"
《孟子·尽心下》:"无礼义,则上下乱。"
《荀子·王霸》:"天下为一,诸侯为臣,通达之属莫不从服,无它故焉,以济义矣。是所谓义立而王也。"

---

① 《周易正义》,阮元十三经注疏本,中华书局,1980,第94页。

《吕氏春秋·论威》:"义也者,万事之纪也。"

《韩非子·解老》:"遇诸侯有礼义,则役希起。"

义还被视为个体行为的价值准则:

《墨子·贵义》:"手足口鼻耳从事于义,必为圣人。"

《孟子·离娄下》:"大人者,言不必信,行不必果,惟义所在。"

《荀子·非十二子》:"遇君则修臣下之义,遇乡则修长幼之义,遇长则修子弟之义,遇友则修礼节辞让之义,遇贱而少者,则修告导宽容之义。"

《吕氏春秋·高义》:"君子之自行也,动必缘义,行必诚义。"

《韩非子·显学》:"今有人于此,义不入危城,不处军旅,不以天下大利易其胫一毛。"

以上四个方面的义内涵,在不同学派的诸子学说中有着共同的表述。可见,诸子普遍认同和接受义观念,他们视义为人伦的标志、为国家政治和个体行为的价值准则,在继承传统义观念方面的相通是显而易见的。

(二)诸子多以"宜"释义

义与宜在春秋时期是两种不同的判断标准:义属于价值性判断,宜则属于因果性判断。战国诸子却多以宜释义,义与宜相融相通,难分难解。实际上是将义与宜等同起来:

《管子·心术上》:"义者,谓各处其宜也。"

《尸子·处道》:"义者,天地万物宜也。"

《庄子·至乐》："义设于适，是之谓条达而福持。"

郭店楚简《父无恶》："义，宜也。"①

《礼记·中庸》："义者宜也。"

《礼记·祭义》："义者，宜此者也。"

《吕氏春秋·孝行》："义者，宜此者也。"

《韩非子·解老》："义者，谓其宜也，宜而为之。"

尽管墨子没有明言义为宜，不过《墨子·节葬下》中谈及"便其习而义其俗"，义在此处的意思就是宜；而且，墨子赋予义以兼爱、尚贤的新内涵，暗示着他已经将宜之义作为自己的思想前提。把义解释为适宜或合宜，是义发展进程中的思想大解放，意味着对义的不同解释具备了一种合理性，使不同的思想能够基于不同的视角、不同的出发点，提出各不相同的"义"。

（三）诸子多认同义的"分"内涵

在诸子看来，社会客观上存在着等差和秩序，而且等差和秩序主要通过"分"来体现，各安其"分"是保证社会正常运行的基础，能合理确定不同的"分"就是义。义所本具的区分君臣、贵贱、上下、内外、亲疏等功能得到诸子的广泛认同：

《管子·心术上》："君臣父子人间之事谓之义。"

《尸子·分》："君臣父子，上下长幼，贵贱亲疏，皆得其分，曰治。爱得分曰仁，施得分曰义。"

《墨子·兼爱下》："兼即仁矣，义矣……故兼者，圣王之道也，王公大人之所以安也，万民衣食之所以足也。故君子莫若审兼而务行之。为人君必惠，为人臣必忠，为人父必慈，为

---

① 李零：《郭店楚简校读记》，第193页。

人子必孝,为人兄必友,为人弟必悌。"

《商君书·君臣》:"是以圣人列贵贱,制爵位,立名号,以别君臣上下之义。"

《庄子·天地》:"以道观分而君臣之义明。"

《荀子·君子》:"故尚贤使能,等贵贱,分亲疏,序长幼,此先王之道也……义者,分此者也。"

《韩非子·解老》:"义者,君臣上下之事,父子贵贱之差也,知交朋友之接也,亲疏内外之分也。"

不仅战国之前的宗法社会存在等差,战国时期的官僚政体同样需要等差。因此,"分"之义代表着中国古代社会的等级和秩序,是诸子梦寐以求的共同理想。在对"分"之义存在共同认识的基础上,尊尊之义自然也成为诸子的共同旨归:

《墨子·天志下》:"天下有义则治,无义则乱,我以此知义之为正也。然而正者,无自下正上者,必自上正下。"

《商君书·画策》:"所谓义者,为人臣忠,为人子孝,少长有礼,男女有别。"

《孟子·尽心上》:"敬长,义也。"

《庄子·人间世》:"臣之事君,义也,无适而非君也,无所逃于天地之间。"

《庄子·让王》:"废上,非义也。"

《荀子·仲尼》:"少事长,贱事贵,不肖事贤,是天下之通义也。"

(四) 诸子多认同义的"公"内涵

"公"是义的传统内涵之一,春秋时期,孔子就经常把行事公正者誉为义。① 义之"公"内涵重在强调人的社会行为目的要出于公平、公正，反对基于亲缘或朋党的相互比周。以"公"为义是诸子的共同认识，只不过有人明言，有人暗指：

《管子·五辅》："公法行而私曲止。"
《墨子·尚贤上》："举公义，辟私怨。"
《孟子·滕文公上》："公事毕，然后敢治私事。"
《庄子·天下》："公而不当，易而无私。"
《荀子·君道》："公义明而私事息。"
《慎子·威德》："法制礼籍，所以立公义也。"②
《吕氏春秋·去私》："忍所私以行大义，巨子可谓公矣。"
《韩非子·解老》："所谓直者，义必公正，公心不偏党也。"

尽管诸子对义内涵的认同和接受各有侧重，并不存在整齐划一的认识，但从整体上看，又的确存在众多交集，存在着诸多不容忽视的共同之处。这些共同之处表明，义并不归哪一家、哪一派所专有，不能作为区分先秦学派的特殊标签。义是三代文明的重要遗产，是战国社会具有普遍认同感的思想观念，其中大量优秀的思想成分必然会传承下来，成为诸子共同认同和接受的对象，成为其建构自身学说的公共文化资源。

---

① 例如，晋大夫叔向办案公正无私，孔子赞誉道："曰义也夫，可谓直矣……三言而除三恶，加三利，杀亲益荣，犹义也夫！"（《左传·昭公十四年》，《春秋左传正义》，第 2076 页）孔子还曾评价晋大夫魏绛说："近不失亲，远不失举，可谓义矣。"（《左传·昭公二十八年》，《春秋左传正义》，第 2119 页）
② 高流水、林恒森：《慎子、尹文子、公孙龙子全译》，贵州人民出版社，1996，第 26 页。

二 诸子义思想之分化

诸子义思想之争鸣,并不表现为义思想的主体众多,也不表现为义作为观念词而被频繁提及,而是表现为义的传统内涵被不断地解构和重构。对于义观念的传统内涵,诸子并没有照单全收,出于建构自身学说的需要,他们均从自身的角度重新审视义观念,对其精神内核做出了不同的取舍和改造。义是什么?义从何而来?义有着什么样的功能?不同阶层和背景的贤哲围绕这些问题展开了热烈讨论。限于篇幅,本书主要择其要者加以论述。

(一) 诸子对义精神内核的改造

亲亲尊尊是中国古代宗法社会的基本准则,二者共同构成了义观念传统的精神内核。对于亲亲尊尊这两大义观念的精神内核,诸子或肯定或否定,或偏重或并重,或改造或固守,或保持或革新,形成了截然不同的思想成果。这些思想成果竞相绽放,相互影响,共生并存,奏响了战国时期义思想发展史上的华丽乐章。

1. 兼爱与尚贤——墨子思想中的义

《墨子·公孟》以义为"天下之大器",《墨子·贵义》又指出:"万事莫贵于义。"墨子看似对义最为尊崇,实则对义观念的改造最为彻底。他以"兼爱"取代亲亲,以"尚贤"取代尊尊,对义的两大精神内核完成了"旧瓶装新酒"式的改造。

墨子认为,天下之所以大乱,起因是人人自爱。《墨子·兼爱上》云:"父自爱也不爱子,故亏子而自利;兄自爱也不爱弟,故亏弟而自利;君自爱也不爱臣,故亏臣而自利。""自爱"就是"不相爱",《墨子·兼爱中》表述为:"凡天下祸篡怨恨,其所以起者,以不相爱生也。"为了论证"自爱"是天下大害,墨子特别引入了一个"交别"的概念。所谓"交别",就是指各人交相把自

第五章　百家争鸣中的共鸣

身与别人区分开，分别对待。《墨子·兼爱下》指出，"交别"会带来天下之大害，"兼爱"则可以生"天下之大利"，要想"兴天下之利，除天下之害"，必须以"兼"易"别"。基于此，墨子明确提出"兼即仁矣，义矣"的思想，以"兼爱"为"义"。《墨子·兼爱中》云："天下之人皆相爱，强不执弱，众不劫寡，富不侮贫，贵不敖贱，诈不欺愚。凡天下祸篡怨恨，可使毋起者，以相爱生也。"可见，墨子所言的兼爱是人类社会关系上的无差等之爱，强调不同的社会主体要相互关爱；而对于居于优势地位的社会主体一方，墨子也赋予了他们更多的主动性责任。

墨子以"兼爱"为圣王之道，为处理各种社会关系的根本立足点。《墨子·兼爱下》指出：

> 故兼者圣王之道也，王公大人之所以安也，万民衣食之所以足也。故君子莫若审兼而务行之，为人君必惠，为人臣必忠，为人父必慈，为人子必孝，为人兄必友，为人弟必悌。故君子莫若欲为惠君、忠臣、慈父、孝子、友兄、悌弟，当若兼之不可不行也。①

在此，墨子把传统的"六义"改造为"兼爱"的结果，使兼爱之义对传统基于族类关系的亲亲之义形成否定。在当时社会背景下，义传统的亲亲尊尊内核仍具有强大社会影响，宗法政治集团的势力还相当强大，这正如那些"别士"所云："吾岂能为吾友之身若为吾身，为吾友之亲若为吾亲。"② 墨子倡导兼爱，挑战了现实的人伦关系，必然遭到强烈的非议，在墨子时代，天下之士"皆

---

① 孙诒让撰，孙启治点校《墨子间诂》，第127页。
② 孙诒让撰，孙启治点校《墨子间诂》，第116页。

闻兼而非之",① 可谓"谤满天下";稍后的孟子更是指斥墨氏"兼爱"将使人"无父",② 会泯灭人与禽兽之间的差异。客观而言,《论语·学而》中孔子说过"泛爱众";《孟子·梁惠王上》中孟子提出过"老吾老以及人之老,幼吾幼以及人之幼";《荀子·富国》中荀子也倡导对百姓要"致忠信以爱之……如保赤子"。不过,儒学视野中爱是一种基于等级伦常的、自上而下的单向政治手段,墨子的兼爱则是基于个体之间平等关系的、双向的爱。墨子以兼爱为义的思想大大超越了他所处的时代,虽几近空想,但闪耀着人生而平等的思想火花,蕴含着宗教般的人生关怀。

墨子又将尊尊改造为"尚贤",《墨子·尚贤上》中提出这样的政治方案:

> 是故古者圣王之为政也,言曰:"不义不富,不义不贵,不义不亲,不义不近。"是以国之富贵人闻之,皆退而谋曰:"始我所恃者,富贵也。今上举义不辟贫贱,然则我不可不为义。"亲者闻之,亦退而谋曰:"始我所恃者,亲也。今上举义不辟疏,然则我不可不为义。"近者闻之,亦退而谋曰:"始我所恃者,近也,今上举义不辟远,然则我不可不为义。"远者闻之,亦退而谋曰:"我始以远为无恃,今上举义不辟远,然则我不可不为义。"逮至远鄙郊外之臣、门庭庶子、国中之众、四鄙之萌人闻之,皆竞为义。③

在墨子的政治理想中,传统的贵贱、亲疏和远近等关系都不足为凭,只有贤者的能力和素质才是决定是否见用的关键因素,能够

---

① 孙诒让撰,孙启治点校《墨子间诂》,第119页。
② 《孟子注疏》,第2714页。
③ 孙诒让撰,孙启治点校《墨子间诂》,第44~46页。

做到尚贤，就是为政的根本，就是义。《墨子·尚贤中》提出"尚贤之为政本"，《墨子·尚贤下》明言"义者，政也"，"尚贤"由此成为"义"的精神内核。墨子提倡"不义不贵，不义不亲"，把义的亲亲尊尊内核外化，并用他所理解的"义"去规定本为义内核的亲亲和尊尊。用义的抽象概念去重新规定义的传统内核，使亲亲尊尊的应然性下降为或然性，使"义"成为判断个体能否成为富者、贵者、亲者、近者的标准。这样，亲疏贵贱就不再取决于血统和身份，而在于个体是否是贤者。以贤者为尊尊的对象，以尚贤之义为判断标准，意味着以往固定的身份和等差都被动态化了，这自然会对传统的礼制秩序形成威胁。所以，荀子非议墨学"僈差等，曾不足以容辨异、县君臣"。[1] 就连思想极为超越的庄子也认为墨子"不与先王同，毁古之礼乐"。[2]

以兼爱和尚贤重构义的亲亲尊尊精神内核，是墨子的思想创造，是墨子义思想的突出特色，也是墨子思想中最具魅力的部分。义观念根深蒂固，其精神内核自然很难被撼动，墨子却同时对其两大内核进行改造，并以具体行动终身实践自己的理想，令人感佩不已。庄子虽然对墨子的理论不以为然，但他仍然由衷地称赞："墨子真天下之好也，将求之不得也，虽枯槁不舍也。才士也夫！"[3]孟子也承认天下之言尽归杨墨，甚至直到战国晚期，韩非仍称墨学为世之显学，岂无由哉！

2. 仁爱与敬长——孟子思想中的义

孟子的口头禅是"仁义"。"仁"与"义"由各自独立之观念词合并起来，成为儒学的固定用语，孟子当功不可没。长期以来，学界主要从哲学角度对"仁义"开展研究，形成了众多观点。不

---

[1] 王先谦撰，沈啸寰、王星贤点校《荀子集解》，第92页。
[2] 郭庆藩撰，王孝鱼点校《庄子集释》，第1072页。
[3] 郭庆藩撰，王孝鱼点校《庄子集释》，第1080页。

过，孟子的"仁义"究竟意味着什么,并没有形成令人信服的结论。① 笔者认为,"仁义"一词是孟子对义之亲亲尊尊精神内核改造的结果。《孟子·梁惠王上》开篇看似谈义利问题,实则开宗明义,重点阐述的是对"仁义"的认识:

> 孟子见梁惠王。王曰:"叟不远千里而来,亦将有以利吾国乎?"孟子对曰:"王何必曰利,亦有仁义而已矣。王曰'何以利吾国';大夫曰'何以利吾家';士庶人曰'何以利吾身'。上下交征利,而国危矣。万乘之国,弑其君者必千乘之家;千乘之国,弑其君者必百乘之家。万取千焉,千取百焉,不为不多矣。苟为后义而先利,不夺不餍。未有仁而遗其亲者也,未有义而后其君者也。王亦曰仁义而已矣,何必曰利!"②

越岐注曰"仁者亲亲,义者尊尊",可谓一语中的。孟子想要表达的,就是仁者必亲亲,义者必尊尊。亲亲尊尊本为"义",孟子道"仁义",实际上是把"义"一而二为"仁义"。考诸历史,孔子经常提"仁",却并未在"仁"与"亲亲"之间建立直接联系。《论语·学而》云:"孝弟也者,其为仁之本与?"③"孝""弟"自然有亲亲成分,只是它们是"仁之本",并不能与"仁"等同起来。鲁隐公三年,石碏把"子孝"和"弟敬"归于"义方"。④《孟子·梁惠王上》中也两现"孝悌之义"的说法。可见,"孝""弟"是义。这样说来,孔子之言隐含有"义"为"仁"之本的意思。鲁定公十年,齐鲁举行夹谷之会,面对齐侯欲以莱人劫

---

① 万光军:《孟子仁义思想研究》,山东大学出版社,2009,第15~21页。
② 《孟子注疏》,第2665页。
③ 《论语注疏》,第2457页。
④ 《春秋左传正义》,第1724页。

持鲁君的阴谋,孔子指责齐国"于德为愆义"。① 所谓"愆义",即指齐鲁本是同属华夏族类的兄弟之国,齐国却"以夷乱华",有违"亲亲"准则,对"义"构成罪过。这至少可以证明,在孔子时代,亲亲仍然是义的精神内核之一,不属于仁的范畴。自《礼记·中庸》始,才有了"仁者人也,亲亲为大;义者宜也,尊贤为大"的说法;郭店楚简《唐虞之道》亦云:"爱亲忘贤,仁而未义也。尊贤遗亲,义而未仁也。"② 以爱亲为仁。一般认为,《中庸》是子思所作,《唐虞之道》也基本被认定为和子思一派有关。孟子受业子思之门人,他将亲亲为仁的思想继承过来并进一步深化,亦在情理之中。

孟子分四个步骤建构"仁义"观念。首先,他把亲亲之"义"归于"仁"的名下,提出"仁之实,事亲是也"③"亲亲,仁也"④的命题;其次,孟子又以亲亲为基础,大而化之,提出"仁者爱人"⑤ 的主张;再次,孟子倡导"举斯心加诸彼……老吾老,以及人之老;幼吾幼,以及人之幼……故推恩足以保四海,不推恩无以保妻子"。⑥ 使爱人之仁由内而外,由己及人,"推恩"至四海,实现了从义之亲亲到"仁者爱人"的转换。由亲亲之"义"独立而为爱人之"仁",算是孟子部分完成了对义观念的改造工作。不过,仅仅独立出来一个仁字,还不足以把"义"发展为"仁义",还需要对义的尊尊内核加以改造,使"义"与"仁"在意义上各有侧重,形成明显区别,产生特定对应关系,才算"修成正果"。孟子采取的最后一个步骤就是把尊尊之义发展为"敬长",并把

---

① 《春秋左传正义》,第2148页。
② 荆门市博物馆编《郭店楚墓竹简》,文物出版社,1998,第157页。
③ 《孟子注疏》,第2723页。
④ 《孟子注疏》,第2756页。
⑤ 《孟子注疏》,第2730页。
⑥ 《孟子注疏》,第2670页。

"敬长"放大为义观念的全部精神内核。实际上，孟子以"敬长"为义也不是突发奇想。据李零研究，郭店楚简十八篇主要反映"七十子"的思想，也当包含子思一派的思想，其中《性》一文云："义，敬之方也……唯义道为近忠。"① 义与敬、忠彼时已有关联。正是在此基础之上，孟子把尊尊之义改造为"敬长"，主要作用于君臣关系。《孟子·公孙丑下》云："君臣主敬。"《孟子·尽心上》云："敬长，义也。"《孟子·尽心下》云："义之于君臣也。"细绎起来，"敬长"与"尊尊"二者也存在着差别，"尊尊"主要体现了传统宗法关系中的贵贱和等差，具有自下而上的单向性；"敬长"则重在强调一种新的、具有双向性的上下关系："用下敬上，谓之贵贵；用上敬下，谓之尊贤。贵贵尊贤，其义一也。"②

至此，孟子剥离了义的亲亲内核，使之外化为"仁"，并把义之尊尊改造为"敬长"，使之成为义观念的全部内容，把传统的"义"改造为儒学的"仁义"，建构了儒学的核心观念。"仁义"成词，是孟子对儒学的一大理论贡献，后世儒学的家国、情理、忠孝和道德观念都与仁义有着内在的关系。如"仁"属家，"义"属国，仁义连着家国；"仁"为情，"义"为理，仁义主导情理；"仁"近孝，"义"近忠，仁义维系忠孝；仁主道，义主德，仁义直通道德。

孟子改造义观念，极有可能是出于与墨学论战的需要。墨子贵"义"，孟子崇"仁义"。从形式上看，孟子把"义"置于"仁"后，使"仁"成为儒学的"第一义谛"；从内容上看，孟子把"仁"归于国君，把"义"赋予臣下，仁、义分属不同的阶层。③仁前义后，仁上义下，崇仁抑义的倾向相当明显。

---

① 李零：《郭店楚简校读记》，第138页。
② 《孟子注疏》，第2742页。
③ 有意思的是，后世统治者死难一般叫"成仁"，民众牺牲称"就义"，大概也始于孟子的区分吧。

3. 俗德与道义——庄子思想中的义

老子指出："大道废,有仁义;智慧出,有大伪;六亲不和,有孝慈;国家昏乱,有忠臣。"① 所谓"六亲不和",实指亲亲之义丧失;"国家昏乱",实指尊尊之义凌迟。这反映出义的招牌化和名义化,有"义之名"而无"义之实"。世俗"义"之声盈耳,但是,"义"也就是一个"名义"而已。而义的盛行,正是"大道废"的恶果,是现实社会中一切动乱与灾患的根源。"要消除动乱与灾患,首先得消解动因,即消解对立。对立物是相互依存、相互统一的,因此,消解其中的一面,也就消解了整体……老子从消极的消解想使历史的车轮倒退,即在历史方面否定发展。"② 正是在历史方面怀疑了发展,《老子·三章》中才提出"不尚贤,使民不争",《老子·十九章》中才提出"绝仁弃义,民复孝慈"的主张,③ 在否定了"尚贤"这个义之"实"的基础上,进而否定了义之"名"。

庄子受到老子的影响,也把义视为处理君臣、贵贱和上下关系的世俗政治准则而加以否定,只是采取的方法有别罢了。《庄子·齐物论》以"有义"为世俗的八德之一;《庄子·人间世》也说:

> 天下有大戒二:其一,命也;其一,义也。子之爱亲,命也,不可解于心;臣之事君,义也,无适而非君也,无所逃于天地之间。是之谓大戒……知其不可奈何而安之若命,德之至

---

① 王弼注,楼宇烈校释《老子道德经注校释》,第43页。
② 侯外庐、赵纪彬、杜国庠:《中国思想通史》第1卷,第259~260页。
③ 需要注意的是,今本《老子》的"绝仁弃义",简本《老子》作"绝伪弃诈"。学者们多认为,这证明老子并无反对仁义的意思。李零认为,道家与儒家在立场上还是不一样的。《老子》把这些儒家奉为准则的概念放在他说的"道德"之下,视为层次较低的概念,认为世风日下,才有人大肆鼓吹,不仅听来虚伪,而且也很矫情,这个态度非常明显(参见李零《郭店楚简校读记》,第19~21页)。本书主要采用李零先生的观点。

也。为人臣子者,固有所不得已。①

庄子基于"不得已"或者说是"不可奈何"的理由,承认了"君臣之义",这至少可以证明,在庄子的思想中,义具有尊尊的精神内核。不过,对于义的这个精神内核,庄子却是先接受下来,然后"再说",其根本目的在于迂回曲折地予以否定。庄子从逍遥、齐物的思想角度出发,巧妙设定了宽窄不同的两道门:其一是"道",具有极大的自在性和超越性;其二是"义",相比而言具有局限性和世俗性。通过"道"与"义"的比较,得出"道"高于"义"、"道"优于"义"的结果,从而把世俗之"义"视为"道"之下的概念。《庄子·秋水》记载了一段寓言:

> 河伯曰:"若物之外,若物之内,恶至而倪贵贱?恶至而倪小大?"北海若曰:"以道观之,物无贵贱;以物观之,自贵而相贱;以俗观之,贵贱不在己……帝王殊禅,三代殊继。差其时,逆其俗者,谓之篡夫;当其时,顺其俗者,谓之义徒。默默乎河伯!女恶知贵贱之门、小大之家!"②

在庄子生活的时代,义仍然是区分等级地位的社会公认准则。庄子却认为,从道的角度来看,万物不存在贵贱之别;从万物自身的角度观察,都自以为贵而彼此相贱;从世俗的角度而言,贵贱却又不是个体所能控制的。贵与贱是因时而异的,并不存在什么恒常不变的准则,如果拘泥于贵贱之别,就是与大道背离。大道时刻变化,没有固定不变的形态,万物也在不断的消亡、生息、充盈与亏虚之中周而复始地变化。明白了这些道理,方能谈论大义,讨论万

---

① 郭庆藩撰,王孝鱼点校《庄子集释》,第155页。
② 郭庆藩撰,王孝鱼点校《庄子集释》,第577~580页。

第五章 百家争鸣中的共鸣

物变化之理,而不为俗世所累。这就在思想上否定了"义"分别贵贱等级的社会功能。他还把儒墨所谓的"圣王"与"暴王"混同起来,泯灭了"篡夫"与"义徒"之间的差别,义所具有的善恶之别、公私之分的政治尺度功能也就随之消解于无形了。基于此,庄子对"义"采取了一种拒斥态度,认为义的问题实可置之不辩,他所推崇的至人、神人和圣人也都不以"义"自诩。如《庄子·齐物论》说:"自我观之,仁义之端,是非之涂,樊然殽乱,吾恶能知其辩。"《庄子·大宗师》强调"䩄万物而不为义",甚至把"躬服仁义"喻为受到"黥刑"。《庄子·应帝王》则把君人者所制定的"经式义度"视为"欺德"。

不过,庄子也认识到,社会的存在是需要有特定准则的,排除了义,自然要确立新的准则。按照《庄子·齐物论》的说法,庄子提出了"和之以天倪"的理想,即以自然的天道来综理社会,调和万物;要求"忘年忘义,振于无竟",即忘掉年岁,忘掉贵贱,任其自在地发展变化,这样才能"寓诸无竟",达到无是无非、享尽"天年"的理想境界。庄子基于一种没有时间和空间概念的不可认识之天道观,把人道之"义"的概念形式与精神内核一起否定了。

大约因为直接否定了人道之"义",庄子之学难以被世俗社会承认和接受。所以,虽然《庄子·在宥》中仍有"义悖于理"、《庄子·马蹄》中仍有"蹩躠为义,而天下始疑矣"的说法,视义为戕害人性的枷锁和社会动乱的根源,但是义的概念形式重新受到某些肯定。《庄子·在宥》云:"远而不可不居者,义也……薄于义而不积。"《庄子·天运》把"义"喻为"先王之蘧庐"。虽然庄子反对"积义",强调"义"只可以"一宿""托宿"而不可久处,但"义"毕竟成为不可或缺的要件。对义概念形式的肯定,是庄子为适应社会思潮不得已而采取的措施。一方面,儒学的"配义与道""集义"以养浩然之气的理论具有重大影响;另一方面,社会层面的尚义观念也可谓空前绝后。否定了"义",就相当于否定了自身学术的合理性基础。

所以，庄子难以绕开"义"，而必须在接受义概念形式的前提下重构"义"内核，从而确立学派自身的"义"。庄子秉持"和以天倪"的思想，以"道"通"义"、以"道"化解"义"，使"义"不再成为人安身立命之根本，而成为不知其所适的混沌概念。

庄子对"义"采取了且破且立的态度，在破除世俗之义的同时又以"道"为"义"，使"道"成为"义"的新内核。《庄子·秋水》云："以道观之……是所以语大义之方，论万物之理也。""道"具有超越性，"义"却是世俗政治的产物。庄子把以"道"为根本立足点、通乎"道"的"义"称为"大义"，反之则是"菑人"的"义"，① 即祸害人的"义"。实际上，已经把"义"从世俗的政治准则改造为论道的工具。《庄子·天地》云："夫道，覆载万物者也，洋洋乎大哉""夫道，渊乎其居也，渊乎其清也""以道观分而君臣之义明。"在这里，原本超然的天道已经下移为"覆载万物"的人道，取代了世俗的一切规则与伦理，完全替代了"义"的功能。这样，"道"实际上被改造为一种治世之术，"道通"则"义明"，"义"成为道"术"施行后的理想成果。这正如《庄子·缮性》所云："道，理也……道无不理，义也。"

如果说其他诸子对义的改造都是在义的框架下进行的话，那么庄子则完全是另外一种情况，他超越了"义"，从更高的层面俯视"义"，形成了对"义"的整体认识。可以说，庄子是旁观者，诸子是局中人。如果"义"真的如同庄子后学所比喻的"蘧庐"，那么庄子没有置身于庐内，而是从"庐外"审视"庐"的。因此，诸子义思想主要体现在现实政治层面，庄子义思想主要体现为超越的哲学思考。

4. 尊贤与隆礼——荀子思想中的义

大约在荀子时代，亲亲、爱人为仁的观念已经十分普遍，因此，义之亲亲内涵归属于仁早成定论，荀子亦置之不论。荀子突出

---

① 郭庆藩撰，王孝鱼点校《庄子集释》，第136页。

了"义"的"分"义,把义所具有的分别贵贱、上下、亲疏、长幼的静态标准改造为一种"能分"的动态功能,使义由宗法社会的等级尺度演变为理想社会的政治制度,实现了礼、义的统一。与孔子的"礼以行义"思想不同,荀子直接以"隆礼"为"义"。由此,荀子将义的尊尊内核一分为二:一是由"贵贤"而"尊贤",使人才选拔不再拘于出身;二是由尊尊而"隆礼",使"礼义"成为理想的王者之制。

在荀子的思想中,贵贤与尊贤是两个不同的概念。所谓贵贤,是指仁者的一种道德素质;尊贤,则是国家政治的制度设计。《荀子·非十二子》云"贵贤,仁也";《荀子·臣道》指出,"仁者必敬人……贤者则贵而敬之,不肖者则畏而敬之;贤者则亲而敬之,不肖者则疏而敬之",把"贵贤""敬人"视为"仁",与孟子把"贵贤""敬长"视为"义"明显不同。究其原因,就在于荀子思想中,不论"贵贤"也好、"敬人"也好,本质上都是人的一种政治素质,属于道德范畴而不是制度范畴。孟子重个体修养,故仁义皆内在;荀子重制度设计,故仁内而义外。荀子并不把希望寄托在个体道德上,因为个体生命的有限性决定了个体道德的不可靠性,只有依靠稳固的制度设计,才能打下长治久安的可靠基础。荀子在《王霸》中指出:

> 故国者,重任也,不以积持之则不立。故国者,世所以新者也,是惮惮,非变也,改王改行也。故一朝之日也,一日之人也,然而厌焉有千岁之固,何也?曰:援夫千岁之信法以持之也,安与夫千岁之信士为之也。[①]

这段话的意思大致就是治理国家的任务很沉重,必须依靠长期

---

① 王先谦撰,沈啸寰、王星贤点校《荀子集解》,第208页。

以来积淀的文明制度。人没有百年的寿命，君臣上下更是频频更新，却仍然有存在千年之久的国家，这主要是因为有"千岁之信法"，即可靠的制度性保障，哪里能依靠长命千岁的"信士"呢？自然，贵贤是君人者的仁德，而不是确保国家长治久安的制度。荀子把贵贤从"义"的精神内核中剥离出来，使以制度性存在"尊贤"成为义观念的新内核。

荀子是性恶论者，《荀子·性恶》云："人之性恶，其善者伪也。"既然是人性，那就不分贵贱，天性皆恶，包含着人性平等的意蕴，此其一。其二，人性既恶，就需要通过学习礼义，加强个人修养。《荀子·劝学》云："学恶乎始？恶乎终？曰：其数则始乎诵经，终乎读礼；其义则始乎为士，终乎为圣人。"也就是说，只有成为圣者、贤者或君子，才能居于上位，统治天下。

在荀子思想中，贵者与贤者存在明显差异，是不同的两个群体。《荀子·非相》明确指出："贱而不肯事贵，不肖而不肯事贤。"可见，贵与贱相对，贤与不肖相对。据笔者统计，在《荀子》一书中，"不肖"一词共出现27次，其中有26次是与"贤"对举。以此为出发点，荀子理想中的天子是圣人而非圣王之后的"贵人"。《荀子·正论》云：

> 圣王之子也，有天下之后也，势籍之所在也，天下之宗室也；然而不材不中，内则百姓疾之，外则诸侯叛之，近者境内不一，遥者诸侯不听，令不行于境内，甚者诸侯侵削之，攻伐之，若是，则虽未亡，吾谓之无天下矣……故天子唯其人。天下者，至重也，非至强莫之能任；至大也，非至辨莫之能分；至众也，非至明莫之能和。此三至者，非圣人莫之能尽。故非圣人莫之能王。[①]

[①] 王先谦撰，沈啸寰、王星贤点校《荀子集解》，第323~325页。

显然，圣王之后、宗室之亲们如果"不材不中"，失去了圣贤必备的素质，就必然失去原有的身位。那些至强、至辩、至明的圣人也绝不是靠出身的尊贵，而是靠自身的贤德才成为圣者的。荀子提倡以是否贤能作为个体或贵或贱的依据，实际上否定了以出身论贵贱的传统宗法观念。《荀子·君子》云："爵当贤则贵，不当贤则贱……先祖当贤，后子孙必显，行虽如桀、纣，列从必尊，此以世举贤也……以世举贤，虽欲无乱，得乎哉！"以爵位与贤德是否相当为衡量贵贱的标准，反对以出身论贵贱的"以世举贤"，把"贵者即为贤者"改造为"贤者方为贵者"，这是荀子义思想的突出特点。实际上，在儒学的传统视野中，贤者一般是有身份性限制的。孟子曰："国君进贤，如不得已，将使卑逾尊，疏逾戚，可不慎与？"[①] 这说明国君选拔贤才还是要讲究尊卑亲疏的，只是在"不得已"的特殊情况之下才有逾越之权变，而且需要非常谨慎地对待。可见，在孟子时代，贤者一般还须具备贵族身份。《荀子·王制》明确指出："贤能不待次而举……虽王公士大夫之子孙也，不能属于礼义，则归之庶人。虽庶人之子孙也，积文学，正身行，能属于礼义，则归之卿相士大夫。"所谓"不待次"，就是不考虑出身和次序因素的意思，使个体身份等级的高低完全取决于自身素质，取决于是否合于礼义的制度性要求，而不再依据出身的尊贵或卑贱。这样，荀子就把义之尊尊改造为制度性的尊贤。

荀子的尊贤与墨子的尚贤很相似，有点不拘一格降人才的意思。只是墨子却"不知壹天下，建国家之权称……不足以容辨异、县君臣"。[②] 他的尚贤无疑会成为一种空想；荀子则是在礼义的框架下提出尊贤主张，这就使他的尊贤具有一定的制度性保障。这也

---

① 《孟子注疏》，第 2679 页。
② 王先谦撰，沈啸寰、王星贤点校《荀子集解》，第 92 页。

283

是荀子与墨子义思想的不同之处。

由"世贤"到"贤人不待次而举",意味着原有尊尊的等级关系遭到破坏,人们不免要为非作歹,社会有陷入混乱状态的危险,这就需要确立新的秩序。问题在于,用什么手段才能既达到目的又能为人们所接受呢?荀子针对性地提出隆礼的政治主张,以"隆礼"为"义"。"隆礼"仍然是荀子对尊尊的改造,实质上是把"尊尊"变化为"尊制","尊制"换个说法就是"隆礼",使义由对宗法贵族的身份尊崇转变为对礼义法度的制度膜拜。这标志着荀子把义完全外化和制度化了。《荀子·王霸》云:"故用国者,义立而王。"《荀子·强国》云:"人君者,隆礼尊贤而王。"《荀子·天论》和《荀子·大略》亦云:"君人者,隆礼尊贤而王。"因此,荀子所谓的"义",不就是"隆礼尊贤"的不同表述吗?《礼记·礼运》指出:"礼也者,义之实也。"从根源上讲,"礼"本来就是"义"的制度化形式。荀子对礼极为重视,侯外庐认为:"荀子扩大了礼的范围,在他看来,礼不但包括法的因素,甚至包举天地日月等自然现象,礼成为社会和自然的共同准则。"[①] 既然荀子所言的礼是有所发展的,那么"义立"就是要确立荀子自己理想中的、新的礼义制度,亦即所谓的"王制"。

在《荀子》一书中,礼、义经常合用,形成"礼义"一词;同时,礼、义各自独用的情况也屡见不鲜。传统认识中,一般把"礼""义"一股脑地释为"礼义"。不能否认,荀子所言的"礼""义""礼义"三者的确存在通用情况。如《荀子·礼论》云:"礼起于何也……先王恶其乱也,故制礼义以分之。"此处"礼"与"礼义"义同。《荀子·强国》云:"然则凡为天下之要,义为本而信次之……故为人上者必将慎礼义、务忠信然后可。"此处

[①] 侯外庐、赵纪彬、杜国庠:《中国思想通史》第1卷,第575页。

第五章 百家争鸣中的共鸣

"义"与"礼义"义同。问题在于,如果三者之间没有任何区别,那么荀子为何不干脆"定于一"呢?可见,"礼义"与"礼""义"之间还是存在区别的。据笔者统计,《荀子》一书中,"礼义"一词出现110次,"礼"单独出现229次,"义"单独出现195次。对三者进行综合考察,发现"礼"与"义"多指个体层面的修身依据和行事准则;"礼义"则无一例外,均指国家层面的制度。《荀子·王霸》指出:

> 挈国以呼礼义而无以害之……诚义乎志意,加义乎法则度量,着之以政事,案申重之以贵贱杀生,使袭然终始犹一也,如是,则夫名声之部发于天地之间也,岂不如日月雷霆然矣哉!故曰:以国齐义,一日而白,汤、武是也……天下为一,诸侯为臣,通达之属莫不从服,无它故焉,以济义矣。是所谓义立而王也。[1]

荀子所谓"义立而王"中的"义",绝不是什么抽象准则,"义立"就是指"礼义"制度的确立。一旦制度建设好了,不论国君怎样变化,制度总能发挥稳定作用,"隆礼至法则国有常"。[2] 这就为国家的长治久安提供了可靠保障。在荀子看来,"礼义"是先王之道,周天子世代变换,"礼义"之制却能保证周王朝的长久延续。因此,所谓"礼义",就是以"礼"为"义",就是拿制度当准则,把制度准则化,把制度文化精神化,开启了后世儒学所谓的外王之道,重视制度建设也由此成为荀子义思想的重要成就。

荀子与孟子走的是两条不同的路径,孟子的内圣之道重视个体

---

[1] 王先谦撰,沈啸寰、王星贤点校《荀子集解》,第202~204页。
[2] 王先谦撰,沈啸寰、王星贤点校《荀子集解》,第238页。

修养，特别是重视道德的功能；荀子的外王之道则重视制度建设，他的理想是以圣人行礼法，圣人是礼法施行的人才保障，礼法是圣人行政的制度依据，二者相辅相成，缺一不可。章太炎曾指出："若以政治规模立论，荀子较孟子为高。荀子明施政之术，孟子仅言五亩之宅树之以桑，使民养生送死无憾而已……以其不知大体，仅有农家之术尔。"[①]

5. 公法与尊君——韩非子思想中的义

在传统的认识中，韩非是法家的代表人物，他质疑、否定儒家学说，认为其根本不可能存在义思想。如罗世烈指出，法家强调利并蔑视义，宣扬损人利己、弱肉强食，急功近利而不择手段，公开主张唯利是图，鄙弃一切公义。[②] 朱贻庭指出，韩非认为要人们"贵仁""能义"是不可能的，他所说的仁义是臣慑于君的威严而不得已的一种被迫行为，体现了极端的君主专制主义的要求。[③] 朱海林认为，韩非鄙视义、抛弃义，总体表现为弃义重利。[④] 许青春认为，法家贵法不贵义，根本否定道德的社会作用，以法为社会生活的最高准则。[⑤] 魏勇指出，儒家和墨家崇高义来源、光大义其功用的理论自始至终受到来自道家和法家的否定和质疑。[⑥] 专家们多把韩非的思想定位于崇法而弃义，似乎韩非很极端，与诸子相比显得很不合群。这种认识其实来源已久。司马迁就觉得韩非太严酷苛责，他在《史记·老子韩非列传》中称其"极惨礉少恩"；

---

① 章太炎：《国学讲演录·诸子略说》，华东师范大学出版社，1995，第177~178页。
② 罗世烈：《先秦诸子的义利观》，《四川大学学报》（哲学社会科学版）1988年第1期。
③ 朱贻庭：《中国传统伦理思想史》，华东师范大学出版社，1989，第190~192页。
④ 朱海林：《略论先秦诸子义利观》，《船山学刊》2005年第1期。
⑤ 许青春：《法家义利观探微》，《中南大学学报》（社会科学版）2006年第6期。
⑥ 魏勇：《先秦义思想研究》，第92页。

第五章　百家争鸣中的共鸣

清人王先谦也认为,"其情迫,其言核,不与战国文学诸子等"。① 那么,韩非之学是否真的就是子学中的另类?难道他只对法情有独钟,而自觉剔除了义这个由来已久、具有普遍认同性的思想观念吗?

在《韩非子》一书(55篇)中,有29篇关涉义;在使用的观念词中,义字凡136见,次于法(447见)、道(358见)和信(150见),在使用频率上居于第四位。认定韩非抛弃了义,似乎也缺乏说服力。实际上,义在韩非思想中有着举足轻重的地位,他有目的地对义的亲亲尊尊内核和世俗的仁义观进行了改造:他剔除了亲亲之恩,斥之为私义;强化了尊尊之法,奉之为公义。

在社会普遍尚义、重义的背景下,韩非以法为义的新内核。《韩非子·有度》集中论述了君主奉法而国治、轻法而国乱的思想,如"国无常强,无常弱。奉法者强则国强,奉法者弱则国弱";"能去私曲就公法者,民安而国治;能去私行行公法者,则兵强而敌弱";"古者世治之民,奉公法,废私术,专意一行,具以待任"。《韩非子·饰邪》指出:"明主之道,必明于公私之分,明法制,去私恩。夫令必行,禁必止,人主之公义也;必行其私,信于朋友,不可为赏劝,不可为罚沮,人臣之私义也。"法制与私恩对立,实际上就是公义与私义的对立、公法与私曲的对立。法制、公义与公法名异而实同,《韩非子·说疑》云"思小利而忘法义",直接将"法""义"合称。

韩非把义传统的"分"内涵由别"贵贱"发展为别"公私",认为人臣有公、私两种不同的义。《韩非子·饰邪》云:"人臣有私心,有公义。修身洁白而行公行正,居官无私,人臣之公义也;污行从欲,安身利家,人臣之私心也。"作为国君,必须导之以利、制之以法,迫使人臣去私义,行公义,这样才能保证君臣关系

---

① 王先慎撰,钟哲点校《韩非子集解》,第2页。

的稳固。韩非认识到,"人主释法用私,则上下不别矣"。由此,他开始以公法之义建构自己理想中的治道。

韩非之所以反对私义,是因为当时社会的确存在私义盛行的弊端。在公法与私义的较量中,公法往往不敌私义,造成国家层面政治秩序的混乱。韩非所云的"儒以文乱法,侠以武犯禁"① 就主要反映了他对私义盛行的不满。因此,私义作为宗法亲亲内核的变体,不仅使国君的权威受到极大挑战,而且对中央集权的政治制度构成严重危害。韩非出于救时之弊的需要,痛斥人臣行私义,力倡国君树威权,贬亲亲之义而崇尊尊之法,形成了对义精神内核的不同取舍。

出于树立君主威权的需要,韩非特别强调下对上、子对父、贱对贵的单向义务,《韩非子·解老》篇云:"臣事君宜,下怀上宜,子事父宜,贱敬贵宜,知交友朋之相助也宜,亲者内而疏者外宜。"他认为君臣上下、亲疏贵贱的关系不能颠倒:"倒义,则事之所以败也。"② 这也是韩非对传统义内涵的一种改造。在春秋君臣关系当中,义更多地对国君行为形成了规定。国君必须"以义制事",在义的准则下维系双向的君臣关系。韩非则改君明臣忠、君义臣行的双向义务为臣子对君主单方面的无条件服从,这是对义传统尊尊内涵的强化,有利于维护封建专制统治的等级秩序。《韩非子·外储说左下》中讲述了一个孔子啖桃的故事:

> 孔子侍坐于鲁哀公,哀公赐之桃与黍。哀公曰:"请用。"仲尼先饭黍而后啖桃,左右皆掩口而笑。哀公曰:"黍者,非饭之也,以雪桃也。"仲尼对曰:"丘知之矣。夫黍者,五谷之长也,祭先王为上盛。果蓏有六,而桃为下,祭先王不得入

---

① 王先慎撰,钟哲点校《韩非子集解》,第449页。
② 王先慎撰,钟哲点校《韩非子集解》,第382页。

庙。丘之闻也，君子以贱雪贵，不闻以贵雪贱。今以五谷之长雪果蓏之下，是从上雪下也。丘以为妨义，故不敢以先于宗庙之盛也。"①

韩非借孔子之口，表达了贱不逾贵的等级观念。为了增加这种观念的可信度，他在同一文中又举出了"赵简子谓左右"和"齐宣王问匡倩"两个例子加以佐证，强化对"妨义""害义"等"非分"之举的批判。

韩非也把"仁义"称为"义"，如《韩非子·主道》云"臣得行义曰壅"；《韩非子·诡使》云"今有私行义者尊"；《韩非子·六反》云："今上下之接，无子父之泽，而欲以行义禁下，则交必有郄矣"；《韩非子·八经》云"行义示则主威分"。在以上语境中，"义"暗指"仁义"。而在《韩非子》的有些篇章中，"义"与"仁义"明显通用。如在《韩非子·外储说左上》中，对于宋襄公和右司马所言的"义"，韩非则称之为"仁义"；在《韩非子·外储说左下》中，纣王所言的西伯昌时而被称为"义主"，云其"修义而人向之"，时而又云其"好仁义"。需要指出的是，韩非把义等同于仁义，是有一定条件限定的，并不具备一般性。只有在把"行义"视为国君"尊主安国"的政治手段的情况下，"仁义"与"义"才具有内在的一致性。"仁义"类似于孟子的"仁政"，有亲亲之义的本底。行"义"或行"仁义"强调"德治"，与韩非的法治思想相左，自然遭到他的贬斥。不过，世俗仁义观念的影响还是很大的，在难以否定仁义概念的情况下，韩非采取了先认同后改造的方法，重构仁义内涵。这就导致韩非语境中并存着两种不同的仁义：一种是世俗游说者所谓的仁义；另一种是经过他本人改造的仁义。二者"名"同而"实"异，韩非对待它们的态度

---

① 王先慎撰，钟哲点校《韩非子集解》，第299页。

也判若霄壤。

对于第一种仁义，专家们往往将其定性为儒墨之仁义，如童书业指出，韩非或韩非学派所反对的仁义只是儒墨的仁义，也就是从领主封建制到地主封建制的过渡时期的伦理。① 彭新武认为，法家重新诠解了儒家道德意义上的"仁义"。② 实际上，韩非所反对的并不一定是儒墨的仁义，不能一看到仁义就把其当成儒墨的标签。《韩非子·奸劫弑臣》明确指出：

> 世之学术者说人主，不曰"乘威严之势以困奸邪之臣"，而皆曰"仁义惠爱而已矣"。世主美仁义之名而不察其实，是以大者国亡身死，小者地削主卑。何以明之？夫施与贫困者，此世之所谓仁义；哀怜百姓，不忍诛罚者，此世之所谓惠爱也。③

透过"世之学术者""皆曰"等字眼，可见当时重视"仁义"者众多，透露出韩非时代普遍重视"仁义"的社会思潮。"世之学术者"都是些什么人并无确指，他们的师承来源应该比较复杂，其中当有儒墨之徒。"世主美仁义之名而不察其实"所否定的，并不一定就是孔孟或墨子的学说。把仁义当成韩非那个时代形形色色"学术者"游说的工具，也许更为恰当。

因此，韩非极力反对世俗所谓的仁义，批评其仅具有自我粉饰作用，不具备现实的政治功能。在《韩非子·五蠹》中，韩非对仁义步步紧逼，先是认为"仁义用于古而不用于今"，紧接着又把仁义视为"乱政之本""乱国之俗""亡国之征"，必将导致君主

---

① 童书业：《先秦七子思想研究》，第214页。
② 彭新武：《论先秦法家的道德观》，《北京行政学院学报》2013年第1期。
③ 王先慎撰，钟哲点校《韩非子集解》，第104页。

第五章 百家争鸣中的共鸣

失位、国家危亡的结局:"故举先王言仁义者盈廷,而政不免于乱";"是故乱国之俗,其学者则称先王之道,以籍仁义,盛容服而饰辩说,以疑当世之法而贰人主之心"。除此之外,韩非多次提及仁义亡国之论,把仁义视为无益于治道的戏说,如《韩非子·亡征》云"务以仁义自饰者,可亡也";《韩非子·说疑》云"卑主危国者之必以仁义智能也";《韩非子·外储说左上》云"道先王仁义而不能正国者,此亦可以戏而不可以为治也"。

韩非否定世俗所谓的仁义,目的是树立自己的法治观念。《韩非子·说疑》提出:"故有道之主,远仁义,去智能,服之以法。"《韩非子·八说》云:"明其法禁,察其谋计。法明则内无变乱之患,计得则外无死虏之祸。故存国者,非仁义也。"《韩非子·五蠹》云:"言先王之仁义,无益于治,明吾法度,必吾赏罚者亦国之脂泽粉黛也。故明主急其助而缓其颂,故不道仁义。"不过,仁义观念有着广泛的社会认同感,是时代的流行观念,很有市场。韩非意识到,如果在自身的理论体系中排除仁义,则很难得到社会的认同。因此,他有意识地改变了前期法家把仁义视为"六虱"之一的偏激态度,对仁义内涵进行了改造和重构,使之也能够为自己的学说服务。

世俗所谓的仁义是君主的政治准则,本源于亲亲之义;韩非却把仁义改造为臣子的一种政治素质,使仁义成为臣子对君主的一种绝对义务,被归入尊尊序列之中。这就是《韩非子》书中的第二种"仁义"。《韩非子·难一》集中论述了臣子"仁义"与"非仁义"的差别:"夫仁义者,忧天下之害,趋一国之患,不避卑辱,谓之仁义",把仁义归结成臣子为天下兴利除害的使命和不避卑辱的责任;"仁义者,不失人臣之礼,不败君臣之位者也",把仁义视为臣子对国君的一种单向义务,要求臣子自觉遵守君臣之间的名分,不丧失作为臣子应尽的义务和礼节。相反,如果缺乏使命感与责任感,不顺从君主的意志,就是不仁义的表现,即"忘民不可谓仁义","在民萌之众,而逆君上之欲,故不可谓仁义"。《韩非子·有度》指出:"离俗隐居,而以非上,臣不谓义。"可见,隐居避世也被视为臣子不义的表现。至此,经过韩非的改造,世俗的仁义具有了新内涵,成为考察臣子是否忠诚的政治标尺。也正是基于这种改造,他提出明主要"厉廉耻,招仁义"①,并因为舜为人子而放其父、为人兄而杀其弟、为人臣而代其君而把舜的行为称为"乱世绝嗣"之道,否定了舜的仁义形象:"瞽瞍为舜父而舜放之,象为舜弟而杀之。放父杀弟,不可谓仁;妻帝二女而取天下,不可谓义。仁义无有,不可谓明。"② 对臣子而言,尽力守法,方为仁义;专心事主,才是忠臣。

韩非既然把仁义改造为臣子的政治素质,其他类型的仁义自然在摒弃之列。他以极端功利主义的心理,把君臣关系视为一种纯粹的利益关系,对于这种利益关系,必须"审于法禁""必于赏罚",③ 而不能依靠"仁义惠爱"。《韩非子·八经》云"行义示则主威分,慈仁听则法制毁",认为国君如果以仁义为治道,必然会导致威权丧失、法制毁坏的结果。对于臣子行仁义以收买人心的行为,韩非更是持激烈的反对态度:"臣得行义曰壅……臣得行义,则主失明。"④《韩非子·外储说左下》甚至把商的灭亡归咎于纣王放纵西伯昌行仁义;在《韩非子·外储说右上》中,韩非又举了子路行仁义而孔子责之以"侵"的例子,目的均在于说明臣子行仁义有逾越礼法的危险,必须严格禁止。

由上可见,诸子不约而同地对义的精神内核实行了改造和发展,争相发表对义内核的不同的认识,形成了各具特色、各不相同的新观点。其主观目的自然是要确立各自理想中的"义",不

---

① 王先慎撰,钟哲点校《韩非子集解》,第206页。
② 王先慎撰,钟哲点校《韩非子集解》,第467页。
③ 王先慎撰,钟哲点校《韩非子集解》,第417页。
④ 王先慎撰,钟哲点校《韩非子集解》,第29页。

过这在客观上也形成了诸子义思想的分野。而相同的文化基础和相异的文化背景又形成了思想的"丛林",使义思想不断趋于丰富。整体而言,"义"构成了诸子共同的问题意识、共同的关注中心和共同的改造对象。就在这样的情况下,诸子之间形成了既相互借鉴又相互批评、既相互联系又相互区别的复杂关系。如墨子反对"别",荀子则提倡"别";孟子倡仁政,重道德,试图以君主道德力量为基础,推恩天下,进而塑造理想社会,韩非则倡公义,重法治,试图以整体规则为基础,纲纪天下,进而塑造理想社会;荀子主张"士以上则必以礼乐节之,众庶百姓则必以法数制之",① 以礼治君子,以法治小人,社会要一之于礼法,韩非则主张"法不阿贵,绳不挠曲",② 应不分贵贱,均之以法;庄子认为义概念已经是衰世的产物,主张超越义而返道德、归自然,荀子则认为"义立而王",批评庄子"蔽于天而不知人"。③如此等等,纷繁交错;你中有我,我中有你;异中有同,同中有异。看似"剪不断,理还乱",实则可整体视为大同中之小异。

(二)诸子对义来源的不同认知

诸子既然对"义"的观念内核做出了不同改造,那么为了证明自身理论的合理性,构筑自身思想学说的正当性基础,就必须要解决"义"从哪里来的问题。"义"从何来这个问题看似无足轻重,实际上极为重要。诸子对此高度重视,他们结合自己确立的"义",提出了各不相同的义来源论。

1. 墨子:义出于天

墨子认为义出于"天",实际上是对殷周时期义来源论的复

---

① 王先谦撰,沈啸寰、王星贤点校《荀子集解》,第176页。
② 王先慎撰,钟哲点校《韩非子集解》,第38页。
③ 王先谦撰,沈啸寰、王星贤点校《荀子集解》,第393页。

归，无疑具有宗教性质。"天"亦称"天鬼"。《墨子·明鬼下》说："古之今之为鬼，非他也，有天鬼，亦有山水鬼神者，亦有人死而为鬼者。"在这众多的鬼神中，"天鬼"具有"不辩贫富贵贱、远迩亲疏，贤者举而尚之，不肖者抑而废之"① 的特殊能力，与殷周时期的天帝基本相同。《尚书·高宗肜日》载："惟天监下民，典厥义。"彼时，义出自天帝，具有无与伦比的神圣性。不过，春秋时期兴起的无神论思潮已对鬼神论形成了强大冲击，如季梁曾以"重民轻神"为民神之义，孔子也对鬼神采取了敬而远之的态度，逮至战国，社会上对鬼神持怀疑态度者自当更多。在《墨子·公孟》中，数见人们对墨子明鬼论的质疑与问难，其中既有墨子的弟子，也有儒者和身份不明的游士。墨子《明鬼》三篇也许就是在这种情况下写成的。墨子在《明鬼下》中旁征博引，对各种"执无鬼者"进行了集中反驳，并抛出了古代圣王皆以鬼神为务的观点：

> 古者圣王必以鬼神为，其务鬼神厚矣。又恐后世子孙不能知也，故书之竹帛，传遗后世子孙。咸恐其腐蠹绝灭，后世子孙不得而记，故琢之盘盂，镂之金石，以重之。有恐后世子孙不能敬莙以取羊，故先王之书，圣人一尺之帛，一篇之书，语数鬼神之有也，重有重之。此其故何？则圣王务之。②

圣人君子要为天下兴利除害，就必须尊天明鬼，因为墨子把这种做法称为"圣王之道"。墨子在《公孟》中进而指出，如果像桀、纣一样，"皆以鬼神为不神明，不能为祸福，执无祥不祥，是以政乱而国危也"。把政乱国危的原因归结于统治者对鬼神的态

---

① 孙诒让撰，孙启治点校《墨子间诂》，第60页。
② 孙诒让撰，孙启治点校《墨子间诂》，第237~238页。

第五章 百家争鸣中的共鸣

度，显然有点归因不当，夸大了鬼神在政治统治中的功能。不过，墨子之所以如此强调鬼神的作用，并非因为他很迷信，其根本目的在于为他的义来源论提供支撑点。墨子在《天志中》中说：

> 今天下之君子之欲为仁义者，则不可不察义之所从出。既曰不可以不察义之所从出，然则义何从出？子墨子曰：义不从愚且贱者出，必自贵且知者出。何以知义之不从愚且贱者出，必自贵且知者出也？曰：义者，善政也。何以知义之为善政也？曰：天下有义则治，无义则乱，是以知义之为善政也。夫愚且贱者，不得为政乎贵且知者，然后得为政乎愚且贱者，此吾所以知义之不从愚且贱者出，而必自贵且知者出也。然则孰为贵？孰为知？曰：天为贵、天为知而已矣。然则义果自天出矣。①

问题就在于，虽然设定了义自天出，但是如果鬼神不存在，那墨子的理论岂不就失去基础了吗？所以，墨子要想立自己的"义"必须明鬼，为自身的思想逻辑找到支撑点。不然，兼爱、尚贤之义也许会被认为是墨子的一己私见，就会因缺乏说服力而难以确立。在明鬼的基础上，墨子把义归于天的意志，《天志上》云：

> 天欲义而恶不义。然则率天下之百姓以从事于义，则我乃为天之所欲也。我为天之所欲，天亦为我所欲。然则我何欲何恶？我欲福禄而恶祸祟。若我不为天之所欲，而为天之所不欲，然则我率天下之百姓以从事于祸祟中也。然则何以知天之欲义而恶不义？曰：天下有义则生，无义则死；有义则富，无义则贫；有义则治，无义则乱。然则天欲其生而恶其死，欲其

---

① 孙诒让撰，孙启治点校《墨子间诂》，第 197~198 页。

富而恶其贫，欲其治而恶其乱。此我所以知天欲义而恶不义也。①

义既然是天的意志，那就不仅是神圣而不可怀疑的，而且自然成为一种公意了。墨子认为，义与不义决定着生与死、贫与富、治与乱。《墨子·天志上》云："顺天意者，义政也。反天意者，力政也。"所谓的"义政"，就是"处大国不攻小国，处大家不篡小家，强者不劫弱，贵者不傲贱，多诈者不欺愚"。② 这正是兼爱的核心思想；"力政"则与此相反。三代圣王顺天意，行义政，故得天赏；三代暴王逆天意，行力政，故受天罚。这样，要想在人间做圣王，就必须顺从天的意志，兼相爱以兴天下之利、除天下之害，进而达到天下太平。虽然兼爱之义的着眼点是天下，但却体现了墨子的道德理想，其实质乃是要从不同社会主体的道德自律出发，我为人人，人人为我。在自律与他律之间，墨子首选前者。

尚贤之义主要体现了墨子的政治理想。在他看来，天下之所以大乱，主要原因在于各级政治架构中缺乏贤者所担任的"正长"，不能"一同天下之义"，导致人们都认为自己的"义"正确、别人的义不正确，从而交相非议。他在《尚同中》中说：

明乎民之无正长以一同天下之义，而天下乱也，是故选择天下贤良圣知辩慧之人，立以为天子，使从事乎一同天下之义。天子既以立矣，以为唯其耳目之请，不能独一同天下之义，是故选择天下赞阅贤良圣知辩慧之人置以为三公，与从事乎一同天下之义。天子三公既已立矣，以为天下博大，山林远土之民不可得而一也，是故靡分天下，设以为万诸侯国君，使

---

① 孙诒让撰，孙启治点校《墨子间诂》，第193页。
② 孙诒让撰，孙启治点校《墨子间诂》，第196页。

从事乎一同其国之义。国君既已立矣，又以为唯其耳目之请，不能一同其国之义，是故择其国之贤者，置以为左右将军大夫，以远至乎乡里之长，与从事乎一同其国之义。①

可见，墨子崇尚贤人政治，设想自上而下的各种官职都由贤者担任。一切从社会世俗出发，思想基础总还显得不够扎实，还需要找到一个形而上的神圣依据，才能为贤人政治提供无可置疑的正当性。墨子对此心知肚明，《墨子·尚贤下》指出："天下既已治，天子又总天下之义，以尚同于天。"至此，墨子完成了自己的逻辑自洽：天下大乱是因为民无"正长"，民无"正长"则不能一同天下之义，不能一同天下之义则兼爱、尚贤不行；欲使天下大治，就需要选"贤可者"立为天子，天子一同天下之义，以兼爱为根本，兴天下之利，除天下之害，并以贤者为主体，建构天子以下的各级政治组织。天子既要纲纪天下，又要"尚同于天"，这才算大功告成。

当然，兼爱必须"非攻"，尚贤亦须"尚同"，只是"非攻"与"尚同"同属墨子之义的引申，故不详述。可见，墨子的义代表了他朴素的道德与政治理想，而其"义出自天"的义来源论的根本立足点是传统的宗教。

2. 孟子：义出于心

郭店楚简《五行》云："义型（形）于内胃（谓）之德之行，不型（形）于内胃（谓）之行。"② 这似乎认为"义"原本应该是外在的行为尺度，只有"形于内"之后才转化为"德之行"。《公羊传·桓公二年》载："孔父正色而立于朝，则人莫敢过而致难于

---

① 孙诒让撰，孙启治点校《墨子间诂》，第78~79页。
② 荆门市博物馆编《郭店楚墓竹简》，第192页。

在观念与思想之间

其君者,孔父可谓义形于色矣。"① 所谓"义形于色",就是说内在之义可以形之于外,表现在神情气质上,似含有义为内心之德的意思。孟子则直接"道性善",明言义出于本心,是人的善端之一。他在《公孙丑上》中指出:

> 人皆有不忍人之心。先王有不忍人之心,斯有不忍人之政矣。以不忍人之心,行不忍人之政,治天下可运之掌上……无恻隐之心,非人也;无羞恶之心,非人也……恻隐之心,仁之端也;羞恶之心,义之端也……人之有是四端也,犹其有四体也……凡有四端于我者,知皆扩而充之矣,若火之始然,泉之始达。苟能充之,足以保四海;苟不充之,不足以事父母。②

正义曰:"凡人所以有四端在于我己者,能皆廓而充大之,是若火之初燃,泉之始达,而终极乎燎原之炽,襄陵之荡也。苟能充大之,虽四海之大,亦足以保安也。苟不能充大之,虽己之父母,亦不足以奉事之。"③ 孟子先验地设定了人都有不忍加害于人之心,并以此为基点,把原本属于外在规范的"义"内化为人之四端之一。"端"是"头"的意思,"义之端"仅能说明"义"是人的天性,这种天性相当于一种初始性的萌芽,或相当于一星一点之火种,如果不注意保护培养,也会轻易丧失。孟子在《告子上》中打了一个"牛山之木"的比方:

> 牛山之木尝美矣,以其郊于大国也,斧斤伐之,可以为美乎?是其日夜之所息,雨露之所润,非无萌蘖之生焉,牛羊又

---

① 《春秋公羊传注疏》,第 2213 页。
② 《孟子注疏》,第 2690~2691 页。
③ 《孟子注疏》,第 2691 页。

第五章　百家争鸣中的共鸣

从而牧之，是以若彼濯濯也。人见其濯濯也，以为未尝有材焉，此岂山之性也哉？虽存乎人者，岂无仁义之心哉？其所以放其良心者，亦犹斧斤之于木也，旦旦而伐之，可以为美乎？①

牛山的树木曾经是很繁茂的，可它生长在都市的近郊，总有人去砍伐它，牛羊又去啃食它，终致不能保持原先的繁茂而成为濯濯童山。孟子此喻在于证明义确为人的自性之一，但不能任意糟蹋它，需要保护它、培养它。孟子还在该篇中指出，"人之有是四端也，犹其有四体也"，把"四端"喻为人之四体，是人天生就有的东西。不过，"义"之善端尽管属于人性，但是人性之于"义之端"的意义仅在于"发生"，不具备进一步"生发"的主动性功能；抑或说，人性只是提供了一个"义"的火种，而"义"的火种不是长明灯，如果缺乏内在力量的支撑，那就必然火灭而义失。这和四体的活动不取决于四体自身而取决于内心支配是同样道理。

怎样才能保持和扩充人性中的"义之端"呢？孟子特别强调了"心之官则思"，②赋予人心"能思"的功能，这就把人心视为人具有"主动"功能的部分，把人心之外的其他统统归于"从动"部分。这种观点的实质就在于把人心和人性区别开来，赋予人心以更重要的主动性地位。故孟子多次强调"存心""养心""求其放心""尽心"，并以此作为维护义和扩充义的根本。《孟子·离娄下》云："君子所以异于人者，以其存心也。"《孟子·告子上》云："羞恶之心，义也……求则得之，舍则失之"，"故苟得其养，无物不长；苟失其养，无物不消"。《孟子·告子下》云："故天将降大任于是人也，必先苦其心志，劳其筋骨，饿其体肤，空乏其

---

① 《孟子注疏》，第 2751 页。
② 《孟子注疏》，第 2753 页。

身，行拂乱其所为，所以动心忍性，曾益其所不能。"《孟子·尽心上》云："尽其心者，知其性也。"

义的种子能不能得以保持、得以扩充，主要不取决于人性，而取决于人能不能发挥自己的主观能动性。所以，孟子所言的"万物皆备于我"①并非如章太炎所认识的那样，"孟子觉一切万物，皆由我出。如一转而入佛法，即三界皆由心造之说"，②而是要在"知其性"的基础上"存其心，养其性"。③《孟子·尽心上》云："求则得之，舍则失之，是求有益于得也，求在我者也。"这种"求"就可以获得、"舍"就会失去的东西是什么呢？孟子认为是自己善的本心，求得了善的本心，也就相当于"求义得义"了。

求义的方法是"学问"，《孟子·离娄下》云："义，人路也。舍其路而弗由，放其心而不知求，哀哉……学问之道无他，求其放心而已矣。"通过"学问"之道"求其放心"，即通过学习加强自身修养，找回失落的善良本心，使义由自在之人性转化为自觉之心性，成为人心灵的主宰。

总体而言，孟子认为"性"并不是个体永恒不变的标记，是可以变迁的。仁、义、礼、智等善性是保持、扩充还是趋于丧失，决定因素是个体的"心"态，即本人的主观选择是"求"还是"舍"。"求"之就是"存心""养心"，"舍"之就是"放心"，而扩充善端、推恩四海就是"尽心"。

在孟子看来，义是人性，对义起决定作用的不是人性而是人心，实际上是认同义出于心。孟子的思想逻辑非常清晰：心生仁义，仁义就是爱心和敬心，爱心与敬心通过"学问之道"产生集聚，沉淀为一种心理素质，个体就有了浩然之气，个体有了浩然之

---

① 《孟子注疏》，第 2764 页。
② 章太炎：《国学讲演录·诸子略说》，第 175 页。
③ 《孟子注疏》，第 2764 页。

气，就可以成为君子，人人都成为君子，则天下大治。因此，孟子主张的是自个体而社会的德治路径，一切都由心决定，重视内在的道德力量。他执此一端，无限放大个体修养的作用，越走越远，终于发展为内圣之学。孟子既然要从个体自觉的角度重构理想的天下大道，自然对制度性约束持轻视态度："国家闲暇，及是时，明其政刑。"① 把制度性的"政刑"视为国家闲暇时才做的事。这对中国政治文化影响深远，使中国后世在制度选择上总是以思想教育为主，而把制度建设放在次要位置。忽视外在制度约束和保障也成为孟子义思想的最大偏执，后世注重道德作用而不注重制度建设，孟子当为始作俑者。

3. 庄子：义出于先王

庄学与老学尽管存在诸多差异，但是，庄子的义来源论本于老子却是不争的事实。老子曾从道的高度、无为的视角考察道、德、仁、义、礼的关系，得出"失道而后德，失德而后仁，失仁而后义，失义而后礼"②的结论；庄子在《知北游》中几乎原封不动地援引了老子这段话，认同义是道、德、仁丧失之后的产物。老子是从社会政治之道的角度讲这段话的，并没有刻意说明义出自何处。对于义从何而来的问题，《庄子》各篇说法不一，并没有统一的认识。《庄子·大宗师》中有这样一则寓言：

> 意而子见许由。许由曰："尧何以资汝？"意而子曰："尧谓我：'汝必躬服仁义而明言是非。'"许由曰："而奚来为轵？夫尧既已黥汝以仁义，而劓汝以是非矣，汝将何以游夫遥荡恣睢转徙之途乎？"③

---

① 《孟子注疏》，第 2689 页。
② 王弼注，楼宇烈校释《老子道德经注校释》，中华书局，2008，第 93 页。
③ 郭庆藩撰，王孝鱼点校《庄子集释》，第 278~279 页。

尧让意而子"躬服仁义",似乎表明义出于尧。《庄子》外篇有四次提及义之来源的问题,结论也显得较为随意。如《庄子·骈拇》云"自虞氏招仁义以挠天下也,天下莫不奔命于仁义",有义出于舜帝的意思;《庄子·马蹄》云"夫赫胥氏之时,民居不知所为,行不知所之,含哺而熙,鼓腹而游,民能以此矣。及至圣人……县企仁义以慰天下之心",指出义出于圣人,而圣人究竟是何人,并无确指;《庄子·在宥》云"昔者黄帝始以仁义撄人之心",明言义出于黄帝;《庄子·天运》云"仁义,先王之蘧庐也……古之至人,假道于仁,托宿于义",又把义之来源归于"古之至人"了。《庄子》一书多用寓言说理,故不必拘泥于细节,义之来源说法不一亦属正常,不必大惊小怪。不过,尽管说法不同,但有一个共同点,即无论是尧、舜、黄帝还是圣人、至人,都被庄子称为"先王"。因此,笼统地说,义出于"先王"可视为对庄子义来源论的合理概括。

不过,庄子的先王观是与儒墨不同的,儒墨都视先王为真先王,是他们所取法的对象,是他们建构自身学说的合法性依据。庄子则以先王为戏谑的对象,甚至把先王与暴王混同起来。《庄子·秋水》说:"尧、舜让而帝,之、哙让而绝;汤、武争而王,白公争而灭。由此观之,争让之礼,尧、桀之行,贵贱有时,未可以为常也。"圣王与暴王的不同,贵与贱的差异,都只不过是逢时与不逢时的结果,如果移其时间与习俗,尧便为桀,桀便为尧。

庄子亦视社会历史发展为一代不如一代的倒退,他在外篇《缮性》中论述了这个观点:

> 古之人,在混芒之中,与一世而得澹漠焉。当是时也,阴阳和静,鬼神不扰,四时得节,万物不伤,群生不夭,人虽有知,无所用之,此之谓至一。当是时也,莫之为而常自然。逮

第五章 百家争鸣中的共鸣

德下衰，及燧人伏羲始为天下，是故顺而不一。德又下衰，及神农黄帝始为天下，是故安而不顺。德又下衰，及唐虞始为天下……文灭质，博溺心，然后民始惑乱，无以反其性情而复其初。由是观之，世丧道矣，道丧世矣。①

庄子理想中的治世是"古之人"所处的混沌蒙昧时代，这个时代的古帝没有名号，都深得恬淡寂寞无为之道，理顺了世间万物却从不以"义"自居。庄子既然以这个时代为治世之极，就几乎奉之为佛教的天国净土，其后先王之世，庄子认为道德日趋下衰，世道不断沦丧，民众惑乱而难以返璞归真，天下也就越来越乱。古世的完美与后世的缺憾对比起来，简直有着天壤之别。

义出于先王，而先王之世却是德衰道丧的时代，世俗之"义"自然不需要再坚持，而应视义为"不得已"的权宜之计。这样，庄子就通过非毁先王连带地否定了世俗所认同的义观念。庄子非毁先王，否定了世俗之义，目的是树立自己的"道"义。不过，道法自然，只有追溯先王之前的古帝，才能以古帝之"道"压倒先王之"义"。为此，庄子既上托于神农、黄帝，又寄情于虚构的"儵""忽""浑沌"，②试图确立一种完全外于人道的天道。《庄子·在宥》云："有天道，有人道。无为而尊者，天道也；有为而累者，人道也。"此处"义"自然属于"反愁我己"的人道。在庄子看来，天道之"道"处于至尊的神圣地位，无处不在，无为自然，其特征超出感官认知层面；人道之"义"是天道的对立面，属"有为"范畴，必然导致人性、人情的异化。天道既然高于人道，那么在道与义之间，道主宰义，"道"因此有其逻辑依据；义却出自"先王"，是"人为"的产物，在义与人之间，人规定了

---
① 郭庆藩撰，王孝鱼点校《庄子集释》，第 550~554 页。
② 郭庆藩撰，王孝鱼点校《庄子集释》，第 309 页。

义、掌管着义，这就使义显得缺少形而上的根据。落实到政治层面，道是完美的、绝对的；义则是有缺憾的、相对的。

4. 荀子：义出于圣王

荀子时代，正值七雄战争日烈，秦国统一中国倾向日强之时。《荀子·尧问》描述此时代为："礼义不行……天下冥冥，行全刺之，诸侯大倾。"传统义观念在政治层面已然失去了曾经的主导地位，仅仅成为一种口头上的名义；在理论层面，墨子、孟子、庄子等又从不同的角度出发重构义内核，欲为天下立义，提出了各不相同的义来源论。不过，这些新的义来源论在荀子看来并非正论，因此荀子不能不正本清源，重新说明义的起源问题，借以证明，要避免争乱，就必须振兴礼义以辨明贵贱等级之"分"，确立行之有效的礼义制度。

对于义从何而来这个问题，荀子的认识最为全面：他一方面从政治制度的角度予以阐发，认为义出于"先王"，亦出于"后王"；另一方面也从道德修养的角度来认识，认为"义"出于"外"，是个体通过长期的学习、修养、致诚而获得的，只有"积礼义"才能成为君子，这与孟子的"义内"说截然不同。

在政治制度方面，荀子提出"义立而王"，并多次指出义出于"先王"：

> 《荀子·劝学》："原先王，本仁义。"
>
> 《荀子·荣辱》："先王案为之制礼义以分之。"
>
> 《荀子·非相》："法先王，顺礼义。"
>
> 《荀子·儒效》："法先王，统礼义，一制度。"
>
> 《荀子·王制》："先王恶其乱也，故制礼义以分之。"
>
> 《荀子·礼论》："故先王案为之立文，尊尊亲亲之义至矣。"
>
> 《荀子·君子》："故尚贤使能，等贵贱，分亲疏，序长幼，此先王之道也……义者，分此者也。"

第五章 百家争鸣中的共鸣

荀子所言的先王到底指谁，学界聚讼已久。① 实际上，《荀子·大略》明言："先王之道，则尧、舜已。"可见，以尧、舜为荀子思想中的先王，应无疑问。不过，《荀子》一书中有一个看似令人困惑的问题，即在"法先王"的同时还"法后王"：

《荀子·不苟》："百王之道，后王是也。"

《荀子·儒效》："略法先王而足乱世术，缪学杂举，不知法后王而一制度，不知隆礼义而杀《诗》、《书》……是俗儒者也。"

《荀子·王制》："道不过三代，法不二后王；道过三代谓之荡，法二后王谓之不雅。"

《荀子·正名》："后王之成名：刑名从商，爵名从周，文名从礼。"

《荀子·成相》："至治之极复后王。"

既然要"法后王"，那么义必然也同时出于后王。这样，义既出于"先王"又出于"后王"，二者都是取法的对象，似乎有点自相矛盾。实际上，在荀子思想中，"先王"与"后王"并不是对立关系，而是承继关系。他在《非相》中进行了详细解释：

辨莫大于分，分莫大于礼，礼莫大于圣王。圣王有百，吾孰法焉？故曰：文久而息，节族久而绝，守法数之有司极礼而褫。故曰：欲观圣王之迹，则于其粲然者矣，后王是也。彼后王者，天下之君也，舍后王而道上古，譬之是犹舍己之君而事

---

① 参见徐克谦《荀子的"先王""后王"说与辩证道统观》，《南京师范大学文学院学报》2010年第3期。

人之君也。故曰：欲观千岁则数今日，欲知亿万则审一二，欲知上世则审周道，欲知周道则审其人所贵君子。故曰：以近知远，以一知万，以微知明。此之谓也。①

圣王作为制礼义者，其数以百计，当取法何人呢？荀子认为，"文久而息"，先王所制之礼义，书缺有间，已然不足征，荀子指出"欲知上世则审周道"，需要"以近知远"，因为"文、武之道同伏羲"。②可见，荀子是以文、武为"后王"的，并认为"后王"那里保存有"粲然"的"圣王之迹"，亦即认为义出于"后王"。

如何理解荀子的义来源呢？笔者认为，可以把荀子的义来源论总括为"义出于圣王"。尧、舜作为先王，自然可以"出义"；文、武作为后王，同样可以"出义"。二者的区别在于，先王制礼义，此乃义之"源"；后王一制度，此乃义之"变"。"源"者义之"本"，是义的合法性基础；"变"者义之"时"，是义当下的制度性体现。尽管"先王"与"后王"不同，但是义之"统"是连续的，这就从文化层面表明，义的精神来源已久，其内在价值标准不变，变化的只是具体的制度层面，只要这种变化不违拗义的精神，就可以成为取法的对象。这与荀子提出的"以义变应"③"宗原应变"④"以义制事"⑤等思想是一致的。可见，义出于先王，是荀子树立义之合法性基础的理论需要，此为"宗原"；义出于后王，是荀子建构制度性礼义的现实需要，此为"应变"。无论"先王"与"后王"，同为"圣王"一也；无论"宗原"与"应变"，其

---

① 王先谦撰，沈啸寰、王星贤点校《荀子集解》，第79~81页。
② 王先谦撰，沈啸寰、王星贤点校《荀子集解》，第460页。
③ 王先谦撰，沈啸寰、王星贤点校《荀子集解》，第42页。
④ 王先谦撰，沈啸寰、王星贤点校《荀子集解》，第105页。
⑤ 王先谦撰，沈啸寰、王星贤点校《荀子集解》，第452页。

"义"亦一也。

荀子还有一个义来源论,是针对个体修养而言的。他的君子之道上继孔子,同样强调义对个体修养的作用,不过,孔子并没有也不需要说明义之所出的问题。孟子持性善论,反对告子的"仁内义外"说,把义归于人性之善端。荀子不赞成孟子的性善论,《荀子·性恶》开宗明义,指出:"人之性恶,其善者伪也。"性恶论是其义来源论的基础。人本性恶,自然天生是无义的,那么,个体要成为君子,自然需要学习,通过学习使外在的义成为自身具备的道德规范之一。《荀子·劝学》集中论述了人必须通过学习,才能行义、知义的道理:"学恶乎始?恶乎终?曰:其数则始乎诵经,终乎读礼;其义则始乎为士,终乎为圣人。真积力久则入,学至乎没而后止也。故学数有终,若其义则不可须臾舍也。为之,人也;舍之,禽兽也。"具体科目有学完的时候,义却是不可须臾放弃的。《荀子·儒效》云:"故圣人也者,人之所积也……积礼义而为君子。"义不但不能放弃,还需要终身保持和积累,这样才能成就君子人格。这就意味着,知"义"还不是学习的根本目的。学习的根本目的是通过终身学习,使"义"能够入脑入心,内化为人的一种道德自觉,达到"成人"的境界。什么是成人境界呢?《荀子·劝学》说:"是故权利不能倾也,群众不能移也,天下不能荡也。生乎由是,死乎由是,夫是之谓德操。德操然后能定,能定然后能应,能定能应,夫是之谓成人。"

然而,仅仅学习还是不够的,还需要在日常生活中加强修养,使心中常常保有义,并能以诚心行义,这样才能与天道的阴阳大化,与春生冬落相契合。故《荀子·修身》指出:"见善,修然必以自存也……保利弃义谓之至贼。"《荀子·不苟》指出:"君子养心莫善于诚,致诚则无它事矣,惟仁之为守,惟义之为行。诚心守仁则形,形则神,神则能化矣;诚心行义则理,理则明,明则能变矣。变化代兴,谓之天德。"刘台拱曰:"诚者,君子所以成始而成终也。"① 致诚之要，在于守仁、行义。通过诚心守仁，可以化导人性由恶向善；通过诚心行义，"济而材尽，长迁而不反其初则化矣"，② 即可以最终改变人性之恶，完成由恶到善的转变。所以，义是君子学习的主要对象，是君子修养的重要方法，也是君子致诚的必要手段。义外在于个体，修养是自外而内的功夫。义由积习而成素养，最终可以内化为个体的一种精神气质。《荀子·正论》云："志意修，德行厚，知虑明，是荣之由中出者也，夫是之谓义荣。"义荣由个体内在所出，正是义内化为精神气质之后又能"形之于色"的表现。

总体而言，荀子的义来源论不外两大方面，一为社会政治层面，一为个体道德层面，内外兼具，显得较为圆融。

5. 韩非子：义出于君

韩非子以"公法"为义，他所言的"先王"自然也"以法为本"③。先王"以法为本"，自然带有义出于先王的意思。不过，韩非又强调"不期修古，不法常可，论世之事，因为之备"，④ 以社会历史处于不断发展进化之中，故其虽亦经常提及"先王之法"，但又以先王之法为"不适国事"的"郢书燕说"。⑤ 在《五蠹》中，韩非把那些"以先王之政，治当世之民"的思想视为守株待兔，强调要适应时代的需要，由国君设立"当世之法"，实际上认为义出于当世之国君。

《韩非子·饰邪》指出"明法治……令必行，禁必止，人主之公义也。"在《韩非子·奸劫弑臣》中，韩非也把"人主之义"与"人主之法"等同起来。这样，无论是"人主之公义""人主之

---

① 王先谦撰，沈啸寰、王星贤点校《荀子集解》，第46页。
② 王先谦撰，沈啸寰、王星贤点校《荀子集解》，第48页。
③ 王先慎撰，钟哲点校《韩非子集解》，第126页。
④ 王先慎撰，钟哲点校《韩非子集解》，第442页。
⑤ 王先慎撰，钟哲点校《韩非子集解》，第279页。

义"还是"人主之法",均表达出同样的意思,即义是由国君制定并掌控的。之前诸子均从历史中寻找义之来源,试图通过传统的力量建构义的神圣性或合法性地位。韩非思想主要是强调君主专政,故必然要以当下为着眼点,从现实中寻找义的来源,并从理论上建构其新的合法性基础。

但凡进行思想的改造,必先寻找理论依据。韩非子敏锐地抓住了义之"宜"义,《韩非子·解老》云:"义者,谓其宜也,宜而为之。"而适宜、合宜为义意味着义具有变易性,这就为进一步论证义来源找到了理论依据:

> 道有积而德有功;德者,道之功。功有实而实有光;仁者,德之光。光有泽而泽有事;义者,仁之事也。事有礼而礼有文;礼者,义之文也。故曰:"失道而后失德,失德而后失仁,失仁而后失义,失义而后失礼。"①

韩非引用的这段话与今本《老子》存在差异。《老子·三十八章》云:"失道而后德,失德而后仁,失仁而后义,失义而后礼。夫礼者,忠信之薄,而乱之首……是以大丈夫处其厚不处其薄……故去彼取此。"笔者并不关心版本问题,既然差异客观存在,那就需要比较一下,看看它们之间究竟不同在哪里。从文本直观地看,老子所言的道、德、仁、义、礼五者,其中前者丧失均成为后者确立的前提,呈一种次弟沦丧状态。似乎经由道、德、仁、义的次第沦丧,社会已没落至"礼"的时代,而礼又被视为"忠信之薄""乱之首",这就需要"处其厚不处其薄……去彼取此"。看来,老子的目的在于返璞归真,上溯而回归于道。韩非之引文在德、仁、义、礼前皆多一"失"字,意

---

① 王先慎撰,钟哲点校《韩非子集解》,第133页。

义就全变了。在他看来,道、德是君主掌控的要点,仁、义是臣子必备的素质,礼是政治秩序治乱的反映。这突出了"道"的终极前提地位,"失道"则引发连锁反应,导致德、仁、义、礼的连续丧失,意味着五者是一个不可分割的整体,目的在于强调一失而全失。

这容易造成我们的误解,即认为这是韩非针对道家和儒墨的道、德、仁、义、礼而立论。实际上,韩非既然明言《解老》,就说明他是以自己的思想去解读《老子》,其中必然要融入新的思想成分。的确,韩非与老庄的道、德存在明显不同,他在《扬权》中说:

> 夫道者,弘大而无形;德者,核理而普至。至于群生斟酌用之,万物皆盛而不与其宁。道者,下周于事,因稽而命,与时生死。参名异事,通一同情。故曰:道不同于万物,德不同于阴阳,衡不同于轻重,绳不同于出入,和不同于燥湿,君不同于群臣。凡此六者,道之出也。道无双,故曰一。是故明君贵独道之容。君臣不同道,下以名祷。君操其名,臣效其形,形名参同,上下和调也。①

"道"在这里已经不再是老子所言的宇宙最高本体,而是"下周于事"的"无双"的政治统治工具;"道"也不再是庄子理想中的"齐物"境界,而是"君臣不同道"。在老庄思想中,道德之上是自然本体。如《老子·二十五章》曰:"道法自然"。《老子·五十一章》曰:"道之尊,德之贵,夫莫之命而常自然。"《庄子·天道》也指出:"是故古之明大道者,先明天而道德次之""夫帝王之德,以天地为宗,以道德为主,以无为为常。"而《韩非子·安

---

① 王先慎撰,钟哲点校《韩非子集解》,第46~47页。

危》则把"道"置于君主之下,使其成为"明主之道";《韩非子·二柄》又把"德"改造为君主控制天下的权柄,即"明主之所导制其臣者,二柄而已矣。二柄者,刑、德也……庆赏之谓德",认为"道"是前提和基础,君主只有先明"道",才能牢牢把握住德柄,才可以"君高枕而臣乐业,道蔽天地,德极万世"。[①]可见,韩非吸收了道家的理论营养,却并不认老庄为宗,相反,他改造了老庄的概念,填充了自己的新内容。

韩非反对以仁义为统治之道的世俗观念,但并不反对情感之仁、伦理之义和秩序之礼。《韩非子·解老》云,"仁者,谓其中心欣然爱人也";《韩非子·八说》云,"仁者,慈惠而轻财者也";《韩非子·有度》云,"行惠施利,收下为名,臣不谓仁"。《韩非子·问田》还表达了韩非的志向:"故不惮乱主暗上之患祸,而必思以齐民萌之资利者,仁智之行也。臣不忍乡贪鄙之为,不敢伤仁智之行。"可见,韩非不但不反对仁,还以仁者自居。韩非也不反对义,《韩非子·有度》云:"离俗隐居,而以非上,臣不谓义。"《韩非子·解老》云:"义者,君臣上下之事,父子贵贱之差也,知交朋友之接也,亲疏内外之分也。臣事君宜,下怀上宜,子事父宜,贱敬贵宜,知交友朋之相助也宜,亲者内而疏者外宜。"对义传统的区别尊卑、贵贱、亲疏、内外等准则功能,韩非持明显的认同态度。在荀子时代,礼与礼义就经常混用,《韩非子》一书中共三次提及礼义,均表现出正面的认同态度。《韩非子·说难》云:"贵人有过端,而说者明言礼义以挑其恶,如此者身危。"《韩非子·解老》云:"有道之君……夫外无怨仇于邻敌者,其遇诸侯也外有礼义……遇诸侯有礼义,则役希起。"《韩非子·难一》云:"夫为人臣者,君有过则谏,谏不听则轻爵禄以待之,此人臣之礼义也。"君主遵循礼义,可以融洽与诸侯的关系,有利于维持良好

---

① 王先慎撰,钟哲点校《韩非子集解》,第207页。

的邦交关系,对于臣子而言,礼义是他们的必备素质。很显然,韩非子认为君、臣二者均应有礼义。

这样,韩非"五失"论的核心就在于表达一点:君主如果丧失了行政之道,就会丧失德柄,臣子就会随之丧失仁、义的素质,国家政治终将丧失礼义,陷入全面的混乱状态。其中,君主之"道"处于重中之重的地位,君主失道会引发连锁反应。这样,韩非自然就把问题引向了新的君主之"道"上。他以公法为义,使"法义"成为君主之道;而法由国君掌握,义自然也就出自国君。

《韩非子·五蠹》云:"故明主之国,无书简之文,以法为教。"由此可见,法义不可能出自一般臣民。《韩非子·说疑》指出:"法也者,官之所以师也。"可见,官方掌握着法,但不代表法就出自官府。《韩非子·定法》云:"法者,宪令着于官府。"熊十力指出:"何谓宪?人主身总万机,有其手定之国法朝章,是谓宪。亦有由内外臣工随时随事奏议而人主自核定之,以为一般通行之法,是谓令。宪令二者,总称法,皆人主之所自出圣裁或集众议而核定者。"① 无论是君主自出还是集众议而定,法的最终的掌控者都是君主。法由君主掌控,义自然出于君主。韩非倡导义出于君,与当时列国形势不无关系;秦国行商君之法而独强,六国均无法守,外于危乱之中;韩非悲韩国之将亡,故力倡君主专制,一之于法,其旨在于救亡图存而已。所以,义出于君从某种程度上也体现了韩非欲革除时弊的现实关怀。

任何时代的人们都渴望幸福,渴望真、善、美,向往正义,追求可以为之献身的价值。战国时期,还没有一种成熟的宗教可以作为人们"灵魂的医生",② 指明人生的价值和意义。诸子在很大程

---

① 熊十力:《韩非子评论》,《熊十力全集》第5卷,湖北教育出版社,2001,第338页。
② 弗洛姆:《精神分析与宗教》,孙向晨译,上海人民出版社,2006,第7页。

度上承担了这项任务,他们为人们立"义"、正"义",并深入论证义来源的神圣性、正当性与合理性。墨子的"义出于天"是要为人们找到"行义"的神圣依据,提供一种宗教救赎般的人生目标;孟子的"义出于心",是要告诉人们,只有通过"积义"养成浩然之气、获得内在精神自由,才可以成就自我,才算得上"成人";庄子的"义出于先王"是要提醒世人"忘义",返道归德,这样才能获得绝对的自由;荀子的"义出于圣王"是要人们学习文、武之道,通过"积礼义"成为君子;韩非子的"义出于君"是要告诉人们必须尊重国君权威,牢记"法义",废私立公,这样才能称为"仁义"之士。

总体而言,诸子对义来源的不同论述关涉国家政治和个体修养。他们在为自己理想中的政治路径提供合法性依据的同时,也为个体的人提供了成长和自我实现的不同方法论基础。

(三) 诸子对义功能的不同定位

诸子对义内核进行了改造,并提出了不同的义来源论,确立了各自不同的义思想。不过,他们确立义思想并不全是为了学术争鸣,大多还是为了能在现实社会中发挥一定的功能,实现特定的作用。针对同一个义概念,诸子对其功能的认识却各有侧重。

墨子突出义的"兴利"功能。《墨子·经上》云:"义者,利也。"这在一般认识上就产生了墨子是功利主义者的误区。实际上,墨子明言"贵义",提倡兴天下之利、除天下之害,是典型的以"义"兴"利",与春秋时期"义以生利"的义利同源关系相一致。墨子时常把"义"称为"天下之利"或"万民之大利",而把"亏人自利"的行为视为不义。《墨子·非攻上》云:"亏人愈多,其不仁兹甚矣,罪益厚。当此天下之君子皆知而非之,谓之不义。"可见,墨子关注的是义的功能问题而不是义利关系问题。那么,义的兴利除害功能究竟可能吗?墨子进一步把义当作刑政之道。《墨子·天志中》云:"义者,善政也。"《墨子·耕柱》云:"今用义为政于国家,人民必众,刑政必治,社稷必安。"《墨子·鲁问》甚至把三代圣王之禹、汤、文、武取得天下的原因归结为"说忠行义"。

墨子不仅把义视为国家行政之道,而且也把义当作个体修养之本。《墨子·非儒下》中指出:"大以治人,小以任官,远施周偏,近以修身,不义不处……此君子之道也。"可见,以义行政,可以发挥治人任官的政治功能;以义为个体行为准则,可以加强自身修养,是成就君子之道。墨子还认为,个体依义而行,甚至可以成为圣人:"手足口鼻耳从事于义,必为圣人。"[①]"义政"可以重构理想的政治秩序,"行义"可以使个体转凡成圣,义具有行政与道德的双重功能,故《墨子·贵义》主张"万事莫贵于义"。

孟子突出义的"道德"功能。在孟子思想中,义主要在两个不同的层面产生作用:一是在政治层面,二是在心性层面。在这两个层面上,义的道德功能均有突出表现。在政治层面,孟子把义一分为二:对君主而言,"仁"为义;对臣民而言,"敬"为义。孟子认为,君仁是臣义的前提,君仁在先,臣义在后,君仁成为臣义的原因,臣义是君仁的自然结果。《孟子·梁惠王下》记载了孟子与梁惠王的一段对话:

邹与鲁哄。穆公问曰:"吾有司死者三十三人,而民莫之死也。诛之,则不可胜诛;不诛,则疾视其长上之死而不救,如之何则可也?"孟子对曰:"凶年饥岁,君之民老弱转乎沟壑,壮者散而之四方者,几千人矣;而君之仓廪实,府库充,有司莫以告,是上慢而残下也。曾子曰:'戒之戒之!出乎尔者,反乎尔者也。'夫民今而后得反之也。君无尤焉!君行仁

[①] 孙诒让撰,孙启治点校《墨子间诂》,第443页。

政,斯民亲其上、死其长矣。"[1]

孟子在此集中表达了为君不仁、臣民不义的思想,赋予国君更多的主动性责任。而君主能否实行仁政,取决于他自身的道德自觉,以仁为义,就使君主的道德自觉有了定向性和规定性。臣民之义本质上可视为一种发自内心的道德回应,它尽管看似被动,但实际上也可以从对立面唤醒君主的道德自觉,具备事先警示的功能。

在心性层面,孟子视义为人的善端之一,是"非由外铄"的内在于人性的道德。孟子常把"仁"比作宅心,把"义"比作人路。《孟子·离娄上》云:"吾身不能居仁由义,谓之自弃也。仁,人之安宅也;义,人之正路也。旷安宅而弗居,舍正路而不由,哀哉!"《孟子·告子上》亦云:"仁,人心也;义,人路也。"义作为人路,是要给人的行为事先设定一个内在道德自律,目的是使人的行为建立在义的心理基础之上,避免义的工具化和招牌化。因此,《孟子·离娄下》强调"由仁义行,非行仁义也";《孟子·尽心上》认为,"居仁由义,大人之事备矣"。从行为与动机的关系而言,行为并不一定真正反映动机。因此,通过"行义"这种行为本身并不能准确判定其是否具有内在"义"的动机,这就容易造成世俗之人假"义"之名而行非"义"之实。通过"由仁义行""居仁由义",就可以使"义"由外在行为转化为内在心理动机,保证人的行为与心理相一致。这样,孟子自然就要强调"穷不失义"[2]"舍生取义"。[3] 义由此成为个体完善人格的内在基础,成为比个体感性生命更为重要的道德存在。在孟子理想中,社会个体如果能够心中怀有"义",能够"积义""行义",就可以养成浩然

---

[1] 《孟子注疏》,第2681页。
[2] 《孟子注疏》,第2764页。
[3] 《孟子注疏》,第2752页。

之气，从而像《孟子·滕文公下》所说的那样，"居天下之广居，立天下之正位，行天下之大道；得志，与民由之；不得志，独行其道。富贵不能淫，贫贱不能移，威武不能屈"，成为人所敬仰的"大丈夫"。每个个体的完善又可以达成社会整体的完善，从而达到天下大治的目的。

庄子突出义的"反衬"功能。庄子言义，其目的不外乎是为道提供一种铺垫，用以反衬道之优越性。《老子·三十七章》云："道常无为"。《老子·三十八章》又曰："上义为之而有以为。"道"无为"，义"有以为"，可见，在老子思想中，义的观念层次远低于道。庄子吸收了老子的思想，他在《庄子》内篇的《大宗师》中进一步论证说："夫道，有情有信，无为无形；可传而不可受，可得而不可见；自本自根，未有天地，自古以固存；神鬼神帝，生天生地；在太极之先而不为高，在六极之下而不为深，先天地生而不为久，长于上古而不为老。"庄子把道视为自然界和人类社会运动发展的总规律、治理天下的唯一准则。《庄子·人间世》中讲述了一个匠石与栎社树的故事，通过匠石所言的"彼其所保与众异，而以义喻之，不亦远乎"，把"义"视为一种不能与"道"相提并论的世俗准则。《庄子·在宥》又云："无为而尊者，天道也；有为而累者，人道也。"义既然属于"有为而累"的人道，自然会戕害人性，束缚自由，使社会陷入"喜怒相疑，愚知相欺，善否相非，诞信相讥"的混乱状态。有意思的是，《庄子》一书中义字凡118见，仅次于道、德而位居第三。义既然存在如此缺憾，庄子为何还要不厌其烦地揭这个疮疤呢？其实，如果没有义的缺憾，道的优越性就无从展现。正是两者之间的强烈反差，才突出了道的完美。正如庄子把义比喻为先王暂时栖身的蘧庐那样，他看中的只是义的概念之壳，义自身的观念功能被刻意贬抑，主要用来作为道的铺垫，反衬道那种逍遥无为境界的优越。

荀子突出义的"能分"和"制度"功能。在荀子思想中，

第五章　百家争鸣中的共鸣

义具有两大功能，其中最基本的是"能分"。《荀子·君子》说："义者，分此者也。"荀子以"分"为义，以义为万事万物的度量分界。他在《王制》中着重论述了"义"所具有的"分"功能：

> 水火有气而无生，草木有生而无知，禽兽有知而无义，人有气、有生、有知，亦且有义，故最为天下贵也。力不若牛，走不若马，而牛马为用，何也？曰：人能群，彼不能群也。人何以能群？曰：分。分何以能行？曰：义。故义以分则和，和则一，一则多力，多力则强，强则胜物，故宫室可得而居也。故序四时，裁万物，兼利天下，无它故焉，得之分义也。①

所谓"分"，主要指建立在社会分工基础上的等级和名分。以义"定分"，既可以确立人伦，也可以确立物的度量分界，还可以使人组成协调一致的组织，役使比自身强大的动物，成为天下最尊贵者。由此，荀子对"分义"极为重视，《荀子·荣辱》称其为"群居和一之道"，《荀子·王制》称其为"养天下之本"，《荀子·富国》称其为"兼足天下之道"。"分"由此取代了传统的尊尊，从封建等级关系的"名分"转化为"能分"，具备了可操作性和现实性，成为荀子理想中的"时义"。"分"有如此功能，自然可以对人形成一种规定性，约束人们"安分"而不敢"非分"：

> 夫义者，所以限禁人之为恶与奸者也。今上不贵义，不敬义，如是，则天下之人百姓皆有弃义之志，而有趋奸之心矣，此奸人之所以起也……夫义者，内节于人而外节于万物者也，

---

① 王先谦撰，沈啸寰、王星贤点校《荀子集解》，第164页。

上安于主而下调于民者也。内外上下节者,义之情也。然则凡为天下之要,义为本而信次之。①

表面看来,义可以限禁人作奸犯科,可以安定君主、调和百姓,不但适合于所有的人,也适合于世间万物,应该也算是义之功能的突出表现。实际上,以上这些还只能算是"义之情",即义之功能的表现。荀子最为看重的,乃是作为"义之实"的"礼义"制度。

义确有"能分"的功能,而"分"的成果如果缺乏制度保障,仍然不具有可持续性。这就需要"礼义"的制度性约束;抑或说,"分义"与礼义制度需要有机融合。《荀子·儒效》云:"法先王,统礼义,一制度。"杨倞把"一制度"释为:"随当时之政而立制度,是一也。"② 那么,所立的制度是什么呢?自然是"礼义"。《荀子·致士》云:"义及国而政明。"《荀子·王制》云:"使群臣百姓皆以制度行,则财物积,国家案自富矣。"可见,只有确立并贯彻礼义制度,才可以富国强民,称王天下。不过,荀子也不是"唯制度论"者,《荀子·解蔽》批评慎子"蔽于法而不知贤",认为"由法谓之道,尽数矣"。"法"只是"道"之一隅,如果没有"圣人"或"贤者"这些好的执法者,法也会失去功能而成为僵死的条例。《荀子·君道》指出:"法不能独立,类不能自行,得其人则存,失其人则亡。法者、治之端也;君子者,法之原也。"荀子充分考虑人的因素与制度因素的辩证关系,认为仅有礼义制度是不够的,还需要圣人君子去实施它,这样才能保证礼义制度发挥作用,这在今天仍然具有借鉴意义。

韩非突出义的"变易"功能。他基于历史进化的观点,反对

---

① 王先谦撰,沈啸寰、王星贤点校《荀子集解》,第305页。
② 王先谦撰,沈啸寰、王星贤点校《荀子集解》,第139页。

"无变古,毋易常"① 的先王观,在政治上主张"事因于世,而备适于事"。② 这种"因世适事"的政治主张的核心在于"变易"。《韩非子·南面》说:"变与不变,圣人不听,正治而已。然则古之无变,常之毋易,在常、古之可与不可。"决定变与不变、易与毋易的关键因素,在于现实政治的需要,在于是否具有现实的可行性。韩非这种思想无疑是进步的,不过在当时的历史条件下,要想得到人们的接受,还需要寻找一个思想支点,寻找一个人们普遍认同的合理根据。战国晚期,义作为政治的软性规范尽管从整体上已经失效,但是作为社会上流行一时的观念却深入人心,得到社会的普遍认同。《韩非子·解老》云:"义者,谓其宜也,宜而为之。"韩非也把"义"释为"宜",这的确有点令人吃惊。人们一般认为,"义者,宜也"是儒家的定理,韩非作为法家的代表人物亦持此论,是因为他看中了其中的两点:一是"义"的观念影响力,二是"宜"蕴含的变易功能。

韩非所言的"宜"有"应该"或"适宜"的意思,而"应该"和"适宜"本身就包含一种灵活性和动态性。这样,以"宜"释"义"就可以合理变更"义"的传统精神内核,增加"适宜"于时代的新内容,使传统义观念具备时代性和动态性。韩非认同"义"之"宜"义,就是意识到了"宜"字隐含着"变易"的内涵,可以为他的历史进化论提供理论基础。也是在变易的基础上,韩非才确立了"义"新的政治功能。韩非所处的时代,正如王先谦所云:"游说纵横之徒,颠倒人主以取利,而奸滑贼民,恣为暴乱,莫可救止,因痛嫉夫操国柄者,不能伸其自有之权力,斩割禁断,肃朝野而谋治安。"③ 他以法为义,把法

---

① 王先慎撰,钟哲点校《韩非子集解》,第120页。
② 王先慎撰,钟哲点校《韩非子集解》,第445页。
③ 王先慎撰,钟哲点校《韩非子集解》,序言。

治作为"圣王"、"有道之主"或"明主"的不二选择。《韩非子·说疑》云"服之以法";《韩非子·五蠹》云"以法为教";《韩非子·有度》云"使法量功"。韩非以"法"为政治之本,强化君主专制,突出"法义"的禁奸邪、明公私、劝善罚暴、尊主安国等现实功能,而这一切功能的实现都需要借助义的概念之壳。

总体来看,诸子语境下的义是复杂的,具有多种内涵。在他们的著作中,既有对传统义观念的继承,又有对传统义观念的改造与发展,甚至还存在新旧观念内涵混用的情况,这都使诸子义思想呈现较为复杂的状态。诸子义思想的争鸣看似千差万别,有一点却是相同的,即他们都不约而同地高举"义"的旗帜:"义"成为诸子共同的立论本体;"论义"成为诸子共同的学术焦点;"立义"成为诸子共同的学术理想。这客观上促使义思想走向丰富,使义成为战国整体文化精神的标志。

诸子群体性重义是战国时期相当重要的思想史现象,这种引人注目的现象背后也隐藏着一定的历史原因。首先,义是三代思想文化的优秀遗产,是战国时期的公共文化资源,战国诸子无不受到它浸染;诸子义思想尽管各有千秋,但无一例外都是基于对义之亲亲尊尊内核的改造和发展。"义"形塑了诸子共同的文化环境,建构了诸子共同的精神家园,这是由义观念公共性文化资源地位所决定的。其次,特定的文明都具有特定的精神文化,与其说特定的文明产生了特定的精神文化,毋宁说特定的精神文化造就了特定的文明。精神文化总是能够形成文明的内聚力,这种内聚力可以化解各种灾难对文明的破坏,保证文明的延续和发展。在文明的发展进程中,又总是会有思想家关注到这种精神文化,对其做出适合时代的调整与改造,这又使其表现出非凡的张力,在不同的时代都能产生深远的文化影响。不论这种文明的社会制度如何变迁,不论主导这种文明的统治群体如何更替,也不论这种文明的文化形式如何发展，精神文化都自始至终地发挥着内在主导作用。义就是中华文明的精神文化，它不会随着物质层面和制度层面的崩坏而消失，必然会沉淀下来，成为一种隐性的文化基因，始终主导着我们民族的行为方式和思想观念。诸子之学如果不以"义"为立论本体，就不能确立自身的"义"，就不具备普遍意义，就很难得到社会的关注和认同。因此，诸子均把"义"纳入自身的学术体系，这客观上也促使义成为子学的共同话域。最后，战国义观念的持续下移固然使义观念呈现出社会化发展状态，形成了又一个兴盛发展的新空间。不过，作为三代积淀下来的文明准则，义曾经拥有极为尊崇的观念地位，而今，义观念却在社会最底层风靡一时，不同的个体都可以提出自己的"义"，并认为自己的"义"正确，从而否定别人的"义"，使社会意识形态领域产生了前所未有的混乱局面。面对这些令人眼花缭乱的"义"，诸子不能不高度关注，也不能不去反复追问：到底什么样的"义"才是正确的？到底什么样的"义"才需要确立？究竟何种"义"才有资格成为人生的最高价值追求？共同的使命感和责任感驱使着他们关注义、论述义、匡正义，试图以自己理解的"义"一统天下，客观上形成了战国百家争鸣的思想局面。可以说，在义观念持续下移和社会化扩展的基础上，才形成了诸子对义展开"形而上"思考的必要前提；也可以说，在义观念广阔而深厚的土壤中，才孕育了诸子义思想的种子，才使义思想之花开始朵朵绽放。

三　诸子义思想共鸣的历史启示

在有关战国诸子的传统认识中，屡现斗争、攻击、对立、排斥、禁绝、反对、否定等字眼，似乎诸子著书立说就是为了你死我活的学派之争，就在于排斥异说，独尊己见。冯友兰认为，儒墨两家关系势若水火,孔子是文雅的君子,墨子是战斗的传教士。他传教的目的在于把传统的制度和常规,把孔子以及儒家的学说一齐反对掉。① 郭沫若指出,韩非攻击儒家的态度在先秦诸子中恐怕要算是最猛烈的……《显学》整篇是骂儒家和墨家的,而骂儒的成分要占70%,荀子当然也就在被骂之列……韩非无疑是荀卿的叛逆徒。② 刘泽华强调,从表面看,战国时期的思想领域是诸子并存,百家争鸣。但是,如果仔细考察一下每种学说的政治思想脉络,就会发现,争鸣的每一家都不把对方的存在当作自己存在的条件,并给予应有的尊重,而是几乎都要求独尊己见,禁绝他说。③ 战国诸子之间存在着某种对立甚至斗争,这自然是不容否认的客观历史事实。不过,按照唯物辩证法的常识,矛盾着的双方有着既对立又统一的关系。对立和差异只是诸子百家的一个侧面,它还有统一性和共性的一面,不少学者已经敏锐地意识到了这个问题。李泽厚指出,兵家、道家和法家存在内在一致性,孙、老、韩学说的共同特征是具有明确的功利性目的。④ 张岂之认为,韩非思想对荀子思想有多方面的吸收,说韩非思想与儒家思想绝对对立而相互之间没有任何吸取是不合乎实际的。⑤ 马世年指出,学界更多看到荀、韩思想之不同,更多强调二者的对立性,但是也不能忽视二者之间的一致性。我们不仅要看到各种思想的相互差异,还要看到其中的"异中之同"。⑥ 曾振宇指出,儒墨两派相互攻讦的背后隐伏着的却

---

① 冯友兰:《中国哲学简史》,北京大学出版社,1985,第58~59页。
② 郭沫若:《十批判书》,郭沫若著作编辑出版委员会编《郭沫若全集·历史编》第2卷,人民出版社,1982,第364~365页。
③ 刘泽华:《中国政治思想史》(先秦卷),第341页。
④ 李泽厚:《孙、老、韩合说》,《哲学研究》1984年第4期。
⑤ 张岂之:《中国思想学说史·先秦卷》(上),第33页。
⑥ 马世年:《韩非师承荀卿考论——兼及荀韩思想之"异"与"同"》,《河南师范大学学报》(哲学社会科学版)2008年第6期。

第五章　百家争鸣中的共鸣

是共时性文化背景下的相通与相融。① 实际上，诸子义思想的争鸣与共鸣提供了一个我们认识子学的新视角，可以带给我们两方面的启示。

一方面，通过诸子义思想的交集，可以打开管窥子学共性特征的一扇窗口。它启示我们对子学的共性应予以充分重视，并体现在更深入的研究中，这也许会拓展先秦子学研究的新空间。关于诸子的共性，历代学者早有认识。《庄子·天下》云："百家往而不反，必不合矣！后世之学者，不幸不见天地之纯，古人之大体，道术将为天下裂。"尽管庄子认为诸子各执一端而越走越远，肢解了古人的道术，但仍然传递出诸子同源的意思。诸子有共同的学术来源，只是各执一端，最终形成不同的理解，可以视为同中之异。东汉史学家班固也有这种卓越的认识，《汉书·艺文志》载：

> 诸子十家，其可观者九家而已。皆起于王道既微，诸侯力政，时君世主，好恶殊方，是以九家之（说）〔术〕蜂出并作，各引一端，崇其所善，以此驰说，取合诸侯。其言虽殊，辟犹水火，相灭亦相生也。仁之与义，敬之与和，相反而皆相成也。易曰："天下同归而殊途，一致而百虑。"今异家者各推所长，穷知究虑，以明其指，虽有蔽短，合其要归，亦六经之支与流裔。②

班固指出诸子之学相灭相生、相反相成、殊途同归，均有着六经的共同基础。《淮南子·要略》云："墨子学儒者之业，受孔子

---

① 曾振宇：《论儒墨之相通》，易学与儒学国际学术研讨会会议论文，青岛，2005，第71页。
② 班固撰，颜师古注《汉书》，第1746页。

之术，以为其礼繁扰而不说……故背周道而用夏政。"① 墨子是否学于孔子暂且置之不论，其中提到的背周道而用夏政则道出了墨学与儒学具有共同的三代文化来源，只是儒学侧重于周文化、墨学侧重于夏文化而已。吕思勉认为，中国学术，凡三大变：邃古之世，一切学术思想之根原，业已旁薄郁积；至东周之世，九流并起，而臻于极盛。② 在吕思勉先生看来，战国诸子的学术思想均有着三代文化的共同根源。李振宏指出，按照学派的划分去认识先秦思想，容易重视各学派的个性而忽视共性，忽视各学派共同的思想文化前提，忽视三代文化对先秦学术的奠基意义。③ 因此，诸子之学尽管有着不同的侧重点，但是我们更应该看到他们的"同"，这种"同"在很大程度上是一种根源性的"同"，是文化母体的"同"。如果把诸子百家比作一棵棵参天大树，那么他们归属于同一片树林，我们不能只见树木，不见森林。只有从森林整体的角度看树木，我们才能理解诸子成长的共同文化环境与文化土壤，也才能把握战国思想文化的整体面貌。

另一方面，义不是某家某派的特殊标签，而是诸子共鸣的重要载体，是战国整体文化精神的缩影。义作为三代文化沉淀而成的古已有之的普遍观念，是先秦诸子的共同文化基础，谁也绕不开、躲不过、脱不离。如果把义喻为天上的彩虹，那么诸子对义的不同认识就如同形成彩虹的七色阳光。义构成先秦文化的重要基点，诸子只是围绕这个基点进行了侧重点不同的诠释和光大，形成了不同的义思想。诸子义思想之异不构成派系之争，也不代表某种群体利益，而仅能作为不同学说个性化和差异化的标志；而诸子义思想之同主要表现在他们相同的学术宗旨上。从这个意

---

① 何宁：《淮南子集释》，中华书局，1998，第1459页。
② 吕思勉：《先秦史》，第436页。
③ 李振宏：《论先秦学术体系的汉代生成》，《河南大学学报》（社会科学版）2008年第2期。

第五章　百家争鸣中的共鸣

义上讲，义既是百家争鸣的主要对象，又是百家共鸣的核心内容。

实际上，在同一文化基础上成长起来的诸子，他们难道就是为了排斥异己而存在的吗？他们之间的斗争难道真的如此激烈？他们中不少人一生也许未曾谋面，好多生活在不同的时代和不同的诸侯国。如果说他们代表了某种利益群体，那么诸子本身就是遭受困厄之士，他们自顾不暇，何能去代表一定的群体利益？应该说，诸子都是在相似的人生际遇下，为了天下的利益、为了民众的福祉而思考的。例如，关于韩非之学的旨归，一般认为是为了维护君主专制。有专家认为，"荀子还侧重人民，韩非则专为帝王"，[1]"韩非的利民不是目的，只不过是利君的一种手段。所以利民既不是怜悯，也不是欺骗，而是用利民的办法要人付出生命"。[2] 实际上，以韩非对政治的洞察、对人心理解的透彻，他很容易就会成为所谓的"重人"，但是现实并非如此，他只是个不见用之人。这说明韩非重法治只是实现政治理想的手段，而不是他的终极目的。东汉班固曰："法家者流……无教化，去仁爱，专任刑法而欲以致治。"[3]清人王先谦指出，韩非明法严刑的根本目的在于"救群生之乱，去天下之祸，使强不凌弱，众不时暴寡，耆老得遂，幼孤得长，此则重典之用而张弛之宜"。[4] 这与《墨子·尚同中》所云的"兴天下之利，除天下之害"，《孟子·梁惠王上》所言的"制民之产，必使仰足以事父母，俯足以畜妻子，乐岁终身饱，凶年免于死亡"，以及《荀子·富国》中的"明礼义以壹之，致忠信以爱之，尚贤使能以次之，爵服庆赏以申重之，时其事、轻其任以调齐之，

---

[1] 郭沫若：《十批判书》，郭沫若著作编辑出版委员会编《郭沫若全集·历史编》第2卷，第377页。
[2] 刘泽华：《中国政治思想史》（先秦卷），第326页。
[3] 班固撰，颜师古注《汉书》，第1736页。
[4] 王先慎撰，钟哲点校《韩非子集解》，序言。

潢然兼覆之，养长之，如保赤子"在用意上并无二致。因此，诸子之学的目的是一致的，只是准则各异、方法不同罢了。我们不能认为他们只是代表了某一个阶级，仅代表了某一部分人的利益。如果真是这样，诸子之书也不会具有长久的文化生命力，直到今天还能成为国人共同认同的文化元典。他们的思想之所以具有生命力，就在于他们具有共同的政治责任感，具有强烈的历史使命感。正是这种责任感和使命感驱使他们去思考他们所处的时代，去奋力与命运抗争，去积极地逆挽世运、救时之弊，希望民众过上好日子，希望天下大治，各安其分。一句话，就是希望社会和谐，社会和谐是诸子的共同心愿，是战国文化精神的整体诉求。

小　结

总体而言，对于战国时期子学勃兴的思想史现象，习惯上一直称之为"百家争鸣"，这可以视为定论，已经成为学界的共识。不过，一旦我们超越了子学传统的研究边际，从义思想这个更高的角度鸟瞰诸子及其时代的文化全景，就会发现诸子学说尽管看起来各不相同，存在着争鸣和相互排摈的现象，但是它们之间也有着不可忽视的共性和内在一致性。除了争鸣之外，诸子还存在着强烈的"共鸣"。如果把诸子的宏论蜂起比作一台交响音乐会，那将会呈现怎样的场面呢？我们必然会看到诸子共处同一个舞台，操持不同的乐器，演奏不同的曲目，在不同的时间段登场。当不同的乐器奏响的时候，我们会感受到美妙的"和谐"；当曲目交替上演的时候，我们能体会到交响的"共鸣"。是的，和谐源于差异，共鸣来自争鸣；也正是在诸子争鸣与共鸣的基础上，战国义思想才得以全面丰富。

第六章 从未思之物到致思之花

——先秦义范畴生成的理论考察

义在先秦时期的发展进程，整体上沿着观念与思想两大脉络展开。义观念与义思想既表现为两个相对独立的发展进程，二者又相互交织、促进和影响，存在千丝万缕的联系。义观念与义思想的独立发展，以及二者相互联系的发展，融汇成一个庞大的概念系统，决定着义范畴的最终生成。

一 义观念：从庙堂之高到江湖之远

义观念在殷周之际就已形成，截至战国末期，整体上表现为一个持续下移与扩展的进程。从殷商时期的"天监下民，典厥义"，到西周时期的"遵王之义"，转至春秋时期的"尊王大义"，最终在战国时期下移到最广泛的社会层面，表现为"一人一义"。从庙堂之高到江湖之远，义观念下移的脉络显得非常清晰。

殷商时期，商王在宜祭活动中以"我"状刑器杀羊祭祀族群的共同神灵，并按一定的亲亲尊尊关系分肉飨众，这个祭祀程序被称为"义"。由于宜祭的对象是族群的共同神灵，因此"义"天然就具有"公"的内涵；"义"作为宗教祭祀程序，其重要目的之一就是献祭神灵，这自然又是一种不容置疑的"善"；义之分肉程序是基于不同的亲亲尊尊尊关系的，必然要突出尊卑、长幼、贵贱以及亲疏之别，这又孕育出先秦社会重要的"分"概念，产生宗法礼制的观念基础；宜祭是一个长期以来不断重复的祭祀活动，亲亲

在观念与思想之间

尊尊作为心照不宣的准则逐渐得以巩固，公、善、分的观念萌芽也自然得以强化和发展。在长期的宗教祭祀过程中，形成了具有浓厚宗教神性的义观念萌芽。

表面看来，义之程序是由商王主持实施的，不过，义之所以受到族群的普遍认同和接受，却是由于义表达和贯彻了神灵的意志。祖己所言的"天监下民，典厥义"，正是义由上帝掌握的典型表述。胡厚宣指出："殷人以为上帝至上，有着无限威严。它虽然掌握着人间的雨水和年收，以及方国的侵犯和征伐，但如有所祷告，则只能向先祖为之，要先祖在帝左右转请上帝，而不能直接对上帝有所祈求。"① 可以认为，之所以存在上帝与王帝的显著分野，是因为商王需要这样一个过渡环节。上帝作为天上的至上神，尽管具有无上的权威，但它始终是为人王服务的。只有人王才能配天，才能和上帝接近，"上帝主宰着自然和人间的一切，人王也就天生地掌握着人世的一切"。② 的确，义高高在上，传递着神灵的意志，然而，这种意志却不是普通人能够知晓的，只有商王才能理解这种意志，并能传递和贯彻这种意志。这就确立了商王与神灵世界交往的垄断性，树立了商王在族群中最高层级的地位。义放射着神圣的灵光，照临下土，使族群公众心甘情愿地拜服在上帝的威权之下，而商王作为与上帝沟通的核心人物，实际上是"义"的真正掌握者。因此，殷商之义尽管高悬于上帝的天国，但归根结底还是掌握在现世商王手中。

随着武王伐纣的胜利，殷商王朝轰然崩溃。周人也许自己都不敢相信这个事实：一个如此强大的王朝，如此轻易地就被"小邦周"灭亡了。殷鉴不远，周初统治者自然会深入分析殷商王朝兴衰的原因，特别是在宗教与政治意识形态方面，周人对殷商之义做

---

① 胡厚宣、胡振宇：《殷商史》，第517页。
② 胡厚宣、胡振宇：《殷商史》，第488页。

第六章 从未思之物到致思之花

了有选择的继承和维新,新建构了以"义"为主的宗法政治准则。义的政治准则化必然需要对殷商之义进行调整。"天监下民,典厥义"是殷商天命神权的基石,周人既然革了殷人的天命,就需要为自己统治的神圣性与合法性寻找新的依据。王和曾指出,胜利的周人从双方的经验中总结出天命不可恃的教训,可恃的唯有自己的努力。人心的向背对事之成败具有至关重要的决定作用。这种认识使神灵在周人心目中的地位下降,而人文主义精神则有长足的发展。[①] 笔者则认为,在周人心目中,神灵地位并没有下降,而是与殷商时期同样高高在上,只不过上帝已经"改厥元子",殷商先王的神圣地位已由周人的先祖文王取代。

周人提出"遵王之义",促使义观念出现了首次下移。从义出于上帝到义出于文王,实则是"尊神"与"亲民"的并重,宗教神性与政治理性的共生。文王神圣地位的抬升,使文王之义成为西周宗法政治的不二准则:文王的"威义"是神圣的,文王的"义德"是不可更替的,文王的"义刑"是公正的;只要遵行文王之"义",就能像《诗经》所赞美的那样,可以"万邦作孚",可以"正是四国",甚至可以"日靖四方"。义已经成为治国之经和人伦之道,开始在更广阔的社会层面发挥准则作用。张光直认为:"所谓文明,既是政治权威兴起的结果,也是它必不可少的条件。"[②] 文王既是周人的宗教神灵,又是周人的政治权威。文王之义通行不悖,成为西周社会普遍认同和接受的共识性观念,并最终生出"郁郁乎文哉"的礼乐文明。

西周时期的"遵王之义",意味着义观念已经由上帝的天国下移到周天子的庙堂。周初统治者依靠亲亲尊尊之义,并通过"怀

---

① 参见王和《商周人际关系思想的发展与演变》,《历史研究》1991年第5期。
② 张光直:《美术、神话与祭祀》,第106页。

德维宁，宗子维城"，① 实现了"溥天之下，莫非王土；率土之滨，莫非王臣"② 的政治格局。然而，正如《孟子·离娄下》所指出的那样，"君子之泽，五世而斩"，亲亲尊尊之义的血缘纽带随着世系的变迁，不可避免地变得松弛，就连作为王室宗亲的郑庄公也感慨道："王室而既卑矣，周之子孙日失其序。"③ 周天子权威日丧，礼崩乐坏，逮至平王东迁，春秋历史的大幕拉开，义观念也出现了进一步的下移。

春秋是一个义观念得到张大的时代。政治家和贤哲们认为"义以出礼""义以生利""允义明德"，春秋社会的制度文明、物质文明和道德文明皆本于义；义还具备了公、正、善、节、分的具体尺度，在社会政治层面具有丰富的现实表现，成为处理民神关系、诸侯关系、君臣关系以及同僚关系的基本准则。"义"与"不义"成为"善"与"恶"的界限，成为"成"与"败"的主导，也成为"正"与"邪"的区别。观念之"义"部分取代了制度之"礼"，维系着春秋社会文明的发展。然而，春秋义观念的勃兴实际上是义观念进一步下移的结果。郭店楚简《六位》云："义者，君德也。"④ 正是由于"义"从周天子那里下移到春秋霸主手中，春秋霸主的存亡继绝、尊王攘夷之举才会被称为"大义"。

从"遵王之义"到尊王"大义"，表现出了义观念主体的明显变迁。春秋霸主的尊王之举被称为大义，说明义已经从天子的庙堂下移到了诸侯的朝廷。孔子曰："天下无道，则礼乐征伐自诸侯出。自诸侯出，盖十世希不失矣；自大夫出，五世希不失矣；陪臣

---

① 《诗经·大雅·板》，《毛诗正义》，第550页。
② 《诗经·小雅·北山》，《毛诗正义》，第463页。
③ 《左传·隐公十一年》，《春秋左传正义》，第1736页。
④ 李零：《郭店楚简校读记》，第171页。

执国命,三世希不失矣。"① 的确,英雄五霸闹春秋,顷刻兴亡过手。卿大夫螳螂捕蝉在前,陪臣黄雀在后,春秋政治权力处于一路下移的发展趋势中,这必然导致春秋义观念处于连续的下移过程中。

通过对《左传》和《国语》中义字出现情况进行归纳整理,笔者发现,相对于西周的"王之义",春秋时期义的主体显得很复杂。《左传》义字共出现112次,其中国君言义5次,卿大夫言义87次,君子评论言义10次,一般行文言义6次,女性言义3次,厉鬼责晋君以不义1次;《国语》中义字共出现91次,其中周王、国君言义7次,卿大夫言义83次,一般行文言义1次。义的主体涉及周天子、诸侯国君、国君夫人、卿大夫和君子。义在这两部春秋文献中总共出现了203次,而各诸侯国卿大夫言义加起来共出现了170次,占到了义出现总次数的83.7%。由此可见,春秋之义在诸侯国君层面并没有保持多久就下移到了执政卿大夫层面。

在春秋战国之际剧烈的社会变迁中,传统宗法贵族进一步没落。正如晋国贤大夫叔向所描述的那样,以往的卿大夫多"降在皂隶",成为社会底层的一般士民。贵族身份下移,义观念自然也随之下移。

在战国时期"诸侯力征""天下失义"的时代背景下,华夏共同体的宗法血缘关系近乎完全断裂,"义"却没有消失,它只是从政治层面下移到了更为广阔和社会层面,出现了"一人一义"的观念史现象。士作为战国社会的"四民"之一,不论是群体还是个体,均以义为立身之本,以义为行事准则,以成就义为人生的最高价值。尽管不同的士对义的理解千差万别,但是对义的向往和追求是共同的。实际上,在诸侯政治层面,义观念也并

---

① 《论语·季氏》,《论语注疏》,第2521页。

未完全消失,"私义"作为义的变体还在大行其道,成为官僚权臣与依附门客共同接受的观念。尽管官僚权臣与依附门客之间不存在血缘关系,但是,义本具的宗法精神却抽象出来,亲亲演化为亲门客,尊尊变形为尊主人,形成所谓的私义,维系着列国内部不同的政治集团。如果说士义和私义还保留着义观念亲亲尊尊的精神内核,那么,侠义则完全是义观念的反向发展了。按照韩非"弃官宠交,谓之有侠"的标准,侠义可谓完全放弃了亲亲尊尊。荀悦评价游侠"简父兄之尊而崇宾客之礼,薄骨肉之恩而笃朋友之爱",① 也可谓一语中的。相对于官方正统的义,侠义建构的是一种江湖秩序。

士义、私义与侠义的盛行,说明义观念已经下移到最广泛的社会层面,为处于分裂状态的华夏文明织就了一张无形的观念认同之网。无论诸侯怎样对立,地域怎样分裂,交通怎样断绝,利益怎样划分,制度怎样不同,道德怎样不一,义却是战国社会共同认同和坚守的观念,并且在这种长期的认同和坚守中,义观念最终内化为国民性,成为中国小传统中最为核心的观念之一。

在这样一个持续下移的过程中,义观念同时呈现出不断的扩展。义观念的扩展至少表现在四个方面。一是义观念主体的规模不断扩大。伴随着义观念的持续下移,义的主体也从殷商时期神秘的祭司群体,到西周王室群体,再到春秋时期的诸侯卿大夫群体,最终下移至社会底层的士民、门客等群体。这些不同时代的群体的规模显然处于不断扩展的进程中。二是义观念的作用范围不断扩大。随着主体规模的不断扩充,义观念的作用范围也不断扩大,从神秘的宗教层面延伸到现实政治层面,又从现实政治层面扩大至最广阔的社会层面,如同一个自上而下不断扩充的圆锥体。三是义观念的内涵不断扩展。随着义观念在不同社会层面影响力的扩大,义观念

---

① 荀悦撰,张烈点校《汉纪》,第158页。

的内涵也得到了不断泛化和变形,从宗教神性到政治理性,从亲亲尊尊到弃官宠交,从具体准则到抽象精神,义观念一步步走下神坛,融入社会,对华夏文明起到了重要的维系作用,成为构成先秦社会认同的最为重要的观念。四是义观念生发出道德和制度。义作为一种华夏文明的基本观念,成为这个文明最为重要的"造血干细胞",义的政治化形成了"德",义的制度化形成了"礼"。所谓德义、礼义的说法,正是"德"与"礼"皆本于义的表征。

义观念下移与扩展,形成了先秦社会的一张复杂而无所不包的关系网,把先秦社会的精神信念、政治准则和价值观念联系起来了,一系列价值体系都以义为合理性基础。义被视为社会生活的基本法则,以及个人和社会行为的最高准则,不但制约着人们的精神活动,而且对先秦的宗教、政治、道德、制度、经济乃至刑罚等诸多社会领域具有准则功能。在社会长期的发展进程中,义逐渐内化为中华民族的文化心理,集中体现着先秦社会文明所特有的文化和精神气质,成为维系华夏社会共同体的重要观念纽带。的确,哲学和思想等"高层次问题"尽管极其重要,但是这些问题在漫长的历史画卷中只占很小一部分,对中华文明影响最大的却是这看似普通的义观念。

二 义思想:从一花独放到百花齐放

义思想的发展离不开义观念的基础。一方面,义观念整体上呈现出一个由神到人、由点到面、由外到内、由具体到抽象的发展进程,形成了观念内涵的不断扩充和更新,为义思想的出现提供了深厚的观念基础;另一方面,义观念在下移过程中,又必然会出现这样那样的问题,尤其在剧烈的社会变迁中,义的精神在现实政治角逐中遭到无情毁弃,从而走向具文化和形式化,丧失文明社会基本准则的传统功能。义思想的发生和发展,很大程度上就是为了应对

在观念与思想之间

义观念下移过程中出现的形式化问题。思想家既然察觉到了这些问题，就必然会催生他们的理性思考，从而自觉地思考义、阐述义、匡正义、确立理想的义。正是思想家们在对义观念致思的基础上，才形成了义在思想方面的深化、分化和系统化，义思想之花才得以朵朵绽放。

孔子最早形成了较为系统的义思想。在孔子生活的时代，西周时期的"义"已经风干为"仪"，成为进退周旋、动作言语等显示贵族修养或威风的形式仪节。现实政治层面对这种礼仪的形式极为重视，对义的精神内涵却少有顾及。侯外庐指出：

> 西周文物已不是有血有肉的思想文物，而仅仅作为形式的具文，作为古训的教条，以备贵族背诵；所谓诗、书、礼、乐的思想，在这时好像变成了单纯的仪式而毫无内容。这样，西周的文化就变成了死规矩。[1]

且不说"义"的精神与准则地位的丧失，即便是"仪"的形式也遭到了肆无忌惮的破坏，对于这种破坏，孔子思想上是不胜痛惜的。因为，义毕竟是三代积淀下来的文明准则，正是在义观念的维护下，春秋时期的诸侯邦交、国内政治以及社会关系形成了公认的秩序，使春秋社会在观念层面形成了某种较为可靠的向心力和凝聚力。可是，随着形势的发展，义观念的理性制约功能却渐趋丧失，社会出现了重归野蛮状态的危险。孔子作为中国历史上首位思想家，不能不把关注的目光投向摇摇欲坠的义观念。

在对义观念进行归纳、深化的基础上，孔子初步形成了较为系统的义思想。孔子义思想的内涵主要包括礼以行义的政治理想、权变为义的处世原则、务民之义的宗教认识、义然后取的理性原则、

---

[1] 侯外庐、赵纪彬、杜国庠：《中国思想通史》第1卷，第139页。

行义达仁的君子之道等方面。孔子把政治层面的义观念内化为个体道德修养的方法,构建了礼义仁三位一体的思想体系,义成为这个思想体系的三大核心要素之一。在孔子的思想逻辑中,守礼是基础,行义是方法,达仁是目标,礼义仁三位一体思想体系的核心就是为了造就君子人格,从而由个体而整体地完成天下大道的重构。这样,孔子就在中国社会动荡加剧的情势下,在思想的高度上保存了以义为主的理性文明底线。孔子对义做出的思想深化,可以通过与春秋义观念的对比集中表现出来。

其一,春秋义观念以政治为重心,孔子义思想以道德为旨归。义是春秋政治舞台上的热词,所谓春秋大义,主要指诸侯不约而同地以义为处理各种政治关系的现实准则。不过,随着春秋社会的发展,义的精神逐渐丧失,走向形式化,这就决定了义观念现实政治准则地位的失落。尽管义的名称没有变化,表面上仍然是通行的政治准则,但是在义的动听名义下,所行的往往是不义之实;对于到底怎样做才算是义,人们的认识也出现了巨大反差,春秋前期和后期相比较来看,这种反差还相当明显。这使义的社会普遍性准则地位出现动摇,引发了春秋末期不义四伏、天下无道、社会动荡的文明危机。孔子对这种危机有着清醒认识,他把义由政治观念改造为道德原则。孔子兴办私学,试图通过教育手段实现义由政治而道德的内化、由礼治到礼教的嬗变,使义成为推动个人品格塑造和社会文明进步的内在力量,从而自个体到群体、自道德到政治、自内修到外作,实现天下大同的理想。

其二,春秋义观念具有客观准则性,孔子义思想具有主体实践性。春秋义观念是判断个体行为或国家行为是否正当的准则和依据,是客观的行为正当性的尺度。我们可以在文献中看到诸多义与非义的价值判断,表现出行为在先、义与不义的判断在后的不同步现象。从这个角度来看,义作为礼的补充,具有与礼相似的特征和作用——义在某种程度上也是一种规范,只是这种规范与礼一样是外在的,如同高悬在人们头顶上的一杆秤,成为评介某种行为正当性的客观准则。孔子义思想则突出"行义",强调义的主体性和实践性特征,使义由客观规范附之于个体修养本身,使得个体的一念一思,一言一行,义都能够发挥强大的内在指导作用,成为个体思想和行为的最基本最重要的依据。由此,义由抽象准则或价值尺度被改造为实践标准,是孔子对义观念的深化。

其三,春秋义观念具有分散性,孔子义思想具有系统性。春秋义观念主体多元,内涵丰富,作用广泛,处于复杂的观念集群之中,不经过系统思考和分析,很难理清它的头绪。孔子却对义进行了取舍和深化,使义的内涵得到了全方位的提升,如春秋义观念突出忠君、忠于社稷,孔子义思想则突出"达道";春秋义观念强调"重民信神",孔子义思想则提倡"敬鬼神而远之";春秋义观念突出义利一体,孔子义思想则注重"义以为上";春秋义观念崇尚有差等的举贤,孔子义思想则力倡无差别的选贤;春秋义观念讲求德刑并重,孔子义思想则轻刑政、重德礼。孔子对千头万绪的义观念做了系统归纳,使其呈现出条理化、系统化和理论化的特征。义的脉络得以汇集,义的内涵得以深化,可见,正是在孔子这里,义实现了由观念到思想的飞跃。

战国时期,随着义观念的持续下移和社会化扩展,人们对义的认识和理解也出现了极大分歧,远比春秋时期复杂得多。墨子在《尚同中》中指出:"一人一义,十人十义,百人百义,其人数兹众,其所谓义亦兹众。是以人是其义,以非人之义,故交相非也。"[①] 在墨子看来,每个人都有着不同的义,这是义观念发展的又一个高峰期,同时也是义观念内涵最为复杂和混乱的时期。如果说孔子义思想是对出现危机情况下春秋义观念的深化发展,那么战国诸子的义思想就是对出现混乱情况下义观念内涵的分化发

---

① 孙诒让撰,孙启治点校《墨子间诂》,第77页。

展。这种分化发展首先植根于战国义观念发展的现实,是针对义观念提出的各不相同的思想提升。当然,我们也不能忽略诸子对孔子义思想的继承与发展,孔子义思想提供了一个思想发展的基础,诸子义思想的不同发展都离不开这个基础,都是在这个共同基础之上的思想构建。因此,战国诸子的义思想既出于应对现实义观念混乱的需要,又本于孔子义思想的基础,受到了现实观念与孔子思想的交互影响。再加上诸子思想存在着个体差异,对未来政治的路径有着不同的选择,对社会道德和制度模式也有不同的设计,这就决定了诸子义思想必然具有不同的走向,不可避免地出现分化现象。

从思想发展的角度看,战国诸子表现出了诸多超越孔子的地方。孔子义思想作为义观念的首次思想化成果,主要在于完成了对义亲亲尊尊观念内核的突破,实现了义由社会政治层面向个体道德层面的嬗变。形象地讲,义观念如同一张能够约束天下的巨网,到春秋后期却变得千疮百孔,不周世用,孔子试图以周礼为经纬去修补它,可是,网纲已坠,网眼已疏,"知其不可而为之"的结果可想而知。不过,孔子并没有放弃,虽然这张网已经约束不了天下,但是用来约束个体还是绰绰有余的。于是,孔子没有对义进行更深入的理论思考,就把这张天网上的线头抓在一起,拿来直接用了。因此,孔子义思想还显得不太成熟。

战国诸子因为有了孔子义思想的基础,比起孔子来,就多了一分纯理性的思考。他们首先对义观念内涵做了有选择的继承,除商鞅视义为"六虱"之一外,诸子多认同义观念的崇高地位。他们视义为人伦之道,以义为国家政治和个体行为的价值准则。除此之外,诸子多以宜释义,突出"义"裁断得宜的时代性特征。尽管诸子认同和接受的义内涵各有侧重,并不存在统一的认识,但整体来看,又的确存在诸多相通之处。这至少能够证明,义不是传统认识中儒家的专有思想,而是三代文明的重要遗产,是战国诸子百家

在观念与思想之间

普遍认同和接受的思想资源。诸子之所以不约而同地对义内涵做了继承，是因为义特别重要，是礼乐文明的精神内核，在他们看来，义内涵不能出现混乱，义的准则地位也不能丧失。如果失却了义，华夏文明必然出现危机，社会必然要全面崩溃，甚至最基本的人伦也会丧失。因此，诸子都试图在认同义文明准则地位的基础上去匡正义、确立义，使人们回归理性，使社会恢复秩序，尽管这种理性和秩序是出于思想家的主观构建。

在这样的前提下，诸子紧紧抓住了"义"亲亲尊尊的精神内核，对之做了不同的理论改造和发展。墨子以"兼爱"取代亲亲，以"尚贤"取代尊尊；孟子以"仁"取代亲亲，以"敬长"取代尊尊；庄子一方面视义为"俗德"加以否定，另一方面又以"道"为义，使"道"成为义的新内核；荀子主要改造义的尊尊内核，以"尊贤"取代"贵贤"，以"隆礼"取代尊尊；韩非则剔除了亲亲之私义，强化了尊尊之公法，实质上就是以法为义。可见，与孔子相比，战国诸子的针对性更强、目的更明确，对"义"之本质的把握更到位。战国诸子清醒地认识到，仅仅说清什么是"义"并不足以确立自家义思想，还必须阐明"义"来自哪里，这样才能为"义"奠定神圣性或合法性的理论基础。墨子认为义出于天；孟子认为义出于心；庄子认为义出于先王；荀子认为义出于圣王；韩非认为义出于现实的君主。尽管义是什么说清楚了，义的神圣性或合法性来源也确立了，但是由于诸子所论述之义缺乏现实功能，且还存在理论上的不完整性，于是诸子又有针对性地提出了各不相同的义功能论。墨子突出义的"兴利"功能；孟子突出义的"道德"功能；庄子突出义的"反衬"功能；荀子突出义的"能分"和"制度"功能；韩非突出义的"变易"功能。由此，诸子建构了一套相对完善的义本体论、义来源论和义功能论，在分化的基础上形成了诸多不同的义思想成果。这些思想成果在战国思想界争奇斗艳，相互影响，相互促进，奏响这一时期中国思想发展史上的壮丽乐章。

从义思想自身发展的线索看，孔子首次对义观念进行了理论改造，形成了初步的义思想；而战国诸子围绕"义"形成的思想争鸣和共鸣，既使义思想在战国时期变得空前丰富，又把义思想的理论深度推进了一大步。的确，与孔子义思想相比较而言，战国诸子义思想显得更系统、更富有逻辑性，也更像是一种理论。

三 义观念与义思想：未思之物与致思之花

放眼整个先秦时期，义观念一直处于下移与扩展进程之中，义思想则处于不断深化和分化的发展进程之中，两者确乎表现为两个各自独立的发展进程。同一个"义"表现为观念与思想两种形态，那么，除了分道扬镳式的独立发展外，二者之间还存在着怎样的区别与联系呢？结合义观念与义思想的发展进程，可以基本形成两方面的判断。

一方面，义观念与义思想具有内在的一致性。义观念作为中华文明的核心观念，自形成之初就具备了亲亲尊尊的精神内核，并在长期的发展进程中，具备了共识性、普遍性和社会性特征，成为先秦华夏文明的内在精神支柱。战国时期，义观念又内化为国民性，成为华夏民族的一种潜意识，内在地决定着人们的行为方式和价值取向，凡本民族之成员，概莫能外。我们看到，"义"作为一种观念，不同阶层的人们均对其高度重视，并以之为最重要的行为标准，却从未深入而系统地论证过它，似乎人们都知道义是什么，又都不确切知道义究竟指什么，或者就以自己对义的理解为正确的"义"。"义"受到如此普遍的重视，以至于成为维系华夏文明的社会准则和观念纽带。先秦诸子是华夏族群的优秀分子，他们的思想必然深受族群文化环境的影响，必然绕不开族群共同精神的熏染。族群共同秉持的义观念也形塑了诸子共同的文化心理，提供了诸子共同的思想资源，甚至根本上决定着诸子的思想内容。因此，我们看到，诸子义思想无论存在多大的差异，均是基于义观念之亲亲尊尊精神内核的继承、改造或发展；当然，义思想的分化也存在对亲亲尊尊否定的现象，然而，即便是否定，也都是以亲亲尊尊之义为靶子的。可以说，义思想来源于义观念，离不开义观念的基础，甚至可以视为义观念的一部分。如果把义观念比作一棵枝繁叶茂的巨树，义思想就是这棵树上开出的美丽花朵，二者尽管存在很大的区别，但实则具有同根同源的内在一致性。

另一方面，义观念与义思想也存在诸多的差异性。首先，义观念具有普遍性，义思想具有个体性。义观念在先秦时期的发展就是一个由上到下、由点到面不断扩充的进程，影响到先秦社会方方面面的关系，如宗教关系、政治关系、人际关系、经济关系、伦理关系等，这些关系无不深深地打上了义观念的烙印。这决定着义观念超越了先秦社会的其他观念，成为维系先秦社会文明的纽带，具有普遍性特征。义思想则是不同思想主体致思的成果，不同主体的思想客观上存在分野，对义的认识各不相同，决定了其义思想也会存在明显差异。与义观念的普遍性相比照，诸子义思想则显得个性鲜明，有着特立独行的发展方向。其次，义观念具有共识性，义思想具有独特性。义观念自西周时期形成开始，就成为一种公开的官方政治准则，是一种得到广泛认同和普遍接受的共识性观念；春秋时期，"义"对"礼""利""德"形成统摄，确立了自身统领性的社会观念地位；战国时期，义观念更是在最广泛的社会层面普遍流行，成为不同阶层的社会主体的共识性观念。义思想则是某些学派或具体思想家特有的思想成果，其思想内涵尽管脱胎于义观念，但是在理论的深度和系统性上远远高于义观念，是基于义观念某些内涵系统化和理论化的成果，具有与众不同的特点。由于不同的思想

第六章 从未思之物到致思之花

家具有不同的主体意识,对义的认识往往存在巨大差别,这就决定了义思想具有较强的个性特征,从流布范围和社会认同度看,远不如义观念广泛而普遍。再次,义观念具有现实性,义思想具有超越性。郑文惠指出:"观念既无法逸离于社会,又无法超越于现世;因而,观念总立基于现实,反刍于社会。"① 的确,观念总是指向于社会现实,总是反映着特定时代的特定社会群体意识,观念的变化总是反映着时代的变迁。观念与社会发展保持同步,不会超越社会发展的现实,不会告诉我们未来如何。义思想虽然源于现实,但又远远高于现实。思想家大多是现实冷静的旁观者,能够始终对义的变迁保持清醒认识。他们关注义、论述义,就是为了解决现实中义观念存在的问题,引领其未来发展的方向。因此,思想之所以成为思想,就因为思想本身是超越性的存在。复次,义观念具有模糊性,义思想具有明晰性。义观念作为一种"未思之物",潜在地决定着人们的思想和行为,人们一般并不深入思考其究竟为何物,而是想当然地随社会认同的大流,或者以自我坚持的准则为义,这就使义观念具有模糊性。义思想则具有明确的内涵,具有系统的体系,是义观念发展到一定阶段后出现的产物,是对义观念的系统化和理论化发展,具有超越一般观念的理论深度。可以认为,义观念与义思想的本质区别就在于前者是"未思之物",后者是"致思之花"。最后,义观念具有延续性,义思想具有时代性。义观念自形成之后就处于不断的发展进程中,基本上没有发生过根本性的断裂。它在不同时代都延伸或泛化出不同的形式,并内化为国民性的一部分,对中华文明产生着多重影响,成为我们的文化基因而代代相传;而义思想总是与特定的时代和特定的思想主体相联系,是时代性、个体性的思想成果。义思想主要针对特定的时代问题而形成,尽管也具备超越性,但是与义观念相比较而言,其影响往往具

---

① 郑文惠:《观念史研究的文化视域》,《史学月刊》2012年第9期。

有不确定性,有些甚至如昙花一现,难以在不同时代持续产生影响。

义观念是义思想的基础,其提供的思想资源从根本上规定着义思想的核心内容,制约着义思想的发展方向;义思想则高于义观念,是义观念的系统化和理论化成果,它能够改造义观念,更新义观念,引领义观念发展的方向,使义观念在不同的时代条件下具有新的内涵,具备时代性和有效性。义观念只能告诉我们现实如何,义思想则可以帮我们回顾过去,思考现实,并指引未来。义观念与义思想既存在着内在一致性,又存在着外在差异性,可谓同中有异、异中有同,整体上可视为大同小异、同异一体。义思想提供了理论的高度,义观念又提供了社会的广度,在这高度与广度之间衍生出一系列概念系统,共同融汇成一个综合性的义范畴。

四 先秦义范畴的生成

唯物辩证法认为,"范畴"是客观世界规律性的东西在人的认识中的反映形式,是在认识发展的长期历史过程中形成的;一定的范畴标志着人类对客观世界的认识的一个小阶段;任何范畴都是包含诸种要素的概念系统,范畴的本质表现在构成它的各个要素之间的关系结构中。[①] 相对于"观念"与"思想"而言,"范畴"具有综合性,是人们对客观事物的本质和关系的概括。结合以上认识,可以认为,义范畴就是在义观念与义思想发展进程中融汇而成的概念系统。以下几个方面可以为义范畴的生成提供佐证。

其一,义范畴的生成表现在义持续的历史发展进程中。义自观念形态开始,经过在先秦不同时代的发展,最终发展成为一个大的范畴,这实际上是在一个持续不断的历史进程中逐渐形成的。尽管

---

① 金炳华编《马克思主义哲学大辞典》,第 264~265 页。

从时间节点上看，战国时期义范畴得以最终形成，但是这只能说明，义范畴是在这个历史时期臻于完善的，除此之外，我们不应忽视义在之前时代的发生和发展。从殷商直到春秋晚期，义的观念形态都居于主导地位，并处于不断发展的进程中。其间形成的一系列文明准则都没有消失在历史的长河中，而是积累、沉淀下来，构成了一条"存在的巨链"，延伸至今。孔子最早形成了系统的义思想，自此义开始具有了思想形态，并经战国诸子的争鸣而走向全面丰富。自战国开始，义观念与义思想形成了并行发展的局面：义观念普遍流行于社会层面，义思想则成为诸子关注的焦点。当然，孔子的义思想本于春秋义观念，其对战国士人的义观念产生了重大影响；墨子义思想同样本于春秋义观念，其对战国侠义观念的影响亦不可小视。从另外一个角度看，战国诸子之所以围绕义形成了思想争鸣，也是基于对战国义观念发展现实的不满。因此，义的观念形态与思想形态竞相发展，整体上表现为一个连续的历史进程：从殷商直到战国，中间未曾出现过断裂，而是由简单到复杂，由宗教而政治，由政治而社会，处于不断下移和扩展的进程中。正是在这样一个长时期的发展进程中，义的内涵得以不断丰富，义的外延得以不断拓展，义的影响力得以不断扩充，义范畴就在这个进程中得以萌生、发展并趋于完善。如果把义范畴比作一个幅员广阔的王国的话，义观念和义思想各占其中的"半壁江山"。

其二，义范畴的生成表现在义对社会诸多领域的决定性作用上。范畴的一个重要特点是具有综合性，其本质表现在构成它的各个要素的关系结构中。义从功能上看就具有综合性，在先秦社会结构的各个层面，义几乎均产生了决定性的作用，成为一切社会规则的准则，或曰合理性与正当性的依据。例如，在宗教领域，义作为宜祭的关键程序，产生了亲亲尊尊的观念萌芽，并发展出一系列和政治有关的等级秩序，受到殷商贵族统治阶层的普遍重视；西周时期，义观念的神性依然突出，在神道设教、敬天法祖的氛围下，祭祀之义仍然决定着周人的精神世界。通过祭祀之义产生的世俗义务成为每个族群成员的神圣职责；直到春秋时期，民神之义仍是政治视野中一个极为重要的问题。可以说，义在宗教领域具有极为重要的作用。在政治领域，义亲亲尊尊的精神内核几乎主导着整个先秦时期社会政治的全部内容，政治行为的义与不义决定着统治的兴衰成败。以义行政，可以作无不济、求无不获；如果所行不义，则必然导致自取灭亡、民众背叛、亡宗绝祀。义成为政治治乱的分水岭。在道德领域，义在春秋时期就确立了统领性地位，成为各种美德的通用准则，对各种德目形成了规定。美德之所以成为美德，就在于它们必须与义相联结，先秦时期形成的礼义、仁义、德义、信义等诸多词语说明，礼、仁、德、信皆需要本于义，都需要义作为前提才能成立。义在道德领域的统领性地位由此可见一斑。在制度领域，春秋时期有"义以出礼""礼以行义"的说法。政治家的这些言论看似不经意，实则透露出一个重要的历史事实，即"郁郁乎文哉"的礼乐之制来源于义，礼是义的制度化形式，义则是礼的精神内核。制礼的根本就在于实践义的精神，可见，义在制度领域内更是具有核心作用。在经济领域，义利表现为一对矛盾，二者关系由春秋时期的同源发展为战国时期的对立。无论是同源还是对立，义都对利形成了一种前提或制约：利益的取得，需要义的前提；利益的获取是否正当，也需要义来裁决，以义取利是经济领域的主导观念。在思想领域，义是孔子"礼义仁"三位一体思想体系的关键环节，战国诸子百家的思想学说基本上也要本于义，都需要义的概念之壳。义既是百家争鸣的核心内容，又是百家共鸣的主要对象。说义主导着先秦的思想领域，也并不是什么过激之辞。义的影响力甚至延及法律领域，西周就有"义刑义杀"的说法，义还与具体的刑名相连，成为刑杀的官方准则；战国时期，法家还形成了"法义"的说法，直接以"公法"为义。

以上这些社会领域几乎涵盖了先秦社会的方方面面。而在如此众多的社会领域内,义都发挥着决定性的作用,它如同一张无形而巨大的网,笼罩着先秦社会的不同领域,贯穿着先秦社会的不同层面,对先秦社会文明整体上产生着维系功能。义这种令人吃惊的综合性,以及其在各种社会关系中的决定性地位,深刻反映着先秦社会的本质。

其三,义范畴的生成表现在以义为核心形成的一系列概念上。在义的引领下,形成了一系列概念。这里且不论与义相联结的那些众多观念词语,仅从义自身生发出来的概念,就足以令人刮目相看。如亲亲尊尊、公、正、善、节、分、仪等,几乎是先秦时期最为重要的概念;而基于义之亲亲尊尊精神内核又衍生出义德、义刑、义方、宜、兼爱、尚贤、仁爱、敬长、尊贤、礼义、法义、侠义、士义、私义等众多概念,这些概念涉及宗教、政治、道德、制度、思想诸多层面,看似各不相同,实则均与义相关联。义自身生发出的系列概念,加上基于义延伸出来的概念,再加上由义所统领的众多德目,使义之名下形成了名副其实的概念系统。这个庞大的概念系统均由义来统摄,决定义成为一个综合性范畴。

其四,义范畴的生成表现在义对中华文明的深刻影响上。义亲亲尊尊的精神内核自形成开始就对中华文明发挥着强大的纽带作用,形成了文明的内在精神结构。当义观念从贵族统治者的神圣庙堂一点一点下移,一步一步扩展,迁入最广泛的社会层面时,它开始统治了小传统的道德,为中国古代社会的各种组织提供维系,形成了自政治上层建筑到最基层民众的各种秩序。其中自然有义原始观念内核的作用,更多则基于义观念泛化与变形而形成的精神准则。这种精神准则如此强大,以至于它以一种不可抗拒的力量控制着社会的政治层面、经济层面和文化层面,甚至控制着所有人的思想和行为方式。每个文明的个体由于生于斯、长于斯，都不可避免地为义的精神所形塑，即便作为思想家的先秦诸子，其提出的不同思想学说也都要继承义、改造义、发展义、匡正义或者参照义。在长期的历史进程中，义沉淀为我们民族的潜意识，成为国民性的一部分，只要中华文明不被异族尤其是文明程度高于自身的异族征服，义的抽象精神就会一直控制着这个文明社会生活的基本形式。

义在先秦时期发展进程的持续性、控制各种社会领域的综合性、对众多概念生发和引领的系统性、对中华文明影响的持久性表明，义作为华夏文明的基本准则，已经发展为一个庞大的综合性范畴。

小 结

先秦义范畴的生成是义观念与义思想融汇的结果。在整个先秦时期，义观念的内涵与外延都处于不断丰富和扩展的进程之中，它内在的制约力延伸至不同的时代，扩散在不同的社会角落，统领着诸多社会观念，是抽象的善的代表。先秦文明的发展进程尽管复杂多变，然而，其深层的结构和力量源泉却需要从义观念的角度来了解和掌握。义观念的形成和演进构成了一条存在的巨链，并形成以义为原点的观念集群，这些观念集群纵横交织，建构了先秦社会的文化认同，成为社会整体精神形态的凝聚，对普遍的相对一致的社会文化行动具有先决意义。对于先秦社会而言，义观念要远比个人思想具有更普遍的支配作用，它展示了义作为一种观念控制社会、影响社会的深度和广度。义思想是在义观念的土壤中成长起来的，这决定了二者之间存在内在一致性。不过，相对于义观念，义思想也有其自身独特的发展逻辑。义思想是对义观念的理论深化，由于思想家具有不同的主体意识，这决定了义思想存在分化现象，先秦诸子围绕义形成的思想争鸣和共鸣，形成了基于普遍观念原野上的

第六章 从未思之物到致思之花

思想丛林。义思想的形成及其分化发展,使义进入和走上理论化发展的新空间和新高度,成为中华文化史的辉煌篇章,构成了义范畴不可或缺的另一半。

义观念的广度与义思想的高度,共同建构了一个综合性的概念系统。在义的概念名称之下,一系列观念词汇形成了,一系列思想成果汇集了,一系列价值方向确定了,其间尽管存在着极大的分野甚至对立,但是,这在客观上都成为义范畴的一部分,深刻反映着先秦社会的整体文化精神。从庙堂之高到江湖之远,从未思之物到致思之花,义无处不在、无时不彰,在这样一个庞大的时空体系中,义范畴得以最终生成。

总而言之,在观念与思想之间,义由小而大、由点而面、由平面而立体、由单一而综合,不断扩展、不断丰富,最终织就了一张笼罩我们这个民族的巨网,这张巨网不但笼罩着我们的过去,甚至还会继续延伸,笼罩住我们的未来。美国政治思想家弗朗西斯·福山说:"国家并不受困于自己的过去,但在许多情况下,数百年乃至数千年前发生的事,仍对政治的性质发挥着重大影响。"[①] 的确,就殷周至今中国社会历史几千年的进程来看,无论历史时代怎样变迁,文化思想怎样更新,社会制度怎样重构,义的亲亲尊尊内核都自始至终发挥着强固的内在影响。当然,对于这种影响,我们需要辩证地来认识:从正面的角度看,义的亲亲尊尊内核可以使社会产生强大的内聚力与组织力,可以保证其长期处于稳固运转状态,中华文明至今能连续发展而没有产生断裂,义可以说起到了内在主导作用;从负面的角度看,义的亲亲尊尊内核也对当今的民主法制建设带来了不可忽视的挑战。这是因为亲亲尊尊必然使社会形成大小不同的坚韧"圈子",而民主法制建设则需要泾渭分明的裁决"直

---

① 弗朗西斯·福山:《政治秩序的起源:从前人类时代到法国大革命》,毛俊杰译,广西师范大学出版社,2012,第2页。

线"。当"直线"不能穿透并打破"圈子"的时候,"直线"就有可能随着"圈子"发生变形,成为依附于圈子的松散"曲线"。问题在于,是否会有人意识到,我们民族的未来命运竟然在很大程度上系于这看似无奈的曲直之间。

结　语

本书把先秦时期的"义"分为观念和思想两条发展主线展开研究，试图通过"义"的观念化和思想化发展进程揭示义观念与义思想之间的联系与区别，探究"义"是如何生成为一个庞大范畴的。综合全书，形成以下结论：

其一，义是中国政治观念的起源。一般认为，中国政治观念的起源是德，对于德的来源问题，学界形成了不同的说法，罗新慧曾归纳如下：

> 有学者将中国古代的"德"与美拉尼西亚人超自然的"马那"（mana）以及族"性"相联，认为德源自"生"，即族姓。有学者认为"人的一切，都是由天所命……则人的道德根源，当亦为天所命"，指明德来自天。有学者通过讨论甲骨卜辞中的"䄽"字，指出"德"的原始意义为顺从祖先神、上帝神，暗示德源于祖先、上帝。有学者在分析《尚书》"商书"相关篇目后，提示商人之"德"来源于天命与高祖。有学者则强调先王、先祖是德的传递者。[①]

只要把德作为政治观念的起源，德的来源问题就不能从历史现实的角度来做解释，而必然需要从形而上的角度来解释：不是"天命"，就是高祖；不是本然的"族性"，就是"内得于己"。不

---

① 罗新慧：《"帅型祖考"和"内得于己"：周代"德"观念的演化》，《历史研究》2016 年第 3 期。

在观念与思想之间

过,按照历史唯物主义原理,特定的政治观念必然要建立在特定的现实基础之上。如果政治观念的起源与现实政治实践无关,似乎有点说不过去。卡西尔指出:"在转向天的现象的秩序时,人类不可能就忘记了其地上的需要和利益。如果人首先把他的目光指向天上,那并不是为了满足单纯的理智好奇心。人在天上所真正寻找的乃是他自己的倒影和他那人的世界的秩序。"① 实际上,古代政治观念的起源必然和当时社会政治活动密切相关,必然是从现实政治实践中抽象出来的。宗教只不过是其神圣化发展的外衣,是一种强化的手段而绝不能是其来源。道理很简单,不是宗教创造了人,而是人创造了宗教。

《荀子·君子》载:"义者,分此者也。"可谓一语道破天机。"分"是文明社会的基本特征。社会分工、阶级分化、财富分配等都和"分"有关。一个重要的问题是,"分"需要有一个公认的准则,不然无法进行。我们发现,至少在殷商时期,义就成为"分"的普遍性准则。商王在宜祭仪式上通过义之程序分肉飨众,以人格的物化形成了统治者群体的身份认定、地位认定、权利认定和职责认定,最终形成了亲亲尊尊的政治准则。

"德"就是"义"之"分"的结果。"德者,得也。"通过王之义,不同身份地位的臣子各安其"分"、各敬所"得",这极有可能就是《尚书·立政》所载文王之"义德"。"义德"一词,《尚书》中尽管仅一见,但保留着"德"观念来源的重要信息,决不可等闲视之。从政治运作的角度看,"德"是现世之王通过"义"形成的,尽管假托了先祖的名义,但毫无疑问,德是由现世之王实施的。也就是说,德的形成实际上是现世之王施惠的结果,自然而然,贵族群体作为"有德"之人,必须"敬德"。"德"是由王之"义"形成的结果,因而义观念的出现要早于德观念,是

---

① 恩斯特·卡西尔:《人论》,第82页。

中国政治观念的真正起源。

其二，义是先秦社会伦理的总纲。如果说义之"分"形成了三代政治文明的基本构架，义之"善"则构成了古代道德文明的根本准则。在先秦伦理体系中，义是生发先秦社会伦理的总纲，处于所有德目的上位，是具体德目之所以为"善德"的准则。这种结论有点出乎意料，然非凭空臆想。笔者注意到，在中华传统伦理概念中，有所谓仁义、礼义、德义、道义、忠义、孝义、信义、节义等词。以往专家对这些伦理观念开展研究，基本上把义视为无实际意义的铺垫词，把研究重点主要放在首字上。可是，一个不容忽视却又被我们经常忽视的问题是：为什么这些观念词都不约而同地与义相联结？如果义仅仅是一个无意义的铺垫词，为什么不省略掉？可见，这个看似平凡的义字身上还有着非同寻常的一面。

实际上，在这些"某义"的词中，义非但不是一个铺垫字，反而具有决定意义。它是制约或决定首字能否成立的准则和尺度。也就是说，首字必须建立在义的基础之上，只有合于义的要求，才具有正面的伦理价值，才具有正当性并得以成立。在先秦文献中，对义的伦理准则地位屡有记载。"义以出礼""义以生利""允义明德""以义死用谓之勇""奉义顺则谓之礼""畜义丰功谓之仁""让不失义""信以行义"等，均证明义对这些具体德目具有准则作用。这是因为，义亲亲尊尊的宗法伦理精神是生发和决定其他一切伦理观念的源头，是中国传统伦理巨网的总纲，具有决定性的裁判地位，构成中国传统伦理的根本准则。

《易》曰："立人之道，曰仁与义。"《韩非子·解老》载："义者，君臣上下之事，父子贵贱之差也，知交朋友之接也，亲疏内外之分也。"《荀子·王制》载："禽兽有知而无义，人有气、有生、有知，亦且有义，故最为天下贵也。"可见，在先秦思想家的视野中，义是人之所以为人的依据，是社会之所以为社会的根本，是人与动物的本质区别。在中国传统"五伦"观念中，如果一个人不仁、无礼、缺智、失信,应该是有很大问题的。不过,尽管如此,这个人还不失为一个人。如果说一个人"不义",那问题就严重了,"不义"意味着这个人已经与禽兽无别,不再是一个人了。

义还从整体上规定着先秦时期的各种社会关系,几乎处于一切社会关系的准则地位,对华夏族群的所有个体产生约束力。它的适用的普遍性、它的处理所有问题的准则性、它的代代相沿的传承性决定了其在中国古代伦理体系中的核心地位。

其三,义是民族文化认同的内核。义亲亲尊尊的文化精神实际上形成了中华民族文化认同的内核。纵观先秦时期,义观念自生成之后就处于不断下移、扩充、泛化和变形的进程之中,对中华民族文化认同的形成和巩固起到了决定性的驱动作用。亲亲之义从"父慈、子孝、兄爱、弟敬"的血缘家族之亲,到反对"彰怨外利",提倡"内利亲亲"的同邦同国之亲,再到"简父兄之尊而崇宾客之礼,薄骨肉之恩而笃朋友之爱"的宾客朋友之亲,最终发展为"四海之内皆兄弟也"的华夏族类之亲。华夏族群的命运共同体在义观念的内在驱动下不断扩充。

在义观念生成之初的殷商时期,"天监下民,典厥义",义构成了殷商宗教神权的神圣性依据,形成了"殷人尊神"的普遍观念。与其说殷人尊神,毋宁说殷人尊的是祭祀程序中蕴含着的宗教政治准则。这种政治准则相对于当时的天下万方而言,是一种具有超越性的文明施设,是促使其产生文化向心力、接受殷商普世主义王权的强大力量。"周人尊礼",而"义以出礼","礼之所尊,尊其义也"。礼实际上是义的制度化成果。《诗经》中多处出现"仪(义)刑文王,万邦作孚""其仪(义)不忒,正是四国""仪(义)式刑文王之典,日靖四方"的说法,显示出"义"在西周时期的共识性政治准则地位。《尚书·洪范》载:"遵王之义。""王之义"构成了西周社会必须遵行的核心价值观念,周人以此为圆心,形成了一个无比牢固的文化共同体。"春秋大义",义是春秋

结 语

时期最为突出的社会观念，为社会各个领域的人们所共同尊崇；战国时期"一人一义"，士义、侠义与私义建构了战国社会的文化认同，使这个处于崩解状态的时代有了义观念的强力维系。在从殷商到战国这段华夏文明的生成期内，在有文献资料可资凭信的一千多年间，义均扮演了核心社会观念的角色，成为建构和维系民族文化认同的精神内核。

总体而言，义观念源于殷商宜祭程序，具有亲亲尊尊的精神内核；西周时期，义观念得以生成，并具备了共识性、社会性和普遍性特征，成为周人的宗法政治准则；春秋时期，义观念成为社会核心观念，具有公、正、善、节、分的具体内涵，对礼、德、利、信、忠等社会观念形成普遍的约束力，成为春秋社会伦理大网的总纲。与此同时，义亲亲尊尊的精神内核开始出现泛化和变形，在社会诸多领域有着突出的价值表现。战国时期，义观念下移到最广泛的社会层面，为处于分裂状态的中华文明提供了社会认同，并最终沉淀为中华民族国民性的一部分。整个先秦时期，义观念都处于持续下移和扩展的发展进程之中，在这个漫长的发展进程中，义成为先秦文明的核心观念，它不仅生发了中华民族的道德文明和制度文明，而且成为维系社会发展的强有力的观念纽带。

孔子在对义观念深化的基础上，初步形成了较为系统的义思想，把义由现实政治观念内化为君子道德，建构了"礼义仁"三位一体的思想体系，观念之义自此开始形成了思想形态。战国诸子在对义观念内涵有选择的继承基础上，分别对义之亲亲尊尊的精神内核做了不同的理论发展，并提出了迥异的义来源论和义功能论，形成了各具特色的义思想，使义思想在战国时期走向了全面丰富。

义观念与义思想既有各自独立的发展线索，又存在千丝万缕的关联。整个先秦时期，义观念的下移与社会化扩展、义思想的深化与分化发展并行不悖，具有各自的发展逻辑；同时，二者之间的相互影响也相当明显。义观念是义思想产生的基础，为义思想提供了丰富的思想资源，并从根本上规定着义思想的内容，甚至控制着义思想的发展，可以说，义思想从产生到进一步的深化发展都离不开义观念的基础。义思想虽然本于义观念，但因其具有系统性特征，又在理论深度上超越了义观念，从而又可以匡正义观念、更新义观念，确立符合需要的"时义"。因此，义观念与义思想既存在着内在一致性，又存在着外在差异性。二者相互依存、相互促进，共同促成了义范畴的形成。

义观念与义思想在先秦不同时期的独立与交织发展的各种成果都没有消失在历史的长河里。义观念作为一条历史存在的巨链，贯穿在先秦社会不同时期的不同层面，这条巨链上的每一个环节均清晰可见；义思想作为思想家致思的成果，如同在观念原野上崛起的思想丛林，建构了一个个思想的高度，成为中华民族文化元典的重要内容。义观念与义思想在先秦不同时期的发展成果都以文化的形式积淀下来，形成了一系列概念系统，产生了一系列思想成果，确定了一系列价值准则，其间尽管存在着很大的分野，但是客观上都深刻反映了先秦社会的整体文化精神。

在观念与思想之间，义从"庙堂之高"到"江湖之远"，从"未思之物"到"致思之花"，涵盖了先秦社会的诸多层面，最终生成为一个庞大的综合性范畴。

主要参考文献

一 古籍

陈涛译注《晏子春秋》，中华书局，2007。
高亨：《商君书注译》，中华书局，1974。
高明：《帛书老子校注》，中华书局，1996。
郭庆藩撰，王孝鱼点校《庄子集释》，中华书局，1961。
何建章注释《战国策注释》，中华书局，1990。
何宁：《淮南子集释》，中华书局，1998。
黄怀信：《逸周书校补注译》，西北大学出版社，1996。
蒋礼鸿：《商君书锥指》，中华书局，1986。
焦循著，沈文倬点校《孟子正义》，中华书局，1987。
荆门市博物馆编《郭店楚墓竹简》，文物出版社，1998。
黎翔凤撰，梁运华整理《管子校注》，中华书局，2004。
李民、杨择令等编著《古本竹书纪年译注》，中州中籍出版社，1990。
马非百：《管子轻重篇新诠》，中华书局，1979。
马王堆汉墓帛书整理小组编《战国纵横家书》，文物出版社，1976。
骈宇骞等译注《武经七书》，中华书局，2007。
《十三经注疏》，中华书局，1980。

司马迁:《史记》,中华书局,1982。
孙诒让撰,孙启治点校《墨子间诂》,中华书局,2001。
谭戒甫:《墨辩发微》,中华书局,1964。
王弼诠,楼宇烈校释《老子道德经注校释》,中华书局,2008。
王利器:《文子疏义》,中华书局,2000。
王先谦:《庄子集解》,中华书局,1987。
王先谦撰,沈啸寰、王星贤点校《荀子集解》,中华书局,1988。
王先慎撰,钟哲点校《韩非子集解》,中华书局,1998。
吴毓江撰,孙启治点校《墨子校注》,中华书局,1993。
徐元诰撰,王树民、沈长云点校《国语集解》,中华书局,2002。
许维遹撰,梁运华整理《吕氏春秋集释》,中华书局,2009。
杨伯峻:《列子集释》,中华书局,1979。
杨伯峻:《论语译注》,中华书局,1980。
袁康、吴平辑录,俞纪东译注《越绝书全译》,贵州人民出版社,1996。
朱海雷:《尸子译注》,上海古籍出版社,2006。
朱谦之:《老子校释》,中华书局,1984。
朱熹:《四书章句集注》,中华书局,1983。

二 专著

爱弥尔·涂尔干:《宗教生活的基本形式》,渠东等译,上海人民出版社,1999。
常玉芝:《商代周祭制度》,中国社会科学出版社,1987。
晁福林:《春秋战国的社会变迁》上册,商务印书馆,2011。
晁福林:《先秦社会思想研究》,商务印书馆,2007。
陈来:《古代思想文化的世界——春秋时代的宗教、伦理与社会思想》,三联书店,2002。

陈来：《古代宗教与伦理——儒家思想的根源》，三联书店，1996。

陈瑛：《中国伦理思想史》，贵州人民出版社，1985。

陈智勇：《先秦社会文化论丛》，中州古籍出版社，2005。

丁山：《商周史料考证》，中华书局，1988。

丁四新：《郭店楚墓竹简思想研究》，东方出版社，2000。

恩斯特·卡西尔：《人论》，甘阳译，上海译文出版社，2013。

冯天瑜、何晓明、周积明：《中华文化史》，上海人民出版社，2005。

冯友兰：《中国哲学简史》，北京大学出版社，1985。

冯友兰：《中国哲学史新编》，人民出版社，1964。

弗朗西斯·福山：《政治秩序的起源：从前人类时代到法国大革命》，毛俊杰译，广西师范大学出版社，2012。

弗雷泽：《金枝》，徐育新等译，大众文艺出版社，1998。

龚留柱：《春秋弦歌——〈左传〉与中国文化》，河南大学出版社，2004。

勾承益：《先秦礼学》，巴蜀书社，2002。

郭沫若著作编辑出版委员会编《郭沫若全集·历史编》第2卷，人民出版社，1982。

何晓明：《亚圣思辨录——〈孟子〉与中国文化》，河南大学出版社，1995。

侯外庐、赵纪彬、杜国庠：《中国思想通史》第1卷，人民出版社，1957。

胡淀咸：《甲骨文金文释林》，安徽人民出版社，2006。

胡厚宣：《甲骨文合集释文》，中国社会科学出版社，1999。

胡厚宣、胡振宇：《殷商史》，上海人民出版社，2003。

胡适：《中国哲学史大纲》，上海古籍出版社，1997。

华东师范大学中国文字研究与应用中心编《金文引得》，广西教育出版社，2001。

黄开国、唐赤蓉：《诸子百家兴起的前奏——春秋时期的思想文化》，巴蜀书社，2004。

黄伟合、赵海琦：《善的冲突——中国历史上的义利之辨》，安徽人民出版社，1992。

金观涛、刘青峰：《观念史研究——中国现代重要政治术语的形成》，法律出版社，2010。

李零：《上博楚简三篇校读记》，中国人民大学出版社，2007。

李书有：《中国儒家伦理思想发展史》，江苏古籍出版社，1992。

李学勤：《中国古代文明研究》，华东师范大学出版社，2005。

李泽厚：《中国古代思想史论》，人民出版社，1985。

李振宏：《历史学的理论与方法》，河南大学出版社，1999。

李振宏：《历史与思想》，中华书局，2006。

李振宏：《圣人箴言录——〈论语〉与中国文化》，河南大学出版社，1995。

梁启超：《先秦政治思想史》，东方出版社，1996。

刘兴隆：《新编甲骨文字典》，国际文化出版公司，1993。

刘泽华：《中国政治思想史》，浙江人民出版社，1996。

吕思勉：《先秦史》，上海古籍出版社，1982。

牟宗三：《历史哲学》，台北，联经出版事业公司，2003。

诺贝特·埃利亚斯：《文明的进程》，王佩莉、袁志英译，上海译文出版社，2009。

诺夫乔伊：《存在的巨链：对一个观念的历史的研究》，张传有、高秉江译，江西教育出版社，2002。

庞朴：《儒家辩证法研究》，中华书局，1984。

庞朴：《一分为三——中国传统思想考释》，海天出版社，1995。

彭林：《中国古代礼仪文明》，中华书局，2004。

钱杭：《周代宗法制度史研究》，学林出版社，1991。

任继愈主编《中国哲学史》第1册，人民出版社，1963。

宋镇豪：《夏商社会生活史》，中国社会科学出版社，1994。

仝晰纲、查昌国、于云瀚：《中华伦理范畴——义》，中国社会科学出版社，2006。

童书业：《春秋左传研究》，上海人民出版社，1980。

童书业：《先秦七子思想研究》，齐鲁书社，1982。

童书业：《春秋史》，山东大学出版社，1987。

万光军：《孟子仁义思想研究》，山东大学出版社，2009。

熊十力：《熊十力全集》，湖北教育出版社，2001。

许倬云：《西周史》，三联书店，1994。

亚当·斯密：《道德情操论》，蒋自强等译，商务印书馆，2003。

杨国荣：《伦理与存在——道德哲学研究》，上海人民出版社，2002。

杨国荣：《善的历程——儒家价值体系研究》，上海人民出版社，2006。

杨宽：《战国史》，上海人民出版社，2003。

杨荣国：《中国古代思想史》，人民出版社，1954。

杨向奎：《宗周社会与礼乐文明》，人民出版社，1992。

杨泽波：《孟子评传》，南京大学出版社，1998。

张传开、汪传发：《义利之间——中国传统文化中的义利观之演变》，南京大学出版社，1997。

张岱年：《文化与哲学》，中国人民大学出版社，2006。

张光直：《美术、神话与祭祀》，郭净译，辽宁教育出版社，2002。

张广志：《西周史与西周文明》，上海科学技术文献出版社，2007。

张岂之：《中国思想学说史·先秦卷》，广西师范大学出版社，2007。

张亚初：《殷周金文集成引得》，中华书局，2001。

张荫麟：《中国史纲·上古篇》，三联书店，1962。

赵吉惠：《中国先秦思想史》，陕西人民教育出版社，1988。

朱伯崑：《先秦伦理学概论》，北京大学出版社，1984。

竹添光鸿：《左传会笺》，凤凰出版社，1975。

三　研究论文

阿兰·梅吉尔、张旭鹏：《什么是观念史？——对话弗吉尼亚大学历史系阿兰·梅吉尔教授》，《史学理论研究》2012年第2期。

曹德本、方妍：《中国传统义利文化研究》，《清华大学学报》（哲学社会科学版）2005年第1期。

查中林：《说"义"》，《四川师范学院学报》（哲学社会科学版）2000年第1期。

晁福林：《从庄子的仁义观看儒道两家关系——〈庄子·让王〉篇索隐》，《人文杂志》2002年第5期。

车载：《论孔子的"为政以德"》，《哲学研究》1962年第6期。

陈启智：《义利之辨——儒家的基本价值观念》，《中国哲学史》1994年第5期。

陈为民：《义利观是孔丘经济思想的核心》，《经济科学》1980年第4期。

达生：《说义》，《振华五日大事记》第22期，1907。

范正刚：《"义"辩》，《江海学刊》1996年第5期。

冯友兰：《关于论孔子"仁"的思想的一些补充论证》，《学术月刊》1963年第8期。

傅允生：《孔子义利观再认识》，《社会科学辑刊》2000年第2期。

傅宗良：《先秦儒家义利论述评》，《学习与思考》1982年第4期。

郭汉城：《论侠与义》，《戏剧报》1963年第5期。

胡寄窗：《先秦儒家的经济思想》，《教学与研究》1963年第1期。

黄伟合：《墨子的义利观》，《中国社会科学》1985年第3期。

黄伟合：《儒、法、墨三家义利观的比较研究》，《江淮论坛》1987年第6期。

黄伟合：《善的冲突——对中国历史上义利之辨的历史分析与理论分析》，《学术月刊》1988年第8期。

贾新奇：《论传统伦理学中义利问题的类型》，《陕西师范大学学报》（哲学社会科学版）2009年第6期。

姜李勤：《再议"仁义内外"的问题》，硕士学位论文，兰州大学，2009。

金景芳：《孔子所讲的仁义有没有超时代意义？》，《孔子研究》1989年第3期。

金景芳：《论孔子思想》，《东北人民大学人文科学学报》1957年第4期。

金兆梓：《义利辨——义与利为一物之本末一事之终始》，《新中华》复刊第2卷第3期，1944。

孔繁：《论荀况对儒家思想的批判继承》，《历史研究》1977年第1期。

李景林：《伦理原则与心性本体——儒家"仁内义外"与"仁义内在"说的内在一致性》，《中国哲学史》2006年第4期。

李雷东：《先秦墨家的义利观》，《西北大学学报》（哲学社会科学版），2009年第3期。

李甦：《孔子义利统一的思想》，《文史哲》1985年第2期。

李学勤、杨超：《从学术源流方面评杨荣国著"中国古代思想史"》，《历史研究》1956年第9期。

李振宏：《两汉社会观念研究——一种基于数据统计的考察》，《史学月刊》2014年第1期。

林国雄：《老子道德经的仁义思想》，《宗教学研究》1997年第4期。

林应时：《说义与利》，《爱国报》第18期，1924。

刘丰：《从郭店楚简看先秦儒家的"仁内义外"说》，《湖南大学学报》（社会科学版）2001年第2期。

刘国民：《陈鼓应之老子"仁义礼"观的反思和批判》，《江西社会科学》2009年第10期。

刘雪河：《谈礼、义、仁之间的关系》，《史学月刊》2003年第7期。

刘义：《论〈左传〉中"仁"、"义"、"信"三德目》，硕士学位论文，上海师范大学哲学系，2010。

刘元彦：《〈吕氏春秋〉论"义兵"》，《哲学研究》1963年第3期。

卢育三、王成竹：《墨子思想评价》，《河北大学学报》（哲学社会科学版）1979年第2期。

吕世荣：《义利之辨的哲学思考》，《哲学研究》1998年第6期。

吕有云：《法术本于仁义，仁义本于道德——论道教政治哲学的核心理念》，《西南民族大学学报》（人文社会科学版）2010年第9期。

罗世烈：《先秦诸子的义利观》，《四川大学学报》（哲学社会科学版）1988年第1期。

罗新慧：《郭店楚简与儒家的仁义之辨》，《齐鲁学刊》1999年第5期。

马振铎：《孔子的尚义思想和义务论伦理学说》，《哲学研究》1991年第6期。

苗润田：《"放于利而行多怨"——儒家义利学说再探讨》，《哲学研究》2007年第4期。

庞朴：《试析仁义内外之辨》，《文史哲》2006年第5期。

钱逊：《先秦义利之争》，《清华大学学报》（哲学社会科学版）1986年第2期。

邱竹、邹顺康：《墨子义利观之考辨》，《道德与文明》2010

年第4期。

任强：《在理念与仪则之间——先秦儒家思想中的礼义与礼仪》，《中山大学学报》（社会科学版）2002年第5期。

沈道弘、杨仁蓉：《义利之辩的反思和新解》，《上海社会科学院学术季刊》1993年第1期。

史介：《仁义也是孔子思想核心之一》，《山东师范大学学报》（社会科学版）1993年第4期。

宋志明：《义利之辩新解》，《学术研究》2004年第2期。

谭风雷：《先秦儒家义利观辨析》，《学术月刊》1989年第11期。

童书业：《孔子思想研究》，《山东大学学报》1960年第1期。

童书业：《荀子思想研究》，《山东大学学报》1963年第3期。

汪聚应：《儒"义"考论》，《兰州大学学报》（社会科学版）2004年第3期。

王博：《论"仁内义外"》，《中国哲学史》2004年第2期。

王磊：《孟子义利思想辨析》，《齐鲁学刊》2005年第5期。

王美凤：《先秦儒家伦理思想研究》，博士学位论文，西北大学，2001。

王朋琦：《走出"义利之辩"主流话语的三大误区——让义与利回归各自准确的定位、定义和定性》，《齐鲁学刊》2010年第3期。

卫春回：《孔子和韩非义利观比评》，《兰州商学院学报》1985年第1期。

魏勇：《先秦义思想研究》，博士学位论文，中山大学哲学系，2009。

魏勇：《义生，然后礼作——〈礼记〉义思想探析》，《西南民族大学学报》（人文社科版）2008年第2期。

吴根友：《道义论——简论孔子的政治哲学及其对治权合法性问题的论证》，《孔子研究》2007年第2期。

肖群忠：《传统"义"德析论》，《中国人民大学学报》2008

年第 5 期。

谢维俭：《仁、义的本义与演变》，《社会科学》2007 年第 11 期。

徐松岩：《论墨子思想中的义》，《辽宁师范大学学报》（社会科学版）2001 年第 2 期。

许青春：《法家义利观探微》，《中南大学学报》（社会科学版）2006 年第 6 期。

许青春：《先秦兵家的义利观》，《济南大学学报》（社会科学版）2007 年第 4 期。

许苏静：《试论孔孟义利观对构建和谐社会之价值》，《南京社会科学》2007 年第 12 期。

杨国荣：《义利与理欲：传统价值的多重性》，《学术界》1994 年第 2 期。

杨宽：《吕不韦和〈吕氏春秋〉新评》，《复旦学报》（社会科学版）1979 年第 5 期。

杨义芹：《先秦儒家义利思想论析》，《齐鲁学刊》2009 年第 1 期。

詹世友：《"义"、"宜"相通相融的道德哲学阐释》，《中州学刊》2004 年第 2 期。

张京华：《从理想到现实——论孔孟荀韩"仁""义""礼""法"思想之承接》，《孔子研究》2001 年第 3 期。

张立文：《略论郭店楚简的"仁义"思想》，《孔子研究》1999 年第 1 期。

张明华：《中国哲学史上的历史观学术讨论会记略》，《国内哲学动态》1985 年第 11 期。

张奇伟：《"仁义"范畴探源——兼论孟子的"仁义"思想》，《社会科学辑刊》1993 年第 2 期。

张奇伟：《论"礼义"范畴在荀子思想中的形成——兼论儒学由玄远走向切近》，《北京师范大学学报》（人文社会科学版）2001 年第 2 期。

张汝伦：《义利之辨的若干问题》，《复旦学报》（社会科学版）2010年第3期。

张书印：《先秦儒墨义利观的共同点及其借鉴》，《理论探讨》1990年第5期。

张松辉：《老庄学派仁义观新探》，《社会科学研究》1993年第6期。

章权才：《礼的起源和本质》，《学术月刊》1963年第8期。

兆武：《关于义利之辨》，《清华大学学报》（哲学社会科学版）1987年第1期。

赵纪彬：《孔墨显学对立的阶级和逻辑意义》，《学术月刊》1963年第11期。

郑琼现：《儒家义利观的法文化解读》，《湖南师范大学社会科学学报》2001年第6期。

周桂钿：《董仲舒的"仁义论"》，《北京师范大学学报》1987年第1期。

周桂钿：《儒家之"义"是"杀"吗——与庞朴同志商榷》，《孔子研究》1987年第2期。

朱海林：《略论先秦诸子义利观》，《船山学刊》2005年第1期。

朱健华：《韩非义利观简论》，《贵州大学学报》1989年第3期。

人名索引

A

安陵君　228

B

班固　173，220，237，323，325
鲍庄子　182，196
北宫文子　68，69

C

陈成子　160
陈桓子　159
陈灵公　196
陈文子　216
楚昭王　95，130，136，182，199
春申君　225，240，241
淳于髡　243
崔杼　148，149，224

D

董孤　182
董仲舒　3，4，7，12，112，365

F

范雎　228，236，241
范文子　158，166
范武子　158，166
冯欢　231，232，237
富辰　119，122，146，168，253

G

共叔段　117，168
观射父　134，136
管仲　141，172，194，195，208

H

韩非子　19，52，156，224，226，233，234，238，239，255，256，263，265~269，286~293，308~313，318~320，325，351，356
韩厥　162
韩起　157

侯嬴 238

狐偃 137

J

季康子 201，207

季平子 115，135

椒举 127

介之推 159

晋厉公 153

晋文公 124，137，138，145，155，156，159~161

晋献公 152

荆轲 235

K

孔文子 184

孔子 9，10，12~14，16，18，21~23，25~29，32~35，37，56，57，61，80，81，91，104，110~112，114，125，128，129，138，148，151，165，166，170，172，173，176，177，180~182，184~218，226，227，230，263，268，272，274，275，281，288，289，292，294，307，322~324，330，334~339，343，344，353，360~366

L

狼瞫 125

老子 4，30，256，263，276，277，286，301，309，310，316，355，356，361，362

骊姬 127，152

里革 153

蔺相如 228

鲁成公 142，147，148，153

鲁襄公 148，153

鲁昭公 114，150，157，159，188

鲁仲连 235，236

吕不韦 14，43，241，364

M

孟尝君 231，232，237，240，241，246

孟僖子 183

孟子 7，12，16，18，21~23，25~29，32，34，111，112，117，186，193，196，216，217，220，224，225，227，229，230，247，255，256，260，263，265，266，268，269，272~276，281，283，285，286，289，293，297~301，304，307，313~316，325，330，338，355，357，359，363，364

墨子 12, 13, 18, 19, 22, 28, 198, 199, 220, 221, 224, 225, 227, 239, 247, 255, 256, 260, 263, 265~273, 276, 283, 284, 290, 293~297, 304, 313, 314, 322~325, 336, 338, 343, 356, 360, 362, 364

P

盘庚 59, 63~65, 70, 84, 118
丕郑 152, 153
平原君 235, 236, 240, 241

Q

齐桓公 127, 137, 139~141, 164, 165, 172, 194, 208
祁午 150
秦穆公 132, 139, 160
庆郑 126, 132

R

芮良夫 118

S

单靖公 143
单襄公 166
商鞅 227, 243, 264, 337

师服 115
石碏 117, 145, 150, 151, 168, 171, 274
史墨 153
士燮 148
叔服 126, 170
叔孙豹 147
叔向 90, 122, 125, 126, 143, 144, 150, 151, 154, 159, 162, 163, 183, 210, 253, 268, 331
司马侯 122, 163
司马迁 57, 58, 94, 137, 165, 186, 204, 218, 228, 232, 236~241, 243, 244, 246, 286, 356
宋庄公 117
苏秦 242, 243

T

唐且 225, 228
田光 234, 235

W

卫康叔 71, 82, 87, 93, 97
魏绛 125, 268
武丁 53, 55, 62

X

夏姬 196

夏征舒 140

解扬 147

信陵君 237, 240, 241

荀罃 164

荀悦 237, 259, 332

荀子 13, 14, 16, 21, 26, 29, 31, 52, 60, 61, 127, 140, 142, 185, 186, 220, 224, 227, 230, 232, 248, 255, 256, 260, 263, 265, 266, 268, 269, 272, 273, 280~286, 293, 304~308, 311, 313, 316~318, 322, 325, 338, 350, 351, 356, 363, 364

Y

颜阖 230

伊尹 117

仪行父 196

虞卿 236, 240, 258

豫让 244

辕涛涂 164, 165

Z

臧文仲 182, 201

臧武仲 135, 182

臧僖伯 146

曾子 192, 202, 314

祭公谋父 89, 118

张老 128

昭子 115, 183

赵盾 162

赵简子 122, 153, 246, 289

赵衰 119, 122, 124, 160, 161

赵武 128, 147

郑庄公 117, 136, 139, 168, 253, 330

智伯 244

周成王 72, 78, 79

周公 56, 66, 68, 70, 71, 76, 82, 83, 87~89, 93~97, 100, 105, 135, 173, 184, 206

周文王 47, 86, 208

周襄王 119, 137, 138, 168, 253

纣王 65, 73, 87, 107, 108, 289, 292

庄子 5, 52, 55, 198, 220, 224, 227, 239, 256, 263, 265, 267~269, 273, 276~280, 293, 301~304, 310, 313, 316, 323, 338, 355, 356, 360

子产 58, 148, 154, 157, 179, 182, 183, 210, 253

子犯 137, 138, 154, 155, 160

子路 178, 192, 197, 198, 203~205, 207, 208, 210, 211, 216, 292

子夏 164, 265

祖己 62, 103, 328

369

名词索引

B

百家争鸣 20,255,257,263,264,321,322,325,326,344

C

春秋大义 43,113,174,335,352

D

道义 1,2,6~9,18~20,24,32,37,39,40,112,132,139,140,154,155,178,186,193,203,204,227,230,237,251,276,339,351,363,367

德观念 6,11,37,47,48,62,91,276,350

德义 2,7,14,40,62,90,119,122,134,136,146,160,333,344,351,367

嫡庶之制 88,93,100

禘祭 76,91,201

H

赫赫允义 121

J

祭祀程序 46,61,65,85,101~103,105,327,352

兼爱 267,270~273,295~297,338,345

敬慎威仪 68,79,80,84,85,104

K

克己复礼 183,185,188,209

L

礼崩乐坏 110,114,116,175,187,188,212,255,330

礼乐文化 47,86,114

礼仪 14,32,35,56,60,67,77,

79~83, 102, 116, 127, 137, 167, 172, 188, 201, 202, 334, 358, 363

礼义　1, 2, 4, 14, 26, 31, 32, 39, 40, 104, 113, 141, 204, 216~218, 220, 224, 258, 259, 265, 266, 281~285, 304~307, 311~313, 318, 325, 333, 344, 345, 351, 353, 363, 364, 367

裂土于社　74

隆礼尊贤　284

M

门客　223, 232, 239, 240, 242~244, 250~252, 332

民神之义　131~133, 294, 344

P

配天　61, 76, 77, 86, 89, 91, 92, 121, 328

Q

弃官宠交　43, 233~235, 332, 333

亲亲尊尊　2, 43, 65, 104, 168~170, 174, 178, 212, 213, 234, 252, 259, 263, 270, 271, 273, 274, 287, 320, 327, 329, 330, 332, 333, 337~340, 343~345,

347, 350~353

亲疏有别　127

权变　117, 191~193, 195~197, 283, 334

R

让不失义　123, 124, 157, 158, 160~162, 351

仁内义外　4, 25~27, 33, 40, 217, 307, 361~363

S

神道设教　109, 343

受脤于社　74

私义　233, 237~239, 241, 242, 244, 247, 287, 288, 332, 338, 345, 353

T

天道　26, 77, 91, 279, 280, 303, 307, 310, 316

天命　70, 71, 76, 82, 84~86, 90~93, 105, 107, 109, 199, 200, 329, 349

天威　70, 71, 76, 82

天下　5~7, 9, 17, 19, 22, 38, 61, 62, 72, 73, 75, 76, 79,

80，85，89，90，93，104，105，
116，138～140，142，145，155，
163，171，175，177，185，186，
188，190～196，201～209，211，
213，217，218，220，221，226～
229，231，232，236，240～242，
245，247～249，251，255，256，
258，259，265，266，268～273，
277，279，282～285，291～298，
301～305，307，311，313，314，
316～318，321，323，325，326，
330，331，335，337，351，352

W

威仪　34，35，49，67～70，77～
80，82～84，90，101，104，146
威义　69，70，75～78，83，329
为政以德　13，109，134，145，
146，360
唯物史观　45
未思之物　44，45，327，339，341，
347，354
文化认同　2，253，255～258，261，
346，352，353
巫觋文化　47
武王伐纣　93，328

X

侠义　1，14，40，43，232～234，
236～238，244，247，251，332，
343，345，353

Y

燕丧威仪　68，82，83
一人一义　225，226，247，250，
261，263，327，331，336，353
夷夏之辨　253
宜祭　55～60，64，65，73～75，95，
96，99，100，102，106，327，
343，350，353
义德　38，84～86，88，90，101，
258，329，345，350
义范畴　1～3，15，28，38，39，41～
43，128，217，327，342，343，
345～347，354，367
义观念　1，2，25，30，32，33，
36，38，40～43，45～49，52，
60，66，67，76，83，84，89，
90，92，93，95，98，101，103，
105，106，110，112，113，118，
120，124，131，132，141，142，
149，162～165，167～171，174，
175，177，178，180，185～187，
194，198，204，210，212，213，
217，218，220～223，225，226，
232～234，238，244，245，249～
254，257～261，263，266，270，
273，275，276，279，282，289，

291，303，304，319~321，327~
337，339~343，345~347，349，
350，352~354，368

义京　11，53~56，58

义利之辨　12，20，23，35，40，
112，358，360~363，365

义思想　1，3~6，8，11，12，15，
18，19，24，28~34，38~40，
42，43，45，53，112，176，177，
181，185~187，210~213，217，
218，220，263，264，269，270，
273，280，283~286，293，301，
313，320，321，323，324，326，
327，333~343，346，347，349，
353，354，359，361~363

义刑义杀　93~96，98，105，344

义以出礼　110，113，115，118，
124，174，187，330，344，351，
352

义以生利　18，23，110，118~120，
124，152，174，182，187，313，
330，351

义政　131，296，314

殷人尊神　61，62，92，106，352

游侠　14，223，232~234，237，

238，250~252，332

允义明德　110，120，124，174，
330，351

Z

占筮　78

周人尊礼　92，352

宗法　2，14，47，56，66，67，74~
77，83，86，88~93，95，98~
103，109，111，115，127，137，
155，167~169，171，172，174，
175，177，178，180，196，212，
224，225，240，244~250，252，
261，263，264，268，270，271，
276，281，283，284，288，327，
329，331，332，351，353，358，
367

宗教神性　61，92，104，106，108，
109，136，328，329，333

宗子维城　99，329

祖先崇拜　62，101

尊王攘夷　330

遵王之义　75，93，100，327，329，
330，352

后　记

孔子曰："四十不惑。"是自言其年届四十岁时，志强学广，在学术上已经不再有困惑了。而我却是"四十始惑"，年满四十博士毕业，才窥见学术研究的堂奥，才开始对历史问题产生诸多困惑。差距何其大，圣凡如霄壤。庆幸的是，我毕竟走上了学术研究之路，而且会"永远在路上"。

2010年，36岁的我如愿以偿，投入李振宏先生门下攻读中国古代史博士学位。由于之前一直从事旅游专业的教学研究工作，历史文献的底子极其薄弱，历史研究的基础几乎为零，是个不折不扣的门外汉。开学伊始，李老师让我谈谈兴趣所在，我无知者无畏，表示要做就做点儿有意思的，就这样，我闯进了先秦思想史研究的大门。

学习是投入的，困难也是很大的。最大的困难不在于文献基础差和学习时间紧，而在于绞尽脑汁、千回百转也发现不了有价值的问题。有时突发奇想，似乎有了令人兴奋的发现，可是经过查询，发现前人早已研究过了，苦闷与恐慌与日俱增。一位朋友好心劝告我，先秦文献就那么点东西，这个领域又大家辈出，许多人做出了可望而不可及的成就，已经基本上没有什么新的学术增长点，甚至要想找到一个能够成立的选题也相当困难了，船小好调头，抓紧转向，做容易做的研究方向吧。我对此将信将疑，一方面，我阅读了不少大家的文章和著作，觉得前贤的研究高屋建瓴，的确难以望其项背；另一方面，我又觉得于心不甘，先秦时期的文献过去多少代史学家都在做，为什么到了我们这个时代就做不下去了呢？不同时代会产生不同的问题，针对新的问题会形成新的研究对象，如果再引入新的研究方法，就理应可以发现老文献的新价值，开拓新的学术空间。

思想上坚定了认识，对自己的选择也就有了自信，学习也更加投入了。随着阅读量的增加，在接触了观念史方面的书籍，尤其是埃里亚斯的《文明的进程》、诺夫乔伊的《存在的巨链：对一个观念的历史的研究》和金观涛的《观念史研究——中国现代重要政治术语的形成》等著作后，一些新的方法、新的认识逐渐在脑海中沉淀、发酵。我越来越清晰地认识到，如果把观念史的方法与中国古代思想史研究相结合，就可以通过对"单元观念"的研究，打通经学、史学、子学甚至考古学的界限，拓展可利用历史文献的范围；并且可以滴水见太阳，通过文献碎片观照连续的社会意识形态图景，探寻民族文化精神形成、发展、变迁与延续的历史进程。这是因为，任何时代的任何遗存都可以在某种程度上深刻反映这个时代最为本质的特征。

具备了这样的认识基础，在阅读思想史文献的过程中，"义"逐渐引起了我的关注。最初的疑问很简单，因为我发现，大量的学术成果中，凡是涉及仁义、礼义、德义、道义、忠义、信义等研究的，基本上都把研究重心落在首字上，而"义"仅被视为一个没有独立意义的铺垫词。让我不解的是，既然"义"没有什么意义，为何这么多的观念词都要和它联结在一起呢？我隐约意识到，这个司空见惯的"义"字身上，也许有着非同寻常的重要意义。后来，我又有幸看到了晁福林先生的《周代宗法制问题研究展望》一文。晁先生敏锐地指出，"义"实际上是宗法制观念的延伸，其所产生的影响，不仅是制度上的、政治上的，而且是社会观念文化上的。这深化了我对"义"的认识，并产生了要对先秦义范畴深入研究的想法。

　　李老师对我这个选题很支持。他倾注了很大精力,多次谈话指导,对文章题目、研究思路、研究内容、文章结构等一一把关,还帮我确定了科学的研究顺序:先突破中间,把春秋时期的义研究清楚;然后再向前后延伸,对殷周和战国的义开展研究。后来证明,李老师这个策略对我是非常适用的。万事开头难,作为一个半路出家的学生,我对春秋义观念的研究有了突破之后,向上研究有了基础,向下研究有了开端,既承上又启下,全部问题迎刃而解。

　　禅语有"一灯能破千年暗"的说法,在四年的研究进程中,每当我遇到方向性的困惑,在暗室中四处乱撞找不到真正出路时,李老师总能为我点亮一盏指路的明灯,帮我找到正确的研究方向。我跌跌撞撞前行,但充满信心,因为我知道,无论何时,我前方都有一盏明灯,身后都有一双援手。每当完成了一个阶段性成果,李老师都多次帮我做深入细致的修改,从文章结构到总结提升,从语病错字到标点符号,可以说字斟句酌,精准到位。正是在老师不厌其烦的指导下,我逐渐认识到了自己的不足,慢慢明白了如何形成问题意识,如何提炼文章论点,如何布局谋篇。

　　老师指导学生的学术,师母则关照学生的生活和家庭。不管是在老师家还是同学家小聚,师母总是忙前忙后,为我们张罗美食;同学们上课忙,师母就经常帮着接送孩子、照看孩子。师生之间其乐融融,亲如一家。这并非我的特殊感受,而是所有同学的共同心声。老师和师母对学生的无私大爱,我将永远铭记心头。

　　我要感谢历史文化学院的诸位师长。尤其是郑慧生教授,他曾在卧病期间给予我指导,感激之至,郑先生虽已驾鹤西去,但浩然之气长存。我还要感谢龚留柱教授、程民生教授、贾玉英教授、李玉洁教授、涂白奎教授、苗书梅教授、程遂营教授,正是在诸位老师的指导和帮助下,本书才能顺利完成。

　　在本书写作过程中,我也得到了许多前辈、专家的指导,在此

后 记

致以诚挚谢意。感谢中国社会科学院彭卫先生、中国人民大学王子今先生和孙家洲先生、东北师范大学王彦辉先生、华中师范大学赵国华先生、苏州大学臧知非先生。他们对我多有教诲。感谢社会科学文献出版社的宋荣欣女士,她为本书的校对、编辑等付出了辛苦劳动。

我尤其要感谢我的家人。父母不辞劳苦,妻子任劳任怨,女儿体贴懂事,为我提供了一个温暖的港湾,我很幸运是这个港湾中永远停泊的小船。

学无止境,这本小书虽然投入了六年时间,但错讹之处难免,敬请学界专家指正。

桓占伟

2016 年 12 月 6 日于汴梁

图书在版编目（CIP）数据

在观念与思想之间：论先秦义范畴之生成 / 桓占伟著 . -- 北京：社会科学文献出版社，2017.4
ISBN 978 - 7 - 5201 - 0460 - 9

Ⅰ.①在… Ⅱ.①桓… Ⅲ.①伦理学 - 研究 - 先秦时代 Ⅳ.①B82 - 092

中国版本图书馆 CIP 数据核字（2017）第 047318 号

在观念与思想之间
——论先秦义范畴之生成

著　　者／桓占伟

出 版 人／谢寿光
项目统筹／宋荣欣
责任编辑／宋　超　肖世伟

出　　版／社会科学文献出版社·近代史编辑室（010）59367256
　　　　　地址：北京市北三环中路甲29号院华龙大厦　邮编：100029
　　　　　网址：www.ssap.com.cn
发　　行／市场营销中心（010）59367081　59367018
印　　装／北京季蜂印刷有限公司

规　　格／开　本：787mm×1092mm　1/16
　　　　　印　张：24.75　字　数：330千字
版　　次／2017年4月第1版　2017年4月第1次印刷
书　　号／ISBN 978 - 7 - 5201 - 0460 - 9
定　　价／98.00元

本书如有印装质量问题，请与读者服务中心（010 - 59367028）联系

▲ 版权所有 翻印必究